Manfred Bauer

Gott – Geist - Nichts

Buch

Woher komme ich? Wohin gehe ich? Wer bin ich? Ein Geschöpf Gottes, in ihm geborgen oder ein Zufallsergebnis in einem kalten leeren Weltraum?

Quantenphysik und Relativitätstheorie haben unsere Vorstellung von der Wirklichkeit erschüttert. Die Welt ist hiernach nicht so, wie wir sie wahrnehmen. Religion und Philosophie haben bislang versäumt, unser Weltbild aufgrund dieser Erkenntnisse weiterzuentwickeln.

So macht sich der Autor zusammen mit dem Leser auf den Weg, um die grundlegenden Fragen des Lebens zu klären. Überzeugende Antworten aus unterschiedlichen Wissensgebieten bringt der Autor gekonnt nebeneinander. Wissenschaftliche Kapitel über die Welt der Quantenobjekte, Raum und Zeit, sowie Entstehung und Entwicklung des Universums stehen im starken Kontrast zu den Kapiteln über Wunderereignisse, Leben nach dem Tode, Reinkarnation und Spiritismus.

Die wissenschaftlichen Teile des Buches sind auch für den Laien verständlich, da weitgehend auf Fachbegriffe verzichtet wurde.

Im religiösen Teil wird der Frage nachgegangen, ob es bei den Erleuchtungserfahrungen, von denen in allen Religionen berichtet wird, Parallelen gibt? Schilderungen aus vielen Religionen und Kulturen über die Gotteserfahrungen geistiger Meister aller Zeiten und Religionen sowie erlebte und erdachte Geschichten des Autors liefern mannigfaltige Paradigmenwechsel bei der eingehenden Betrachtung ein und derselben Sache, dem Urgrund des Seins.

Alles ist, auch das Nichts. Und so liefert das letzte Kapitel eine versöhnliche Zusammenführung und Auflösung scheinbarer Widersprüche, die uns einander näher bringt – weil untrennbar in Gott.

Autor

Manfred Bauer wurde 1944 im Sudetenland (heutiges Tschechien) geboren und wuchs nach der Vertreibung im bayerischen Schwaben auf.

Die Lösung der grundlegenden Fragen des Menschen nach Gott und dem Sinn des Lebens war für ihn, seit seiner Jugend, ein zentrales Anliegen. Um eine Antwort darauf zu finden, beschäftigte er sich eingehend mit Religion, Wissenschaft, Philosophie und Esoterik. Regelmäßige Übung von Yoga und Meditation dient ihm dazu, sein Weltbild nicht nur theoretisch sondern auch praktisch zu erweitern

Sein Beruf als Finanzbeamter, in dem er viele Jahre im Außendienst als Betriebsprüfer, Steuerfahnder sowie als Sachgebietsleiter tätig war, ermöglichte es ihm, immer wieder „hinter die Kulissen" unserer Gesellschaft zu schauen. So ist es auch das Anliegen dieses Buches, dem Leser die Wirklichkeit hinter unserer vermeintlichen Wirklichkeit und die Konsequenzen hieraus für unsere Lebensgestaltung aufzuzeigen.

Der Autor ist seit über 40 Jahren verheiratet, hat drei Kinder, vier Enkelkinder und lebt im Saarland.

Manfred Bauer

Gott – Geist - Nichts

Über die Einheit von Wissenschaft, Philosophie und Religion und den Sinn des Lebens

Herausgeber: Manfred Bauer, Rehlingen-Siersburg

Druck: Merziger Druckerei und Verlag, Merzig
Lektorat: Dorothée Engel
Wissenschaftliche Beratung: Dr. Wolfgang Sauer-Greff, Thomas Bauer
Cover: Entwurf Joachim Ickrath; Ausführung Marcus Feld
Grafik: Marius Konrad
Karikaturen: Dorothée Engel

Die Website zum Buch mit Bestellmöglichkeit:
www.gott-geist-nichts.de

ISBN: 978-3-938415-62-7

Inhalt

Vorwort

„Wow“, werden Sie vielleicht denken, „der nimmt mit diesem Titel den Mund ganz schön voll! Was will der mir groß erzählen? Das ist wahrscheinlich doch nur ein großartiger Aufmacher, um die Auflagenzahl zu erhöhen.“

Täuschen Sie sich nicht. Wenn Sie nicht zu der geringen Anzahl von Menschen gehören, die sich ein überzeugendes Weltbild erarbeitet haben, kann es sein, dass Sie nach der Lektüre dieses Buches die Welt mit anderen Augen sehen.

Aber nun zum Thema!

„Was ist Wahrheit?" Das fragte schon Pilatus, als Jesus vor ihm stand, und zuckte ratlos oder vielleicht auch uninteressiert mit den Schultern.

Gibt es eine absolute Wahrheit? Die Meinungen darüber gehen weit auseinander. Vielleicht sollten wir das einmal grundlegend überdenken!

Wir leben in einer Welt, die aufgrund von Naturgesetzen entstanden ist und erhalten wird. Diese Gesetze sind überall gleich und für alle verbindlich. Sie sind zu einem Großteil von der Wissenschaft erforscht. Daher müssten wir Menschen, zumindest in den zivilisierten Ländern, eine weitgehend einheitliche Sicht der materiellen Welt haben. Aber da herrscht große Unwissenheit und Verwirrung.

Die Spannbreite reicht von „Gott hat die Welt an sieben Tagen erschaffen“ über „Das Universum ist aus Gottes Geist, nach seiner Idee und seinen Gesetzen entstanden“ bis hin zu „Ein Gott als Schöpfer ist überflüssig. Die Welt ist zufällig aus dem Nichts entstanden.“

Das Universum kann aber nur auf eine *einzige* Weise entstanden sein. Welche Version ist die richtige? Es kann nur *eine* Möglichkeit, *eine* Wahrheit geben!

Was ist mit uns Menschen? Über den Sinn unseres Daseins gibt es ebenso weit auseinanderstrebende Meinungen.

Wenn ich die Schriftreligionen betrachte – das sind Judentum, Christentum, Islam –, sind wir erstmals im Mutterleib entstanden, versehen mit einer von Gott neu erschaffenen Seele. Wir agieren mit unserem freien Willen. Je nachdem wie wir diesen anwenden, entscheidet dies über ein Leben nach dem Tode im Himmel oder in der Hölle. Beides ist ewig während und nicht mehr änderbar.

Nach Vorstellungen östlicher Religionen ist die Seele nicht erschaffen, sondern ein Teil Gottes. Sie hat schon vor diesem Leben existiert und entwickelt sich von Leben zu Leben weiter, indem sie sich immer wieder in neuen Körpern inkarniert. Der Sinn des Lebens ist der Ausstieg aus diesem „Rad des Lebens“ und die Erweiterung des Bewusstseins ins Göttliche.

In einem sind sich die Religionen allerdings einig: Materie ist ein Produkt des Geistes Gottes. Sie ist dessen Werkzeug.

„Alles Blödsinn“, sagen die Atheisten. „Es gibt nur Materie. Geist ist ein Produkt der Schaltvorgänge im Gehirn. Gott ist nur eine Wunschvorstellung.“ Alles Bestehende, also auch wir Menschen, wird nach dieser Vorstellung von den Naturgesetzen, die nach dem Prinzip des Zufalls ablaufen, gesteuert. Eigene Entscheidungen, freier Wille entspringen nur unserer Einbildung. Das Leben kann somit keinen objektiven Sinn haben. Nach dem Tode werden wir, wie ein kaputtes Radio, verschrottet. Jedes Streben nach Höherem ist umsonst. Besser gesagt, es ist unmöglich, da es durch den zufallsgesteuerten Ablauf der Naturgesetze keine eigene Entscheidung, also auch kein „Streben“ gibt. Nicht wir werden aus eigener Entscheidung tätig, sondern die Naturgesetze und der Zufall. Diese steuern die Neuronen in unserm Hirn, die uns dann vorgaukeln, wir hätten einen freien Willen.

Sie sehen, obwohl es nur *eine* richtige Erklärung unseres Daseins geben kann, haben wir ein großes Durcheinander von Weltanschauungen.

So wie bisher kommen wir offensichtlich nicht weiter. Wenn wir so weitermachen kommen wir nie auf einen gemeinsamen Nenner!

Wieso ist es bis heute noch nicht gelungen, ein einheitliches Weltbild zu entwickeln, dem jeder zustimmen kann? Und das trotz jahrtausendealter Bemühungen kluger Köpfe in den Religionsgemeinschaften und in der Philosophie.

In früheren Jahrhunderten hatten die Menschen keine Möglichkeit, die Welt kausal zu erklären. Jedes Volk dachte sich daher eigene Geschichten aus.

Unerklärliche Naturerscheinungen wurden Gott oder Göttern zugeschrieben. Blitz und Donner waren zum Beispiel Unmutsäußerungen des Gottes Donar. Noch in jüngerer Zeit sagte eine meiner Tanten bei einem Gewitter ihren Kindern: „Horch, `s Gottle schimpft!"

Der Regenbogen war ein Zeichen, dass sich Gott wieder beruhigt hatte und versöhnt war. Es konnte nur so sein. Wie konnte sonst so ein wunderbares Zeichen am Himmel erscheinen? Von den physikalischen Zusammenhängen wussten die Menschen noch nichts.

Erst durch die moderne Naturwissenschaft, die die Grenzen unseres Universums auslotete, ergab sich mehr Klarheit über die materiellen Vorgänge. Ihre Forschungen brachten Einblicke in das Universum, vom Kleinsten, den Elementarteilchen – bis zum Größten, den Sonnensystemen und Galaxien. Sie rückten die mittelalterlichen Vorstellungen über die Stellung unserer Erde im Sonnensystem zurecht.

Da die Naturwissenschaft sich aber ausdrücklich auf die materielle Natur der Dinge beschränkt, wären Philosophie und Religion gefragt, deren Entdeckungen religiös oder geistig zu interpretieren.

Die Religionen gehen bekanntermaßen von einer geistigen Struktur der Welt aus. Da aber vor allem die Schriftreligionen dogmatisch strukturiert sind, ist es für sie schwierig, festgeschriebene, aber mittlerweile von der Naturwissenschaft überholte Ansichten aufzugeben. Dogmatik sucht nicht die Wahrheit. Sie produziert sie. Was dabei herauskommt, sind Beschreibungen Gottes und des menschlichen Lebens, die nicht immer vernünftig sind.

Die Lehre der Religionsgründer, wie zum Beispiel die Aussagen Jesu, wurde oft schon von den ersten Jüngern nicht richtig verstanden und nach eigenen Vorstellungen ausgelegt. Später kamen antike oder mittelalterliche Ideen hinzu und wurden ungeprüft über viele Jahrhunderte mitgeschleppt. Mit einer Überprüfung ihrer dogmatischen Ansichten – selbst wenn sie nach neueren Erkenntnissen unsinnig sind – tun sich alle Religionen schwer.

Die Philosophie ist ebenfalls ein trauriges Kapitel. Sie wäre eigentlich dafür zuständig, die wissenschaftlichen Erkenntnisse und geistigen Phänomene in ein einheitliches Weltbild zu integrieren. Leider sind die Philosophen zu sehr in ihren eigenen Gedanken gefangen, als dass sie sich noch für derlei interessieren könnten. Im großen Ganzen werden die Ergebnisse der neueren Forschungen, wie auch Berichte über parapsychologische Vorgänge, in der Philosophie ignoriert. Es sind nur einzelne Philosophen, die sich ernsthaft damit beschäftigen.

Gerade die moderne Philosophie – von Ausnahmen abgesehen – sieht Gott ohne weitere Begründung als nicht existent an und lässt ihn bei ihren Überlegungen außer Acht. Sie geht im Allgemeinen davon aus, Geist sei ein Produkt des Gehirns.

Sehr oft lehren die Philosophen nur das Weltbild, das sie in ihrem Kopf entwickelt haben. Ihre Nachfolger verwerfen es dann wieder und ersetzen es durch ein eigenes Gedankengebäude.

Die Naturwissenschaft hat sich ständig weiterentwickelt und besitzt einen gemeinsamen Konsens. Die Geisteswissenschaftler konnten sich jedoch bis heute noch nicht annähernd auf eine gemeinsame Basis einigen, obwohl unsere Welt offensichtlich nur *eine* grundlegende Wirklichkeit besitzen kann. Sie haben bis heute, vielleicht von Platon und einzelnen anderen abgesehen, noch kein Fundament entwickelt, das zu einem überzeugenden Weltbild führen könnte.

Seit den alten griechischen Philosophen, wie Platon, Aristoteles etc., das heißt seit ca. 2500 Jahren, hat sich in der Philosophie nichts Wesentliches getan.

Woran liegt es, dass Wissenschaft, Religion und Philosophie bis heute kein einheitliches, allgemein gültiges Weltbild zustande gebracht haben? Nach meiner Beobachtung wird zu wenig Wert auf die Gesamtschau der Dinge gelegt. Theologen, Philosophen und Wissenschaftler urteilen meist nur aus ihrem jeweiligen Fachgebiet heraus. Sie sind zu sehr spezialisiert.

Der Naturwissenschaftler sieht alles nur von der materiellen Seite her. Berücksichtigt er geistige Sichtweisen, gilt er als unwissenschaftlich. Der Philosoph berücksichtigt nur seine eigenen Gedanken und verstrickt sich oft darin. Geistliche Funktionsträger sind an die religiösen Anschauungen ihrer Gemeinschaft gebunden. Haben sie eigene, abweichende Gedanken, so klar sie auch sein mögen, werden sie gerügt oder mundtot gemacht. Beispiele hierzu kennt jeder genügend (Giordano Bruno, Galileo Galilei, in neuerer Zeit Teilhard de Chardin, Hans Küng, Eugen Drewermann).

Es gibt in der menschlichen Gesellschaft so etwas wie eine „negative Auslese nach oben". Ich meine damit, dass in Gemeinschaften oder Vereinigungen diejenigen leichter Karriere machen, die sich entsprechend deren Vorgaben verhalten. Diese Opportunisten richten sich nach den Regeln der jeweiligen Gemeinschaft, so zweifelhaft diese auch sein mögen. Kritischen, veränderungswilligen Geistern werden Steine in den Weg gelegt, oder sie werden frühzeitig ausgegrenzt. Dies dürfte der Grund sein, wieso offensichtliche Irrtümer über Jahrhunderte oder gar Jahrtausende wider alle Vernunft und besseres Wissen verteidigt und beibehalten wurden und immer noch werden.

Ebenso nachteilig wirkt sich das unheilvolle Konkurrenzdenken der jeweiligen Gemeinschaften aus. Ansichten anderer Gemeinschaften werden ungeprüft abgelehnt und bekämpft, nur weil es nicht die eigenen sind. Ähnlich sieht es der Philosoph Erich Fromm, der schreibt:

„Jeder Fortschritt in der Wissenschaft, in den politischen Ideen, in Religion und Philosophie besitzt die Tendenz, Ideologien zu erzeugen, die miteinander rivalisieren und sich gegenseitig bekämpfen. Dieser Prozess wird noch dadurch gefördert, dass, sowie das Denksystem zum Kern einer Organisation wird, Bürokraten auftauchen, die zur Aufrechterhaltung ihrer Macht und Herrschaft lieber das Trennende als das Gemeinsame in den Vordergrund stellen und die daher ein Interesse daran haben, den fiktiven Zusätzen die gleiche oder gar eine noch größere Bedeutung zuzumessen als den ursprünglichen Fragmenten. Auf diese Weise verwandeln sich Philosophie, Religion, politische Ideen und manchmal sogar die Wissenschaft in Ideologien, die von den jeweiligen Bürokraten beherrscht werden."[1]

Aus diesem Grunde können wir uns nicht vollständig auf die Lehren und Aussagen der Institutionen verlassen. Es bleibt uns nichts anderes übrig, als uns unsere eigenen Gedanken zu machen. Da wir über den Sinn unseres Lebens, anders als Tiere, nachdenken können, sollte es für uns von höchster Wichtigkeit sein, dies auch zu tun. Schließlich ist dies von entscheidender Bedeutung für die Frage, wie wir unser Leben ausrichten.

Versuchen wir es also nach der „Do-it-yourself-Methode“ .Allerdings dürfen wir hier nicht in den Fehler vieler Philosophen verfallen, alles nur aus dem eigenen Kopf heraus zu erdenken. Wir sollten alle Fakten, Erkenntnisse und Erfahrungen berücksichtigen, die damit in Zusammenhang stehen.

Ich spanne daher ganz bewusst in meinen Ausführungen einen weiten Bogen über alle möglichen Wissensgebiete, von der Naturwissenschaft über unerklärliche Ereignisse (Wunder) und Jenseitsberichte bis hin zu religiösen Erfahrungen Einzelner.

Betonen möchte ich, dass alles, was ich zu wissenschaftlichen Themen geschrieben habe, auf allgemein anerkannter Basis beruht. Als unerklärliche Ereignisse, Wunder und Berichte über das Jenseits führe ich solche auf, die derart gut bezeugt sind, dass Zweifel an den Vorgängen kaum möglich ist. Einige, wie sie sich bei jedem von uns ereignen können oder Ihnen vielleicht auch schon geschehen sind, habe ich hinzugefügt.

Des Weiteren beschreibe ich religiöse Erfahrungen, wie sie von geistig fortgeschrittenen Meistern, oder auch von Menschen ohne spirituelle Praxis, zu allen Zeiten aus allen Religionen und Kulturen in ähnlicher Weise überliefert sind. Da diese Personen oft keinerlei Verbindung zueinander hatten, ihre Erfahrungen im Wesentlichen aber übereinstimmen, liegt dem zwar nicht im naturwissenschaftlichen, jedoch im juristischen Sinne Beweiskraft inne.

All diese aufgeführten Fakten führen zu einem logischen und überzeugenden Weltbild.

Das Ganze ist im Grunde viel einfacher als Sie vielleicht denken. Sie müssen nur Interesse und Zeit dafür aufbringen.

Sind Sie interessiert? Dann nehmen Sie sich die Zeit, weiterzulesen. Es

lohnt sich!
Allerdings muss ich sie warnen. Wenn Sie sich noch nicht mit diesen Dingen beschäftigt haben und meine Ausführungen richtig verstehen, wird kein Stein Ihres herkömmlichen Weltbildes -- ich meine damit ein mechanistisches – auf dem anderen bleiben. Lesen Sie daher nur weiter, wenn Sie den Mut haben, ihre Weltanschauung komplett auf den Prüfstand zu stellen.

Für mehr Klarheit über unser Leben ist es notwendig, von gewohnten Denkweisen Abschied zu nehmen. So hoffe ich, dass das Buch genügend Leser mit Mut zu selbstständigem Denken findet.

1. Kapitel

Ist die Welt so, wie wir sie wahrnehmen?

„Ein verbreiteter Irrtum ist, zu denken, dass eine Wirklichkeit die Wirklichkeit sei.
Man muss immer vorbereitet sein, eine Wirklichkeit für eine größere aufzugeben."
(Mutter Meera).[1]

„Wir können nicht sicher sein, dass die Welt so ist, wie wir sie wahrnehmen."

Ich saß in einem Seminar über Philosophie und dies war ein Lieblingssatz unseres Referenten. Eines Tages hielt ich dagegen: „Wir können sicher sein, dass die Welt *nicht* so ist, wie wir sie wahrnehmen." Und in einem Anfall von Übermut fügte ich hinzu: „Das kann man sogar wissenschaftlich beweisen!"

Er stutzte und meinte dann skeptisch: „Und wie wollen Sie das beweisen?"

Jetzt lag der Schwarze Peter bei mir. Ich hatte mir zwar schon viele Gedanken darüber gemacht, war aber noch nie mit einer so kritischen Zuhörerschaft konfrontiert gewesen. Einen Moment dachte ich: „Hättest du den Mund doch nicht so voll genommen!" Dann kam mir der rettende Gedanke. Auf dem Tisch lag ein rotes Tischtuch. Ich deutete darauf: „Sagen Sie mir bitte, was hier an dieser Stelle für eine Farbe ist!" Er war etwas irritiert, überlegte und sagte dann vorsichtig: „Ich sehe dort Rot!"

„Ich meine, was an dieser Stelle *objektiv* für eine Farbe ist, nicht was Sie wahrnehmen."

Darauf wusste er zunächst keine Antwort und es entspann sich eine Diskussion mit den anderen Kursteilnehmern.

Es ist wirklich ganz einfach, so dass ich mich immer wieder wundere, dass es noch nicht allgemein im Bewusstsein der Menschen angekommen ist. Zunächst fallen aus einer Lichtquelle, entweder von der Sonne oder einer Lampe, Lichtstrahlen auf die Tischdecke. Diese Strahlen werden von der Oberfläche dieser Decke mit einer bestimmten Schwingung reflektiert, und gelangen so in unser Auge. Hier wird diese Schwingung von den Farbrezeptoren erfasst und als Information über die Nervenbahnen ins Gehirn weitergeleitet. Erst dort werden die Lichtstrahlen in Farbe umgesetzt.

Alle Farbe und natürlich auch das Bild unserer Umwelt existiert daher nur in uns, in unserem Gehirn. So sieht beispielsweise eine Biene, deren Farbrezeptoren nur die ultravioletten Strahlen wahrnehmen, die Welt in ganz anderen Farben. Das Rot wäre für sie vielleicht ein Violett. Ein Hund hat keine Rezeptoren für Rot, so dass für ihn die Tischdecke vielleicht grünlich aussieht.

Jedes Lebewesen kann nur einen geringen Teil der Strahlung, die uns umgibt, durch das Auge erfassen. Insofern sehen wir nicht nur nicht, wie unsere Welt objektiv aussieht; wir können auch den größten Teil des uns umgebenden Lichtes, oder der Strahlung, überhaupt nicht wahrnehmen.

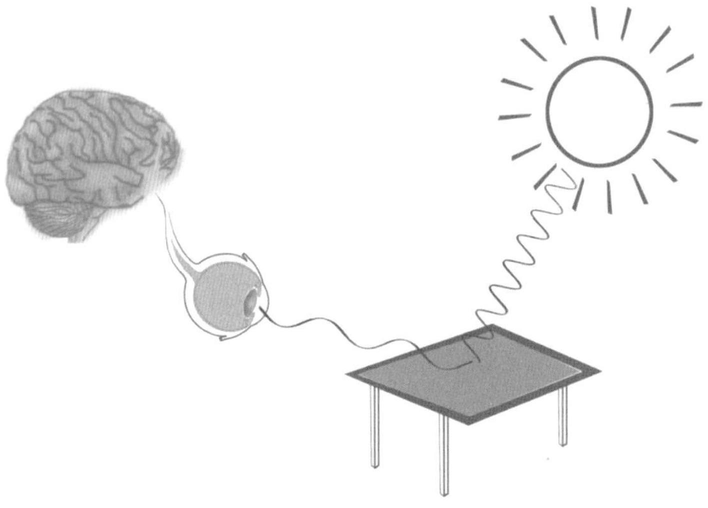

Lichtschwingungen verändern sich durch die Oberfläche des Tisches und werden im Gehirn in Farbe umgesetzt

Schauen Sie sich jetzt einmal um, wo Sie sich gerade befinden und überlegen Sie, wie diese Welt außerhalb Ihres Gehirns aussieht. Ich wette, Sie können es mir nicht sagen. Ich Ihnen übrigens auch nicht.

Diese Sache können wir natürlich weiterspinnen. Nehmen wir den Schall. Das, was wir als Geräusch wahrnehmen, sind Luftschwingungen, die von einer bestimmten Quelle ausgehen, z. B. einem Knallkörper oder den Stimmbändern im Kehlkopf eines Mitmenschen. Diese werden von unserem Ohr aufgenommen und als Information an das Gehirn weitergeleitet. Erst dort werden sie in Schall umgesetzt. Unsere Umwelt ist daher zwar voller Luftschwingungen, jedoch ohne die Anwesenheit von Lebewesen mit Ohren, völlig lautlos.

So ähnlich ist es auch mit Geruch. Hier handelt es sich um Geruchsmoleküle, die in unsere Nase gelangen. Dort werden sie von den Riechzellen in der Schleimhaut absorbiert. Die Reize werden an das Gehirn weitergeleitet. Erst dort wird ein Geruchsempfinden hergestellt.

Solange es keine Augen, Ohren und Nasen gibt, die mit einem Gehirn verbunden sind, kann es keine Wahrnehmung unserer Welt geben. Sie wäre völlig farb- und geräuschlos, und würde auch nach nichts riechen.

Dies sind nur drei Beispiele. Mit Geschmack und Gefühl verhält es sich genauso.

Nachdem ich dies so erläutert hatte, schlug einer der Teilnehmer des Seminars mit seiner Hand auf den Tisch und rief: „Aber dieser Tisch ist doch tatsächlich hier. Er ist fest, ich kann ihn anfassen. Das können Sie mir nicht ausreden!“

Leider musste ich ihm auch diese Illusion nehmen. Ich erwiderte: „Sie täuschen sich! Sie können den Tisch gar nicht anfassen.“

„Wie kommen Sie darauf? Ich habe doch meine Hand auf ihm und fühle ihn!“

„Wenn es die gegenseitige elektromagnetische Abstoßung der Elektronen nicht gäbe, könnten Sie mit Ihrer Hand ohne Probleme durch den Tisch hindurchfahren. Die Atome sind in sich so leer und so weit voneinander entfernt, dass kaum ein Atomteilchen mit den anderen kollidieren würde. Nur die Elektronen des Tisches, die diejenigen Ihrer Hand abstoßen, verhindern dies. Dies macht es für Sie auch unmöglich, den Tisch anzufassen. Ihre Hand wird schon vorher – natürlich in einer winzigen Entfernung – elektromagnetisch zurückgestoßen."

Deutlich wird dies, wenn wir zwei Magnete mit dem jeweils gleichen Pol – Plus auf Plus und Minus auf Minus – zusammendrücken möchten. Wenn die Magnete stark sind, ist dies nur mit sehr viel Mühe möglich. Sie wehren sich sehr dagegen. Hier wie dort stoßen sich die Elektronen gegenseitig ab.

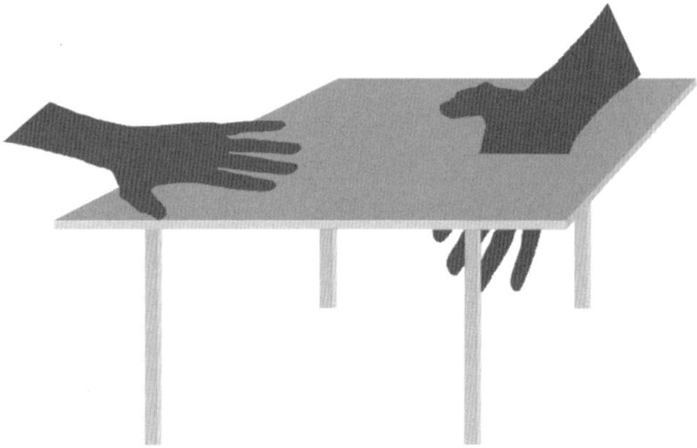

Das Bild zeigt die (vermeintliche) Berührung des Tisches durch die Hand und wie es wäre, wenn es keine elektronische Abstoßung gäbe.

Zurück zu den Atomen! Das Größenverhältnis in einem Atom kann man verdeutlichen, indem man sich den Atomkern in der Größe eines Stecknadelkopfes vorstellt. Diesen lassen wir in der Mitte eines Fußballstadions schweben. Die Elektronen sind in diesem Modell so winzig, dass sie nur im Mikroskop sichtbar wären. Sie würden den Kern in einer Entfernung umkreisen, die dem Rand des Stadions entspräche.

Wir sehen, der atomare Aufbau unserer Welt ist zum allergrößten Teil

Leere. Selbst der Atomkern hat nichts Festes an sich. Er besteht aus noch kleineren Teilen, den sogenannten Quarks, und ist sogar je nach momentanem Zustand manchmal Schwingung und manchmal Teilchen. Im Kapitel über Quantenphysik werde ich dies näher erläutern. Ebenso verhält es sich mit den Elektronen.

Ein Atom ist nach physikalischen Berechnungen zu etwa 99,999999999999 % leerer Raum. Wenn wir alle Elementarteilchen der Erde ohne Zwischenraum aneinanderfügen würden, würden sie etwa auf die Größe eines mittelgroßen Hügels schrumpfen, wobei dessen Gewicht dem der gesamten Erde entspräche. Wenn wir diesen Hügel wieder auf die Größe der Erde aufblasen, erhalten wir eine Vorstellung davon, wie leer Materie wirklich ist.

Wie müssen wir uns nun unsere Umwelt vorstellen? Wie ist unsere Welt tatsächlich?

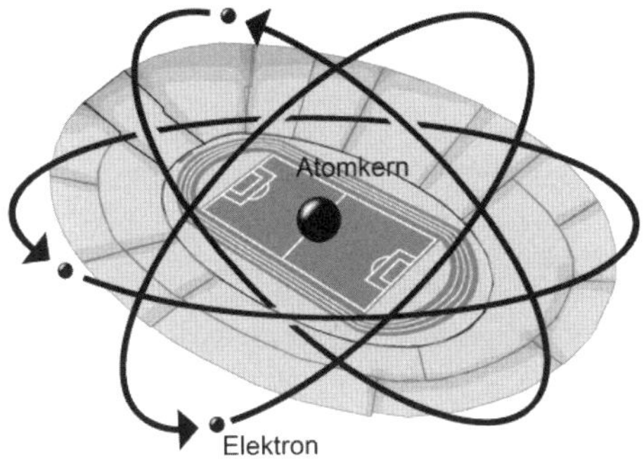

Größenverhältnis des Atoms.

Vor Jahren bekam ich auf einer längeren Autofahrt zufällig ein Hörspiel im Autoradio mit, das uns einer Antwort auf diese Fragen beispielhaft näher bringen kann. Es handelte von einer Gruppe Wissenschaftler in einem diktatorischen Staat, die an der Entwicklung einer neuen Waffe arbeiteten. Ihnen wurde gesagt, sie würden auf eine Unterwasserstation gebracht, damit sie dort ungestört ihrer Arbeit nachgehen könnten. Hierdurch sollte auch Spionage durch andere Staaten unterbunden werden.

Auf der Tauchfahrt zu dieser Unterwasserstation kam es zu einer technischen Panne, infolge derer sie vorübergehend das Bewusstsein verloren. Sie kamen dann in dieser Station wieder zu sich und setzten ihre Arbeit fort. Mit der Außenwelt waren sie durch Telefon und einen Bildschirm verbunden. Hierüber ging vor allem die Kommunikation mit dem Leiter der Entwicklungsabteilung.

Im Laufe der Zeit beobachteten sie immer wieder, zwar kleine, aber unerklärliche Ereignisse, die nicht mit naturwissenschaftlichen Erkenntnissen übereinstimmten. Z. B. war die Oberfläche einer Seifenblase, die sie erzeugten, nur einfach grau, anstatt in verschiedenen Farben zu schillern, wie es aus physikalischen Gründen zwingend wäre.

Aus diesen Ereignissen schlossen sie, dass sie tatsächlich nicht mehr leiblich existierten, sondern auf der Fahrt zu der angeblichen Unterwasserstation getötet worden waren. Ihre Gehirne waren dann mit einem Supercomputer vernetzt worden.

Dieser Computer war mit allen Vorgängen, die in einer solch abgeschlossenen Umgebung möglich waren, programmiert und vermittelte diese ihrem Gehirn, indem er auf ihre Gedanken reagierte. Er vermittelte ihnen alle Gefühle des Körpers und zeigte ihnen die im Computer einprogrammierte Umgebung, je nachdem, in welche Richtung sie schauen wollten oder wie sie sich – gedanklich – bewegten.

Die „Unterwasserstation" war gewählt worden, weil diese als abgeschlossene Welt einfacher zu programmieren war als die normale Umwelt auf der Erdoberfläche.

Des Weiteren konnte die Zeit im Computer verändert werden. Die Geschwindigkeit der Lebensvorgänge wurde auf das dreißigfache gegenüber dem normalen Leben erhöht, so dass die Forschungen um ein vielfaches schneller vorangingen. Für die Wissenschaftler war dies jedoch nicht spürbar. Für sie lief die Zeit ganz normal.

Nachdem sie nun zu dieser Erkenntnis gelangt waren, konnten sie durch die Verbindung zur Außenwelt eine Revolution im Lande auslösen, die eine neue demokratische Regierung an die Macht brachte. Diese garantierte ihnen, dass sie auch nach Ende ihrer Forschungsarbeiten nicht abgeschaltet werden würden und „weiterleben" durften.

Ein weiteres Beispiel ist der Film: „Welt am Draht" von Rainer Werner Fassbinder aus dem Jahre 1973, dem der 1964 erschienene Science-Fiction-Roman Simulacron-3 von Daniel F. Galouye als Vorlage diente. Darin wird nicht nur die Umgebung des Menschen bzw. des Gehirns simuliert wie in dem Hörspiel. Hier wird am „Institut für Kybernetik und Zukunftsforschung" mittels des Supercomputers „Simulacron-1" eine ganze Kleinstadt virtuell erzeugt. Die Menschen darin, sogenannte Simulationseinheiten, führen ein Leben wie wir und besitzen ein Bewusstsein. Sie wissen jedoch nicht, dass sie nur simuliert sind. Nur eine Kontaktperson, Einstein genannt, hat davon Kenntnis.

Da die Simulationseinheiten jederzeit abgeschaltet werden können, versucht Einstein in die „wirkliche" Welt zu gelangen, um diesem Schicksal zu entgehen. Der Direktor des Institutes, Fred Stiller, verhindert dies jedoch und schickt Einstein wieder in die Simulation zurück.

Im Verlaufe des Films bekommt Stiller psychische Probleme durch unerklärliche äußerliche Einwirkungen auf sein Gehirn, die ihn zeitweise dem Wahnsinn nahe bringen. Als dann zusätzlich völlig außergewöhnliche Ereignisse geschehen – plötzlich verschwindet die Straße vor seinem Auto, ein Mitarbeiter kommt ums Leben und niemand, außer Stiller, kann sich anschließend an ihn erinnern –, keimt in ihm der Verdacht, dass auch er nur Teil einer simulierten Welt ist.

Als er dies realisiert, werden mehrere Anschläge auf sein Leben ausgeführt, denen er nur mit knapper Not entgehen kann. Er erkennt, dass er von der höheren Welt abgeschaltet werden soll. Seine Arbeitskollegen, denen er seine Vermutungen mitteilt, halten ihn für geistesgestört. In der Folge werden Intrigen gegen ihn gesponnen und er wird von der Polizei gesucht. Es stellt sich jedoch heraus, dass seine Geliebte, Eva Vollmer, eine Kontaktperson aus dieser höheren Welt ist. Als er am Schluss von der Polizei, die ihn festnehmen will, erschossen wird, rettet Eva ihn durch Transformation seines Bewusstseins in ihre höhere Welt hinüber, in der er unverletzt und glücklich erwacht.

Vielleicht können uns diese Fiktionen unsere eigene Lebenssituation verdeutlichen. Wie wir eingangs gesehen haben, können wir die Außenwelt erst dann wahrnehmen, wenn die Informationen, die durch unsere Sinne in unser Gehirn gelangen, dort aufbereitet werden. Daher stellt sich die Frage, was das ist, das wir als Außenwelt wahrnehmen und das unseren Gehirnen die Informationen in Form von Lichtschwingungen, Schallwellen usw. schickt.

Zum anderen müssen wir uns fragen: „Wer oder was ‚sieht' eigentlich? Was ist sich des Wahrnehmens bewusst?"

Nehmen wir die letztere Frage zuerst. Ein Computer wird vom Menschen programmiert, bereitet die ihm übertragene Arbeit anhand des Programmes selbständig auf und stellt das Ergebnis auf dem Bildschirm dar. Aber er kann es selbst nicht lesen oder beurteilen. Er ist sich dessen, was er darstellt, nicht „bewusst".

Es liegt nahe, anzunehmen, dass es mit unserem Gehirn ebenso ist. Das Gehirn bereitet alles auf. Wie der Computer ist es sich dessen aber nicht bewusst. Aber wer „liest" es? Wer ist sich dessen bewusst?

Hier bietet sich die Erklärung an, dass Geist oder Bewusstsein, nicht wie im materialistischen Denken angenommen, ein Produkt des Gehirns ist, sondern dass das Gehirn ein Medium, ein Werkzeug des Geistes ist. Der Geist des Menschen gibt dem Gehirn das Programm vor, wie es sich in der umgebenden Welt verhalten soll.

Wäre Geist ein Produkt der Schaltvorgänge im Gehirn, wäre die in dem Hörspiel oder in dem Film geschilderte Simulation von Bewusstsein durch einen Supercomputer durchaus möglich.

Der kritische Leser wendet hier vielleicht zu Recht ein, dass ich den Begriff des „Geistes" ohne nähere Erläuterung ins Spiel bringe. Ich habe dies jedoch im Vorgriff auf Ausführungen in späteren Kapiteln getan, aus denen sich dessen Bedeutung klarer ergibt.

Wie ist dann das beschaffen, was wir als „Außenwelt" wahrnehmen?
In der östlichen Religionsphilosophie ist bereits seit Jahrtausenden be-

kannt, dass die Welt nicht so ist, wie wir sie wahrnehmen. Dort gibt es den Begriff der „Maya". Er steht in diesem Zusammenhang für „Täuschung" oder „Vorstellung". Die Welt ist danach nur eine Vortäuschung, die durch unsere Sinne hervorgerufen wird. Sie existiert nur in unserer – geistigen – Vorstellung. Das System des Yoga oder des Buddhismus ist in erster Linie darauf ausgerichtet, diese Täuschung zu durchschauen und zu überwinden. Die Bestrebungen gehen dahin, die objektive Realität nicht nur verstandesmäßig zu erkennen, sondern auch zu *erfahren*.

Wer hat dieses ganze Vorstellungssystem erzeugt? Woher kommt es? Unser Gehirn kann es nicht sein. Es verarbeitet nur die Informationen, die die Sinne ihm zuleiten.

Die Erklärungen in den östlichen Religionen gehen dahin, dass das Universum ein Traum Gottes ist und nur so real bzw. unreal wie ein Traum.

Traum deshalb, weil dieser weitergehend ist als ein bloßer Gedanke. Ein Traum besteht nicht nur aus Gedanken, sondern man sieht in ihm auch Bilder. Wenn wir einen sehr deutlichen Traum haben, kann es geschehen, dass wir im Rückblick nicht mehr unterscheiden können, ob unsere Erinnerung sich auf einen Traum bezieht, oder ob es tatsächliches Erleben war.

Um auf unser Hörspiel oder den Film zurückzukommen: Danach wäre Gott oder der allumfassende Geist der Programmierer des „Computers", der uns mit Vorstellungen bzw. Informationen von unserer „Umwelt" versorgt bzw. sie auf den Bildschirm unseres Geistes projiziert. Der „Computer" Gottes ist allerdings so umfassend und so raffiniert programmiert, dass wir ihn normalerweise nicht durchschauen können. Die weiteren Kapitel werden zeigen, dass dies doch möglich ist, wenn wir uns mit den Grenzen der Naturwissenschaft befassen.

Ich kann mir nicht vorstellen, dass Sie diese Ausführungen ohne weiteres überzeugen, vor allem wenn Sie sich noch nie mit solchen Gedanken befasst haben. Es verlangt ein enormes Umdenken gegenüber unseren Alltagserfahrungen. Nach meiner Meinung ist es das Unterbewusstsein des Menschen, das sich gegen diese Erkenntnisse sperrt, obwohl diese zwingend logisch sind. Der Mensch möchte mit beiden Beinen auf der Erde stehen. Wenn er sich mit solchen Themen befasst, hat er das Gefühl, ihm würde der Boden unter den Füßen weggezogen. Einer meiner Freunde verbat sich mit Vehemenz meine Ausführungen und war nicht bereit, sie anzuhören, geschweige denn darüber zu diskutieren.

Wenn jemand fragt, was sich im Leben eigentlich ändert, wenn man das Leben nur als Vorstellung ansieht, kann ich dazu sagen, dass sich eigentlich nichts ändert. Man weiß es, aber man lebt im Prinzip weiter wie bisher. Eine Änderung tritt erst ein, wenn man die Erfahrung der Einheit mit allem, mit Gott oder dem allgegenwärtigen Geist macht. Dann „zerreißt der Schleier der Maya", wie es indische Yogis nennen, und man erfährt innerlich das, was Physiker nur auf dem Papier ausrechnen können oder Philosophen nur als Gedankenkonstrukt postulieren.

2. Kapitel

Welt der Quantenobjekte

Wer von der Quantenwelt nicht schockiert ist, hat sie nicht verstanden.
(Niels Bohr, Quantenphysiker)

Bis Ende des 19. Jahrhunderts hatte in der Physik die klassische Mechanik gegolten. Diese war zu einem Großteil von Isaak Newton entwickelt worden, der von 1642-1726 in England lebte. Sie beschreibt die Gesetze unserer *erfahrbaren* Welt.

Anfang des 20. Jahrhunderts stießen die Physiker mit der Relativitätstheorie Albert Einsteins sowie der von Niels Bohr, Werner Heisenberg, Erwin Schrödinger und anderen entwickelten Quantenphysik in Bereiche vor, die für uns in unserer normalen Welt nicht mehr erfahrbar sind. In der Welt der kleinsten Teilchen, auch Quantenobjekte genannt, gelten die Gesetze der klassischen Mechanik nicht mehr. Hier ist alles anders und das meiste für uns nicht mehr nachvollziehbar.

Von den Physikern wird die Quantenwelt mit mathematischen Formeln beschrieben. Wenn diese theoretischen Berechnungen durch Experimente bestätigt werden, gelten sie als bewiesen.

Niels Bohr und auch andere Physiker wie zum Beispiel Albert Einstein hatten selbst größte Schwierigkeiten, die Ergebnisse ihrer Berechnungen und Experimente zu verstehen, da diese weit über das normale menschliche Vorstellungsvermögen hinausgingen. Einstein selbst glaubte an viele Ergebnisse der damaligen wissenschaftlichen Arbeiten nicht, auch manche seiner eigenen, da sie seinem Verstand widersprachen. Das führte zu seinem bekannten Ausspruch: „Gott würfelt nicht.“ Nach anderen Quellen wird er auch mit: „Der Alte würfelt nicht,“ zitiert.

Die grundlegenden Elemente der Quantenwelt sind die Elementarteilchen. Was versteht man darunter? Elementarteilchen sind kleinste Teilchen, von denen man annahm, dass sie nicht mehr teilbar, also nicht aus anderen Teilchen zusammengesetzt seien. Neben den Photonen des Lichts, sind dies zum Beispiel Elektronen, Neutrinos sowie Protonen und Neutronen. Die beiden Letzteren, sogenannte schwere Teilchen, sind jedoch wieder aus Quarks zusammengesetzt wie neuere Erkenntnisse der Teilchenphysik zeigen.

Für alle diese Teilchen gibt es identische Antiteilchen, die sogenannte Antimaterie. Diese hat eine entgegengesetzte Ladung oder man kann auch sagen, sie bewegt sich in der Zeit rückwärts. Treffen Materie und Antimaterie aufeinander, heben sie sich gegenseitig auf. Sie zerstrahlen in einem Energieblitz.

Die alten Griechen bezeichneten die kleinsten Teile als Atome, d. h. die Unteilbaren. Das Teilchen, das wir heute als Atom kennen, ist jedoch teilbar. Der Atomkern besteht aus Protonen und Neutronen. Um den Atomkern kreisen die nicht teilbaren Elektronen. Dieses Atommodell, das ursprünglich von Niels Bohr entwickelt wurde, ist allerdings mittlerweile überholt. Es dient nur der besseren Verständlichkeit.

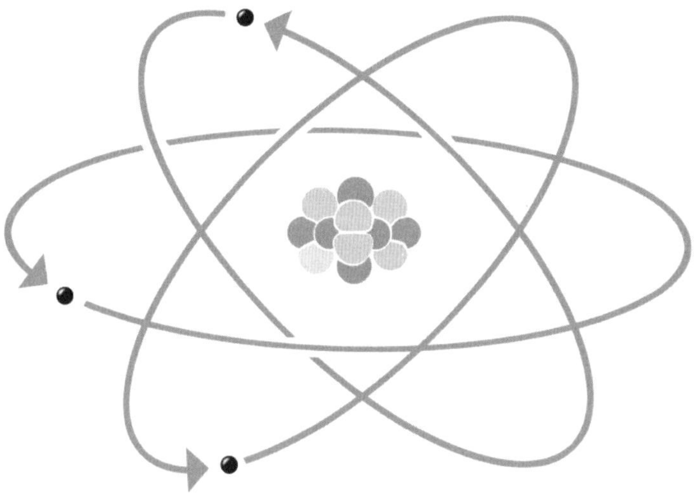

Atommodell von Niels Bohr

Welle oder Teilchen?

So wie die Photonen des Lichts, das sich als Welle ausbreitet, zwar keine Masse, aber trotzdem Teilcheneigenschaften haben, besitzen Quantenobjekte auch Welleneigenschaften. Man nennt dies den Welle-Teilchen-Dualismus. Sie sind auch nicht *entweder* Welle *oder* Teilchen, sondern haben immer Eigenschaften von beiden. Das hat zur Folge, dass man den Ort eines solchen Teilchens nicht genau bestimmen kann. Man kann allerdings seinen Aufenthalt in einem bestimmten Bereich der Welle mit hoher Wahrscheinlichkeit angeben, aber eben nicht, wo es sich tatsächlich befindet. Dies darf jedoch nicht so verstanden werden, dass sich das Teilchen wirklich irgendwo innerhalb der Welle befindet. Tatsächlich ist es so, dass sich das Teilchen nirgendwo befindet. Man könnte es vielleicht so formulieren: Es hat die *Möglichkeit*, überall in der Welle bei Bedarf aufzutauchen. Man nennt dies die Superposition der Zustände des Teilchens.

Quantenobjekte reagieren daher auf den Beobachter so, als hätten sie ein Eigenleben. Es scheint, als würden Sie machen, was ihnen gerade einfällt. Das bedeutet, dass das einzelne Quantenobjekt unberechenbar ist. Wenn aber viele Teilchen derselben Art der gleichen Kraft ausgesetzt sind, verhalten sie sich in der Gesamtheit so, wie wir es in unserer Alltagswelt gewohnt sind.

Nehmen wir als Beispiel einen Fernseher der älteren Generation, der noch keinen LCD-Flachbildschirm besitzt. Die Bilder, die Sie darauf sehen, werden ständig von einem Elektronenstrahl auf den Bildschirm „gezeichnet". Hierbei werden Elektronen vom hinteren Teil der Bildröhre – mit etwa einem Drittel der Lichtgeschwindigkeit – auf den Bildschirm geschossen.

Es ist unmöglich, zu sagen, wo ein einzelnes Elektron auf dem Schirm auftrifft. Ein lesbares Bild ergibt sich nur dadurch, dass die Elektronen in ihrer Gesamtheit mit hoher Wahrscheinlichkeit auf dem gewünschten Punkt ankommen. Einzelne Elektronen landen auch an völlig abweichenden Orten – das kann auch auf dem Mond sein – was jedoch bei der großen Anzahl nicht ins Gewicht fällt.

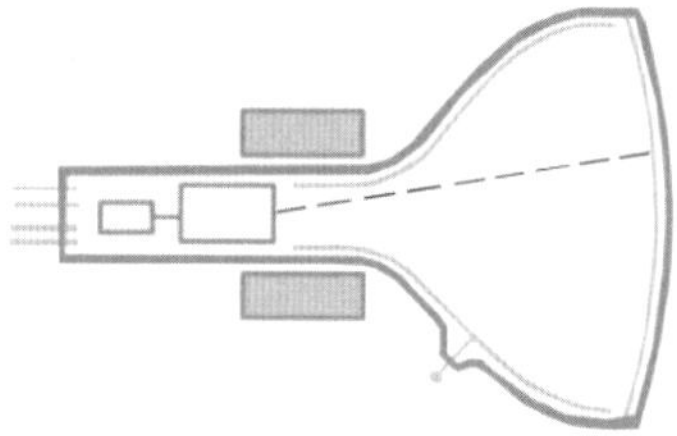

Bildröhre mit Elektronenstrahl

Wenn wir mit dem Gewehr ein Ziel anvisieren und die Kugel abschießen, können wir die Flugbahn und den Einschlagort genau bestimmen. Wenn wir jedoch ein Elektron auf ein bestimmtes Ziel abschießen, können wir die Flugbahn nicht nachverfolgen und müssen uns überraschen lassen, wo es einschlägt. Wie schon gesagt: Es macht, was es will.

Der Physiker spricht hier vom objektiven Zufall. Nur wenn wir viele Elektronen auf dasselbe Ziel abschießen, erreichen wir mit hoher Wahrscheinlichkeit, dass der Großteil an dem gewünschten Ort auftrifft.

Diese Eigenschaften haben natürlich auch alle anderen Quantenobjekte, nicht nur die Elektronen. Auch bei radioaktiven Atomen erkennen wir dasselbe Verhalten. Diese Atome sind instabil und zerfallen nach einiger Zeit. Wir können unmöglich vorhersagen, wann ein einzelnes Atom zerfällt. Die Gesamtheit diese Atome zerfällt jedoch nach einem ganz bestimmten berechenbaren Schema. Der Fachbegriff hierfür ist Halbwertzeit.

Zum Beispiel hat Strontium 90 eine Halbwertzeit von 30 Jahren, Caesium 137 eine von 28 Jahren. Das bedeutet, dass bei Strontium 90 in 30 Jahren die Hälfte der Atome zerfallen ist und nach weiteren 30 Jahren noch einmal die Hälfte dieser verbleibenden Hälfte, so dass noch ein

Viertel der Atome vorhanden ist. Davon zerfällt nach weiteren 30 Jahren noch einmal die Hälfte usw.

Wenn wir jetzt auf das Atommodell von Niels Bohr zurückkommen und die Welle-Teilchen-Eigenschaften der Quantenobjekte berücksichtigen, ergibt sich, dass es keinen festen Atomkern gibt, um den Elektronenkügelchen kreisen. Stattdessen umgeben kleine Elektronenwellen den Kern, der selbst nur ein Knäuel aus Wellen ist.

Falls Sie sich das nicht vorstellen können, trösten sie sich: Die Physiker können es auch nicht. Wie es in einem Atom wirklich aussieht, kann Ihnen niemand sagen.

Da die Quantenobjekte, wie wir gesehen haben, im Einzelnen nicht richtig fassbar sind und nur in ihrer Gesamtheit mit großer Wahrscheinlichkeit so reagieren, wie wir es in unserer Alltagswelt gewohnt sind, sprechen wir in diesem Zusammenhang auch von Wahrscheinlichkeitswellen.

Albert Einstein war mit der Vorstellung der Unbestimmtheit der Quantenobjekte nicht einverstanden. Er glaubte daran, dass alles eine Ursache habe und diese sich auch in ihren Auswirkungen berechnen lassen müsse. Mit seiner Aussage „Gott würfelt nicht“ meinte er, dass nichts zufällig geschähe, sondern alles wohlbestimmt und berechenbar sei. Man nennt dies Determinismus. Doch die Ergebnisse der Quantenphysik lehren uns, dass die Ereignisse auf dieser Welt eben nicht vorbestimmt oder determiniert sind.

Nur: Geschieht deswegen alles aus Zufall? Dies wäre schließlich auch eine Art Determinismus. Zwar wären die Ergebnisse des Zufalls nicht berechenbar, jedoch wäre bei allem was geschieht, der Zufall ausschlaggebend, und nicht unser freier Wille.

Dies ist eine der großen Fragen, die sich aus der Quantenphysik ergeben. Vielleicht finden wir eine Antwort darauf, im Zusammenhang mit einem der verblüffendsten quantenphysikalischen Experimente, dem Doppelspaltexperiment.

Der amerikanische Physiker Richard Feynman sagte dazu: „Es enthält das ganze Geheimnis der Quantenmechanik“.

Doppelspaltexperiment

Wenn wir Tomaten durch einen Doppelspalt auf eine dahinterliegende Wand werfen, ergibt sich ein charakteristisches Bild. Die Tomaten, die durch die Spalten durchgeflogen sind, zeichnen sich in zwei länglichen roten Strichen an der Wand ab.

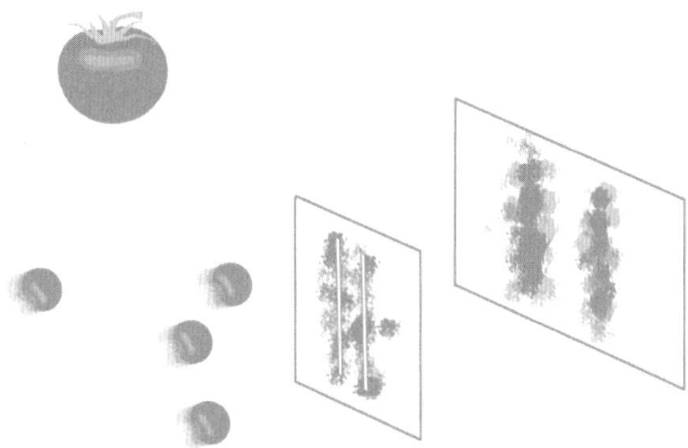

Doppelspaltexperiment mit Tomaten

Führen wir dieses Experiment mit Wasser durch, zeigt sich ein ganz anderes Bild.

Vor dem Doppelspalt erzeugt eine Wellenmaschine Wasserwellen. Treffen diese auf den Doppelspalt, bildet sich hinter jedem der beiden Spalten jeweils eine neue Welle. Diese Wellen überlagern sich und wandern weiter bis zum Wandschirm, an dem sich jeweils Wellentäler und Wellenberge abzeichnen. Daraus ergibt sich ein sogenanntes Interferenzenmuster.

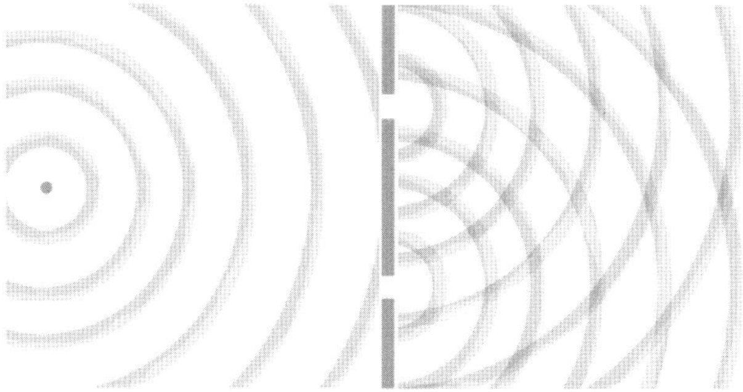

Interferenzenmuster durch Wasserwellen

Im Jahre 1802 wollte der Physiker Thomas Young klären, ob Licht aus Teilchen besteht, wie es Newton postuliert hatte, oder ob es sich wie eine Welle verhält. Er führte zu diesem Zweck das Doppelspaltexperiment mit Licht durch.

Und was sah er, als er das Licht durch die beiden Spalten schickte? Er beobachtete dasselbe Interferenzmuster, das wir von den Wasserwellen her kennen. Wie konnte das sein?

Die Lichtwellen verhielten sich genauso wie Wasserwellen und überlagerten sich gegenseitig nach dem Durchgang durch den Doppelspalt. Dadurch ergab sich beim Auftreffen auf den Schirm ebenfalls ein Interferenzmuster. Hierdurch war bewiesen, dass Licht auch Welleneigenschaften hatte.

Um 1900 wies jedoch Max Planck nach, dass sich Lichtwellen auch wie Teilchen verhalten können. Die Teilchen werden Photonen genannt. Das Licht hat also Wellen- und Teilcheneigenschaften.

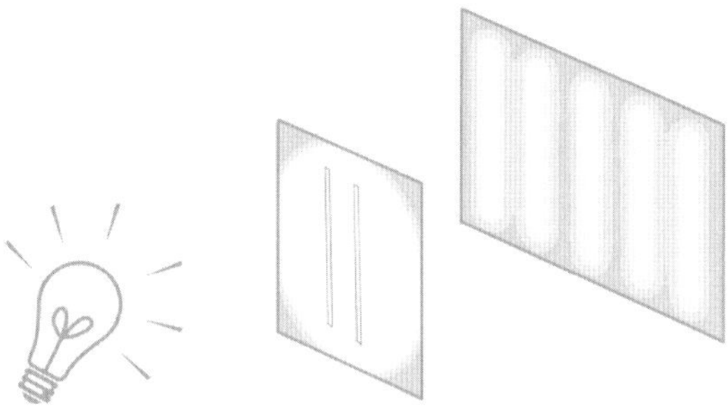

Interferenzenmuster im Doppelspaltexperiment mit Lichtwellen

Die Anordnung des Doppelspaltexperimentes ist sehr ausgeklügelt, mit genau berechnetem Spaltenabstand und winzigen Spaltenbreiten, so dass Sie keinen Erfolg haben dürften, wenn sie versuchen sollten, dieses Experiment mit einfachen Mitteln nachzumachen.

Das Young'sche Experiment wurde, vor allem in der ersten Hälfte des letzten Jahrhunderts, auf vielerlei Art variiert, wobei es zu solch unglaublichen Ergebnissen kam, dass die Physiker lange Zeit brauchten, um diese zu erklären.

Besonders Einstein stellte sich oft quer und suchte nach Erklärungen, die dem normalen Verstand zugänglich sind. So wurde das Experiment auch mit Elektronen durchgeführt. Hierfür benutzte man einen Kristall, dessen Atomgitterstruktur wie eine Platte mit Spalten wirkt. Der Spaltenabstand bei Interferenzexperimenten mit Elektronen muss sehr klein sein, nämlich in der Größenordnung von Atomdurchmessern. Man nahm hierbei an, dass sich die Elektronen wie Teilchen verhalten, da sie eine Masse haben. Die Wissenschaftler erwarteten daher dasselbe Ergebnis wie in unserem Beispiel mit den Tomaten.

Als sie jedoch einen Elektronenstrahl durch den Doppelspalt schickten, verhielt sich dieser genauso wie Licht. Auf dem Schirm erschien ein Interferenzmuster. Die Elektronen verhielten sich daher wie eine Welle.

Deckten sie allerdings einen der beiden Spalten ab, so dass die Elektronen nur durch einen einzigen zum Schirm gelangen konnten, erhielten sie ein ähnliches Muster, wie bei den Tomaten, einen länglichen Streifen, mit leicht unscharfen Kanten, auf dem sich die Elektronenteilchen abzeichneten.

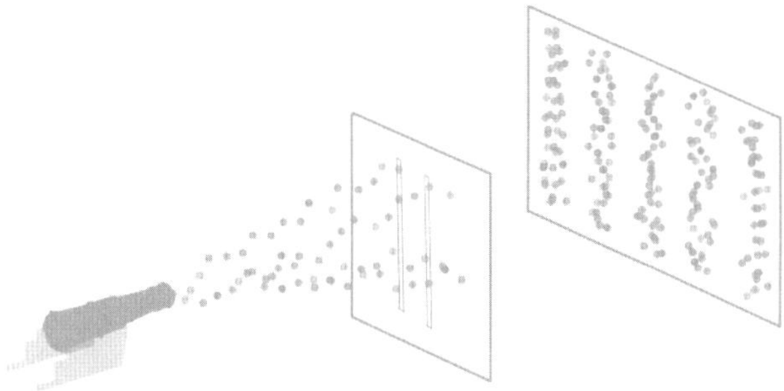

Interferenzenmuster im Doppelspaltexperiment mit Elektronen

Nun dachten die Physiker, wenn sie die Elektronen *einzeln* auf den Doppelspalt mit beiden geöffneten Spalten abschössen, würden diese logischerweise immer nur durch einen Spalt gehen. Dabei könnten keine Wellen entstehen, die sich überlagern und somit kein Interferenzmuster. Sie erwarteten daher nur zwei parallele Streifen auf den Schirm.

Doch die Elektronen machten ihnen einen Strich durch die Rechnung. Nachdem eine große Menge davon jeweils einzeln abgeschossen worden war, zeichnete sich auf dem Schirm zur Verblüffung der Experimentatoren wieder das bekannte Interferenzmuster ab.

Sie konnten sich dieses Verhalten nicht erklären. Das einzelne Elektron müsste gleichzeitig durch beide Spalten geflogen sein und sich selbst überlagert haben, um ein solches Muster zu erzeugen.

Nun wollten es die Physiker genau wissen und montierten am Doppelspalt einen Detektor, der aufzeichnen sollte, durch welchen der beiden Spalten das einzelne Elektron flog. Das Ergebnis brachte sie noch mehr in Verwirrung. Auf dem Schirm zeichnete sich nämlich kein Interferenzmuster mehr ab. Den Physikern zeigte sich dasselbe Muster wie bei den Tomaten, zwei längliche Streifen. Die Elektronen verhielten sich also wie Teilchen, obwohl beide Spalten geöffnet waren. Sie schienen zu wissen, ob sie beobachtet werden oder nicht.

In den siebziger Jahren variierte John Wheeler das Experiment nochmals. Er schob das Messverfahren hinaus, bis das Elektron durch die Scheibe hindurchgegangen war, so dass es zum Zeitpunkt des Beobachtens bereits auf dem Weg vom Doppelspalt zum Schirm war.

Sie müssen sich diesen Vorgang so vorstellen: Das Elektron fliegt auf den Doppelspalt zu und da es keine Detektoren sieht denkt es sich: „Die Luft ist rein, ich geh da als Welle durch beide Spalten. Danach kann ich noch ein bisschen interferieren, bis ich als Muster an die Wand klatsche."

Kaum kommt es aus der anderen Seite heraus, sieht es die Detektoren. „Verdammt, reingefallen," ist sein erster Gedanke. „Ich komme an den blöden Dingern nicht vorbei, ohne dass ich mich zum Teilchen wandle. Dabei muss ich mich auch noch für einen der beiden Spalten entscheiden. Was tun?“ Schnell besinnt es sich jedoch seiner besonderen Fähigkeiten.

„Jetzt revanchiere ich mich und lege diesen hinterlistigen Experimentator rein, Ich gehe einfach in der Zeit zurück und passiere nur einen der beiden Spalten, wobei ich meine Teilcheneigenschaft annehme." Dies macht es dann auch und wird von einem der beiden Detektoren so gemessen. Und der Professor, der hier ein Interferenzmuster erwartet hat, ist verwirrt: „Das ist doch nicht möglich? Da staunt der Laie und der Fachmann wundert sich!"

So, oder vielleicht auch nur so ähnlich, spielt es sich ab.

Es wurde sogar festgestellt, dass hier Raum und Zeit keine Rolle spielen. Auch wenn das Teilchen schon Lichtjahre von der Messeapparatur entfernt wäre, würde es augenblicklich auf die Messung reagieren und

rückwirkend den entsprechenden Zustand annehmen.
Der Physiker Wheeler schloss hieraus sogar, dass die Art der Wirklichkeit auf die Beteiligung eines bewussten Beobachters warten muss. Auf diese Weise würde das Bewusstsein oder der Geist die Wirklichkeit rückwirkend erschaffen.

Sollten Sie jetzt immer noch glauben, dass die Welt so ist, wie wir sie wahrnehmen, rate ich Ihnen das Ganze noch einmal von vorn zu lesen oder eventuell noch andere Bücher zu diesem Thema zu Hilfe zu nehmen.

Wenn Sie jedoch ziemlich verwirrt sind und nicht mehr wissen, was sie eigentlich glauben sollen, dann sind Sie auf dem richtigen Weg. Dann geht es Ihnen nämlich genauso wie den Physikern, oder den Philosophen, die sich mit diesem Thema beschäftigen.

Es gibt einige Erklärungsversuche für diese Phänomene, aber noch keine allgemeine Klarheit hierüber. Trotzdem wollen wir versuchen, eine befriedigende Antwort zu finden.

Schrödingers Katze

Bevor wir jedoch so weit sind, wollen wir uns noch mit einem Gedankenexperiment beschäftigen, das der Physiker Erwin Schrödinger im Jahre 1935 erdacht hatte. Er konnte sich nicht damit abfinden, dass ein Quantenobjekt, solange es nicht beobachtet wird, gleichzeitig existent und nicht existent ist. Auch ging es ihm um die Frage, wo die Grenze zwischen einem Quantenobjekt und einem makroskopischen Objekt liegt.

Anders ausgedrückt: Wieso kann sich ein Elektron in einer unbestimmten Form befinden – zugleich existent und nicht existent –, nicht jedoch beispielsweise eine Katze, die letztendlich auch nur aus Atomen und Elementarteilchen besteht? Makroskopische Objekte, wie eine Katze, sind schließlich auch nur eine Ansammlung von Quantenobjekten.

Für dieses Gedankenexperiment nahm er ein radioaktives Atom als Ausgangspunkt, das, solange es nicht beobachtet wird, als Überlagerung seiner möglichen Zustände – gleichzeitig als zerfallen oder nicht zerfallen – existiert.

Bei der Versuchsanordnung verband er – rein gedanklich – in einem hermetisch verschlossenen Kasten ein radioaktives Atom mit einem Detektor, und einer Flasche mit Zyankali. Bei einem Zerfall des Atoms sollte durch diesen Mechanismus das Zyankali in der Flasche freigesetzt werden. In diesen Kasten setzte er – ebenfalls rein gedanklich – eine Katze. Bei einem Zerfall des Atoms würde die Katze durch das Zyankali getötet. Zerfiele das Atom nicht, würde sie überleben.

Wenn man davon ausgeht, dass das Atom gleichzeitig zerfallen und nicht zerfallen ist, müsste man annehmen, meinte er, dass die Katze, solange kein Beobachter den Kasten öffnet, gleichzeitig tot und lebendig sein müsste. Er wollte damit die naive Anwendung des quantenmechanischen Modells auf die makroskopische Wirklichkeit, also unsere wahrnehmbare Welt, ad absurdum führen.

Gedankenexperiment: „Schrödingers Katze“

Schrödinger sagte hierzu: „... Das Typische an solchen Fällen ist, dass eine ursprünglich auf den Atombereich beschränkte Unbestimmtheit sich in grobsinnliche Unbestimmtheit umsetzt, die sich dann durch direkte Beobachtung entscheiden lässt. Das hindert uns, in so naiver Weise, ein verwaschenes Modell als Abbild der Wirklichkeit gelten zu lassen ....“[1]

Kopenhagener Deutung

Unter dieser Bezeichnung wird ein Erklärungsversuch der soeben beschriebenen rätselhaften quantenphysikalischen Vorgänge verstanden.1927 wurde diese Deutung hauptsächlich von Niels Bohr und Werner Heisenberg während eines Treffens in Kopenhagen formuliert. Sie besagt, dass die Unbestimmtheit eines Quantenobjekts, also seine Wellenfunktion, zusammenbricht, wenn es in Verbindung mit einem bewussten Beobachter kommt, d.h. gemessen wird.

Sobald es beobachtet wird, ist es nach dieser Theorie gezwungen, sich als Teilchen zu manifestieren. Wir sehen dies im Doppelspaltexperiment, wo es sich wie eine Welle verhält, wenn beide Spalten geöffnet sind – zu sehen am Interferenzmuster. Sobald es jedoch beobachtet wird, erscheint es als Teilchen.

Solange es nicht gemessen wird oder prinzipiell nicht gemessen werden kann, kann über das Objekt keine Aussage getroffen werden. Anders ausgedrückt: Was man nicht kennt, weil man es nicht beobachten oder messen kann, kann man nicht physikalisch beschreiben.

Wichtig für das Verständnis der Kopenhagener Deutung ist, dass sie den Wellencharakter eines Objekts als *nicht real* ansieht. Sie geht davon aus, dass er nur rein mathematisch dargestellt werden kann. Der Wellencharakter ist danach nur eine mathematische Annahme, aber keine physikalisch beweisbare Realität. Ein Beweis des Wellencharakters ist nicht möglich, weil die Wellenfunktion beim Messvorgang sofort verschwindet.

Die „angenommene“ Wellenfunktion wird hier nur mathematisch formal gesehen, zum Beispiel um zu berechnen, wann ein Teilchen wo mit welcher Wahrscheinlichkeit auftaucht, also zur Berechnung klassisch greifbarer physikalischer Zustände.

Das Paradoxon mit Schrödingers Katze kann die Kopenhagener Deutung jedoch nicht erklären, da in diesem geschlossenen System mit Atom und Katze kein Beobachter anwesend ist, der die Wellenfunktion zum Kollabieren bringen könnte. Und so wäre die Katze in dem geschlossenen System gleichzeitig lebendig und tot, was aber offensichtlich nicht möglich ist.

Des Weiteren ist die Vorstellung vom Kollabieren der Wellenfunktion nicht mit der Schrödinger-Gleichung, die dieser im Jahre 1926 formulierte, in Übereinstimmung zu bringen.

Diese Gleichung beschreibt die zeitliche Entwicklung der Wellenfunktion und geht von *realen* Wellen und Schwingungen der Quantenobjekte aus, im Gegensatz zu der Sichtweise Bohrs und Heisenbergs, die, wie beschrieben, den quantenmechanischen Größen keine Realität zusprachen.

Mit Hilfe der Schrödinger-Gleichung kann berechnet werden, mit welcher Wahrscheinlichkeit ein Quantenobjekt an einem bestimmten Ort anzutreffen ist und zwar auch an Orten, an denen es normalerweise gar nicht sein dürfte. Dies wird als Tunneleffekt bezeichnet.

So kann beispielsweise die Wahrscheinlichkeit berechnet werden, mit der sich ein eingesperrtes Quantenobjekt außerhalb seines „Gefängnisses“ befindet. Erst dieser quantenmechanische Tunneleffekt erklärt den radioaktiven Zerfall oder auch die Kernfusion in der Sonne. Auch die Speicherkarte einer Digitalkamera würde ohne diesen Tunneleffekt nicht funktionieren.

Die Schrödinger-Gleichung ist eine der bestgeprüften Gleichungen in der Quantenphysik und allgemein anerkannt.

Viele-Welten-Theorie

Machen Sie sich auf etwas gefasst. Jetzt kommt der Höhepunkt der Verwirrung.

Unter Berücksichtigung der Schrödinger-Gleichung, die besagt, dass Quantenobjekte *real* sind, auch wenn wir sie nicht messen können, hatte

1957 Hugh Everett die Idee zu dieser „Viele-Welten-Theorie“. Später wurde sie von DeWitt weiterentwickelt.

Die Theorie geht davon aus, dass die möglichen quantenmechanischen Zustände, wie in der Schrödinger-Gleichung aufgezeigt, *real sind, und alle gleichzeitig existieren.* Da in unserer Welt nur jeweils *ein* Zustand existieren kann, würde das natürlich bedingen, dass für jeden möglichen Zustand auch eine eigene Welt existieren müsste.

Nehmen wir das Beispiel von Schrödingers Katze. In diesem Experiment wäre das Atom in einer Welt zerfallen, so dass die Katze von dem Zyankali vergiftet und damit tot wäre. In einer anderen Welt existierte das Atom noch und die Katze würde gemütlich vor sich hin schnurren, vorausgesetzt, sie hätte ein weiches Bett und genügend zu fressen.

Beim Doppelspaltexperiment würde das bedeuten, dass das einzelne Elektron in der einen Welt durch den linken Spalt und in der anderen Welt durch den rechten Spalt hindurchginge. Beide Welten wären jedoch in gewisser Weise gemeinsam vorhanden und würden einander überlagern. Sonst könnte bei diesem Experiment kein Interferenzmuster am Schirm entstehen.

Diese Welten sind nach der Theorie nicht räumlich voneinander getrennt. Auch wir als Beobachter würden jeweils in all diesen verschiedenen Welten gleichzeitig existieren. Für uns wäre jedoch nur die jeweilige Welt, die wir wahrnehmen, die einzig existierende Welt. Ein Übergang von einer Welt zur anderen wäre unmöglich, da diese Welten parallel nebeneinander existierten, ohne jegliche Verbindung zueinander. Daher wird sie auch als „Parallelweltentheorie“ bezeichnet.

Da es natürlich ständig eine riesige Zahl von Quantenereignissen gibt, müssten unzählige parallele Welten gleichzeitig existieren. Diese Theorie erscheint zwar absurd, aber sie ergibt sich aus der konsequenten Anwendung der Schrödinger-Gleichung.

Die Viele-Welten-Theorie ist letztlich deterministisch. Hier übernimmt der Zufall die Rolle des Bestimmenden. Der Mensch bzw. alle Lebewesen wären demnach den zufällig ablaufenden Quantenereignissen unterworfen. Sie wären deren Sklave und hätten keine eigene Entscheidungsmöglichkeit.

Verzweigungen der parallelen Welten.
In jeder Linie erlebt der Beobachter eine eigene Welt.
Für ihn existiert jeweils nur *diese* Welt.

Ich will hier nicht noch näher auf diese Theorie eingehen, da ich mir nicht vorstellen kann, dass Sie sich damit anfreunden können. Die Viele-Welten-Theorie dürfte nicht die Lösung sein, aber vielleicht bringt sie uns der Lösung einen Schritt näher!

Dekohärenz

Die Theorie der Dekohärenz ist noch verhältnismäßig jung. Sie entstand etwa 1970 und findet mittlerweile bei den Physikern allgemeine Anerkennung.

„Kohärenz“ ist die Bezeichnung für den unbestimmten wellenartigen Zustand der Quantenobjekte, der sich aus der Überlagerung aller möglichen Quantenzustände ergibt, auch „Superposition“ genannt.

„Dekohärenz“ bezeichnet das Verschwinden der Superposition, indem die Welle überwiegend Teilcheneigenschaften annimmt, also der Vorgang, der in der Kopenhagener-Deutung als Kollabieren der Wellenfunktion bezeichnet wird. Dies geschieht allerdings nicht, wie dort postuliert, unmittelbar und durch den Beobachter, sondern durch die Wechselwirkung mit der Umgebung. Zudem benötigt es eine gewisse Zeit. Auch ist dabei zu beachten, dass die Welle nicht verschwindet und zum Teilchen wird, sondern die Welle – die nach wie vor bestehen bleibt – offenbart überwiegend Teilcheneigenschaften.

Maßgeblich hierbei ist Folgendes: Je größer das Objekt, desto eher und schneller wird es mit der Umgebung wechselwirken. Aber auch Strahlung bewirkt die Wechselwirkung. Die Zeitspanne bis zum Verschwinden der Superposition ist berechenbar und wurde bereits teilweise experimentell bestätigt.

Bevor das Prinzip der Dekohärenz bekannt war, konnten sich die Physiker nicht erklären, wieso sich ein Atom – also ein mikroskopisches Objekt – zwar im Zustand der Superposition befinden kann, nicht jedoch ein makroskopisches Objekt, obwohl makroskopische Objekte auch nur eine Ansammlung von mikroskopischen Quantenobjekten sind. Dies war der Anlass für das Gedankenexperiment von Schrödingers Katze. Es war einfach nicht erkennbar, wo man hier die Grenze ziehen sollte. Aus der Logik heraus ist keine Grenze zwischen mikroskopischen und makroskopischen Objekten erkennbar.

Aufgrund des Dekohärenzprinzips verhält es sich demnach so, dass das radioaktive Atom in Wechselwirkung mit den Atomen der Katze und der übrigen Versuchsanordnung tritt, wodurch es seine Teilcheneigenschaft offenbart. Die weitere Folge ist, dass es auch kundtun muss, ob es zerfallen oder nicht zerfallen ist.

Durch das Prinzip der Dekohärenz ist somit geklärt, dass die Katze sich nur in *einem* Zustand befinden kann. Entweder ist sie lebendig, oder sie ist tödlich vergiftet.

Aber Everetts viele Welten sind wir dadurch noch nicht losgeworden. Dies ergibt sich dadurch, dass das radioaktive Atom nach dieser Theorie beim Verschwinden der Superposition alle ihm möglichen Einzelzustände annehmen wird, von denen jeder nur in einer eigenen Welt existieren kann. Am Beispiel unserer Katze bedeutet dies wieder, dass in der einen Welt das Atom zerfallen ist und die Katze tot ist, in der anderen Welt das Atom noch existiert und die Katze lebt.

Der Zusammenbruch der Superposition und die Manifestation als Teilchen bei der Messung des Elektrons im Doppelspaltexperiment erklärt sich ebenfalls durch Dekohärenz. Die Messung erzwingt ein teilchenhaftes Verhalten, da man das winzige Elektron nur mit hochenergetischer Röntgenstrahlung „sehen" oder durch Veränderung eines Feldes nachweisen kann. Beides führt aber zur Dekohärenz.

Nun ist es zwar sicher, *dass* die Superposition der Teilchenwelle durch die Wechselwirkung mit der Umgebung verschwindet. *Wieso* tut sie das aber?

Dies bleibt weiter eine philosophische Frage, die noch zu klären ist.

Wieso sind wir existent?

Wir müssen uns das einmal klarmachen. Die virtuelle Quantenwelt ist die Grundlage unserer Welt, die wir als wirkliche Welt verstehen. Diese noch unmanifestierte Quantenwelt – der Mikrokosmos – ist eine Ansammlung von Möglichkeitswellen, in denen alles gleichzeitig möglich ist, aber nichts tatsächlich existiert.

Sie sind im Prinzip nichts anderes, denn Ihr Körper besteht ausschließlich aus Quantenobjekten. Sie – wie auch Schrödingers Katze – sind nur eine Ansammlung einer riesigen Zahl von Atomen, die – hoffentlich – richtig zusammengesetzt sind. Ihre Welt – der Makrokosmos – ist jedoch konkret und erfahrbar.

Wieso ist das so, wo doch eine unlösbare Verbindung zwischen der mikroskopischen und der makroskopischen Welt besteht?

Gäbe es die Dekohärenz nicht, würden Sie als verschwommenes Wahrscheinlichkeitswesen im Raum schweben … oder so ähnlich. Sie hätten alle Möglichkeiten, aber Sie könnten keine davon auswählen. Es gäbe für sie keine konkrete Wirklichkeit. Erst durch die Dekohärenz manifestiert sich die für uns konkrete Materie, unsere Welt! Erst durch sie ergibt sich für uns eine konkrete Wirklichkeit! Doch woher kommt die Dekohärenz? Ist sie zufällig vom Himmel gefallen?

Vielleicht machen Sie mal eine kleine Pause und lassen das Ganze in Ruhe an ihrem geistigen Auge vorbeiziehen.

Geist und Materie

Die besten Physiker unserer Zeit haben mit ihrer größtenteils hervorragenden wissenschaftlichen Arbeit, mit ihren Berechnungen und Experimenten unser herkömmliches Weltbild erschüttert. Ihre Erkenntnisse sind für uns oftmals nicht nachvollziehbar, aber wir können sie nicht einfach als Unsinn abtun. Sie sind sowohl mathematisch als auch gedanklich, logisch und weitgehend durch Experimente belegt. Aber die Wissenschaftler rätseln seit fast 100 Jahren darüber, welche Konsequenzen sich aus all diesen wissenschaftlichen Erkenntnissen für unser Weltbild ergeben.

Von der Philosophie, die eigentlich aufgerufen wäre, sich stärker mit diesem Thema zu befassen, ist leider nicht allzu viel zu hören. Eine überzeugende Lösung aus diesem Bereich ist mir jedenfalls nicht bekannt.

In den bisher vorgestellten naturwissenschaftlichen Theorien zur Erklärung der Quantenwelt spielt entweder der Zufall – was Einstein nicht gefiel – oder der Determinismus – die Vorherbestimmtheit aller Ereignisse – oder auch die Bestimmung durch den Zufall die Hauptrolle. Der Grund liegt darin, dass die Wissenschaftler in der Regel von einem materialistischen Weltbild ausgehen, in dem der Geist bzw. das Bewusstsein nur eine Gehirnfunktion darstellt.

Dieser atheistische Ansatz klammert einen von der materiellen Welt unabhängig bestehenden Geist von vorneherein aus. Wenn dieser Geist jedoch – trotz wissenschaftlicher Missachtung – existieren und wirken würde, müssten atheistische Erklärungsversuche unserer Welt zwangsläufig fehlgehen.

Der nächste Schritt ist daher, dass wir versuchen, diese Paradoxien der Quantenwelt aufzulösen, indem wir davon ausgehen, dass Geist nicht aus der Gehirnfunktion heraus entsteht, sondern dass das Gehirn und auch alle Materie Medium oder Werkzeug eines von der Materie unabhängigen Geistes sind. Eines Geistes, der zwar alles bestehende, also auch die Materie, durchdringt, jedoch auch unabhängig davon existiert. Man könnte diesen Geist auch als universelles Bewusstsein bezeichnen. Dieses Bewusstsein wählt unter den quantenphysikalischen Möglichkeiten diejenigen aus, die nach seinen Vorstellungen, dem Lebensweg des Menschen dienlich sind, oder seinen Wünschen entsprechen.

So wird dies auch von Jörg Starkmuth gesehen, der in seinem Buch „Die Entstehung der Realität, Wie das Bewusstsein die Welt erschafft" einen Lösungsvorschlag für all diese verwirrenden Paradoxien anbietet. Das Überraschende ist, dass seine Theorie auf der Grundlage der Viele-Welten-Theorie basiert.

Nach der Kopenhagener Deutung ist nur die von uns beobachtete Welt real, alle anderen Varianten der Quantenwelt existieren nur als rechnerische Möglichkeiten. Für die Viele-Welten-Theorie existieren jedoch alle Möglichkeiten gleichberechtigt nebeneinander und sind alle real. Die Kopenhagener Deutung ist uns sicher sympathischer, da sie unserer Alltagserfahrung eher entspricht. Die Viele-Welten-Theorie geht nicht in unseren Kopf, sie erscheint uns irgendwie unsinnig. Andererseits ist sie von Seiten der theoretischen Physik besser begründet als die Kopenhagener Deutung.

Starkmuth schreibt nun: „Beide Interpretationen (die Kopenhagener Deutung sowie die Viele-Welten-Theorie) sind, wie zuvor beschrieben, problematisch in ihren jeweiligen Konsequenzen. Meines Erachtens lässt sich das Problem nur dadurch elegant lösen, dass man das Bewusstsein des Beobachters als unabhängig von dessen materieller Existenz als Mensch betrachtet. Dann wird plötzlich alles viel einfacher: Der materielle Beobachter (Mensch), der ja aus Elementarteilchen besteht, „existiert" (im Sinne einer möglichen Realität) tatsächlich in allen möglichen Varianten (bzw. als Kontinuum möglicher Quantenzustände) im Multiversum. Sein Bewusstsein hingegen existiert nur einmal, und dieses Bewusstsein wählt eine der möglichen materiellen Varianten der Welt (einschließlich seines physischen Körpers!) zur Beobachtung aus, die dadurch zu seiner erlebten Wirklichkeit wird. Die quantenphysikalische Wahrscheinlichkeit einer Realitätsvariante wäre dann ein Maß dafür, wie leicht oder schwer es dem Bewusstsein fällt, diese Variante anzusteuern."[2]

Als Beispiel führt Starkmuth eine CD an, auf der ein Computerspiel gespeichert ist. Er schreibt: „Alle möglichen Handlungsstränge des Spiels (einschließlich der Spielfigur) sind als ',Potenzial' auf der CD gespeichert, aber der eigentliche Spieler vor dem PC (das beobachtende Bewusstsein) erlebt nur diejenige Variante, die er durch seine Entscheidungen und Eingaben in den Computer auswählt."[3]

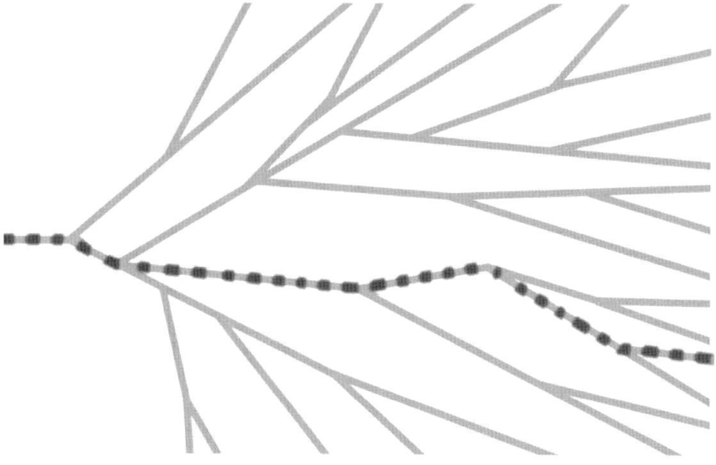

Gewählter Lebensweg unter verschiedenen Möglichkeiten

In dem im ersten Kapitel beschriebenen Hörspiel beinhaltet der Computer, der den Gehirnen der Forscher die Umgebung auf einem U-Boot vorspiegelt, ebenfalls alle denkbaren Situationen, die auf einem U-Boot vorkommen können. Aber für die Forscher sind nur diejenigen real, die sie mit ihren Gedanken auswählen.

Starkmuth schreibt weiter: „Es gibt tatsächlich Interpretationen der Quantentheorie, die in diese Richtung gehen, wobei einige auch von mehreren (aber eben nicht mehr beliebig vielen) Varianten des jeweiligen Bewusstseins ausgehen. Sie sind allerdings vergleichsweise unpopulär, weil die meisten Physiker das Bewusstsein als Gehirnfunktion verstehen, die man nicht als unabhängig von der physischen Existenz betrachten kann.“[4]

Sie werden nun vielleicht fragen: „Wie verhält es sich dann mit all den Vorgängen, in die unser Bewusstsein nicht hineinreicht, wie zum Beispiel mikroskopische Vorgänge, die wir nicht sehen können, oder Vorgänge, die außerhalb unserer Reichweite sind? Vorgänge in der Wüste, auf dem Mond oder auf anderen Planeten?“ Oder anders ausgedrückt: „Gibt es den Mond, wenn niemand hinsieht?"

Wie wir gesehen haben, manifestieren sich Teilchen infolge der Dekohärenz. Sie interagieren mit anderen Teilchen oder Schwingungen, ohne dass unser Bewusstsein daran beteiligt ist.

Es hängt also nicht nur von *unserem* Bewusstsein oder *unserem* Geist ab. Tiere und Pflanzen haben ebenfalls Geist oder Bewusstsein. Aber nicht nur die für uns belebte Natur, a*lles Existierende* kommt aus dem Geist oder Nichts und ist Teil dessen.

So können wir auch die Dekohärenz verstehen, soweit sie ohne unser Wissen und Zutun abläuft. Sie wird eben auch durch die Interaktion von Teilchen außerhalb der Reichweite *unseres* Bewusstseins bewirkt. Diese Teilchen haben alle ihr eigenes Leben, ihren eigenen Wirkungsbereich, im Verein mit dem ihnen untrennbar verbundenen Geist.

Die Vorstellung, dass alles Existierende auch eine geistige Dimension hat, wurde schon von dem berühmten Jesuitenpater und Naturforscher Teilhard de Chardin vertreten. Er ging davon aus, dass allen physischen Dingen geistige Eigenschaften innewohnen. Teilhard behauptet allerdings nicht, dass beispielsweise unbelebte Dinge oder technische Artefakte ein volles Bewusstsein haben und z. B. Schmerzen erleben können. Vielmehr stellt Teilhard die Theorie auf, dass in der Wirklichkeit eine abgestufte Form der Geistigkeit anzutreffen ist:

„Nur dann, wenn eine Entität in physischer Hinsicht ausreichend komplex ist, kann auch die korrespondierende geistige Seite komplexe Züge annehmen. Ein Atom etwa ist nicht ausreichend komplex, um ein Bewusstsein zu haben. Ein Lebewesen wie der Mensch hat jedoch eine ausreichend komplexe Anordnung des Physischen, so dass die korrespondierende geistige Anordnung ein bewusstes Erleben aufweist.“[5]

Die Kombination der Quantenphysik mit einem geistigen Weltbild ist meines Erachtens logisch und einleuchtend. Sie passt in den Gesamtzusammenhang der weiteren in diesem Buch dargestellten Fakten und Erfahrungen. Auch fügt sie sich nahtlos in das sich daraus ergebende Weltbild ein.

Stephen Hawking, der bekannte englische Physiker, schreibt: „Ein Modell ist gut, wenn es:

1. elegant ist
2. nur wenige willkürliche oder solche Elemente enthält, die sich gezielt anpassen lassen
3. mit den vorhandenen Beobachtungen übereinstimmt, sie erklärt
4. detaillierte Voraussagen über zukünftige Beobachtungen macht, die das Modell widerlegen oder falsifizieren können, wenn sie sich nicht bewahrheiten.“[6]

Meiner Meinung nach sind diese Voraussetzungen bei einem geistigen Weltbild sehr viel eher gegeben als bei einem atheistischen mit seinen vielen unwahrscheinlichen und teils absurden Theorien. Oder würden Sie die Viele-Welten-Theorie als elegant bezeichnen?

Im weiteren Verlauf des Buches wird die Logik eines geistigen Weltbildes noch klarer ersichtlich. Dadurch löst sich in erster Linie die Vorstellung des Zufalls auf, mit der sich vor allem Einstein nicht anfreunden konnte.

Aber auch führende Wissenschaftler sind von der Existenz eines von der Materie unabhängigen Geistes überzeugt:

„Professor Dr. Hans-Peter Dürr, ehemaliger Leiter des Max-Planck-Instituts in München vertritt heute die Auffassung, dass der Dualismus kleinster Teilchen nicht auf die subatomare Welt beschränkt, sondern vielmehr allgegenwärtig ist. Mit anderen Worten: Der Dualismus zwischen Körper und Seele ist für ihn ebenso real wie der Welle-Korpuskel-Dualismus, kleinster Teilchen. (...). Konsequenterweise glaubt Dürr aus rein physikalischen Erwägungen an eine Existenz nach dem Tode. In einem Interview erläutert Dürr dies wie folgt: ‚Was wir Diesseits nennen, ist im Grunde die Schlacke, die Materie, also das, was greifbar ist. Das Jenseits ist alles Übrige, die umfassende Möglichkeit, das viel Größere. Das, worin das Diesseits eingebettet ist. Insofern ist auch unser gegenwärtiges Leben bereits vom Jenseits umfangen.“[7]

Auch Dr. Christian Hellweg ist vom Quantenzustand des Geistes überzeugt. Der Wissenschaftler hat sich nach dem Abschluss seines Physik- und Medizinstudiums am Max-Planck-Institut für biophysikalische Chemie in Göttingen jahrelang mit der wissenschaftlichen Erforschung der Hirnfunktion beschäftigt. Seine These bringt er wie folgt auf den Punkt:

„Unsere Gedanken, unser Wille, Bewusstsein und Empfindungen weisen Eigenschaften auf, die als Merkmale des Geistigen bezeichnet werden können. (…) Geistiges lässt keine direkte Wechselwirkung mit den bekannten naturwissenschaftlichen Grundkräften – wie Gravitation, elektromagnetischen Kräften etc. – erkennen. Auf der anderen Seite aber entsprechen diese Eigenschaften des Geistigen haargenau denjenigen Charakteristika, die die äußerst rätselhaften und wunderlichen Erscheinungen der Quantenwelt auszeichnen.“[8]

Die Einwirkung des Geistes bzw. des Bewusstseins auf die Quantenobjekte stellt sich für die Physiker wie Zufall dar, da sie natürlich nicht experimentell nachvollziehbar ist.

Unter Geist ist in diesem Zusammenhang nicht nur der Geist des einzelnen Menschen zu verstehen, sondern man muss davon ausgehen, dass Materie von einem universellen Geist durchdrungen ist. Materie ist ein Teil dieses allumfassenden Geistes.

„Gott wäre dann reine Materie oder permanente Substanz, und Materie wäre reiner Geist oder Gott – mit anderen Worten, Materie und Geist wären eigentlich identisch. Das bedeutet, dass der Naturwissenschaftler eigentlich der Mystiker ist – wie der Tiefseefisch, der das Wasser sucht, in dem er herum schwimmt…“[9]

Gott würfelt also nicht. Er stellt nur unüberschaubar viele Möglichkeiten zur Verfügung.

Max Planck, der berühmte deutsche Physiker, fasste es wie folgt zusammen:

„Es gibt keine Materie an sich! Jegliche Materie entsteht und besteht nur durch eine Kraft, welche die Atomteilchen in Schwingung bringt und sie zum winzigen Sonnensystem des Atoms zusammenhält. Da es im ganzen Weltall weder eine intelligente noch ewig abstrakte Kraft gibt,... (die sich) aus sich selbst bewegte,… so müssen wir hinter dieser Kraft einen bewussten, intelligenten Geist annehmen. Dieser Geist ist der Urgrund aller Materie. Nicht die sichtbare, aber vergängliche Materie ist das Reale, Wahre, Wirkliche…, sondern der unsichtbare, unsterbliche Geist ist das Wahre.

Da es aber Geist an sich nicht geben kann, sondern jeder Geist einem Wesen zugehört, so müssen wir zwingend Geistwesen annehmen. Da aber auch Geistwesen nicht aus sich selber sein können, sondern geschaffen werden müssen, so scheue ich mich nicht, diesen geheimnisvollen Schöpfer ebenso zu benennen, wie ihn alle Kulturvölker der Erde früherer Jahrtausende genannt haben: ‚Gott‘.“[10]

3. Kapitel

Wunder

Jetzt wird es unwissenschaftlich und geht in den Bereich übersteigerter religiöser Fantasien, wird der kritische Leser vielleicht sagen. Oder: „Ich glaube nicht an Wunder."

Wie oft habe ich das schon gehört!

Der Physiker Stephen Hawking schreibt in seinem Buch „Der große Entwurf":

„Wenn die Natur von Gesetzen regiert wird, stellen sich drei Fragen:

1. Welchen Ursprung haben die Gesetze?
2. Gibt es irgendwelche Ausnahmen von den Gesetzen, das heißt Wunder?
3. Gibt es nur einen Satz möglicher Gesetze?"[1]

Seine Antwort auf diese Fragen lautet: „Dieses Buch stützt sich ganz und gar auf das Konzept des wissenschaftlichen Determinismus, woraus folgt, dass die Antwort auf die Frage zwei lautet: Es gibt keine Wunder oder Ausnahmen von den Naturgesetzen. Wir werden jedoch eingehend auf die Fragen eins und drei zurückkommen…"[2]

Ich blätterte daraufhin das ganze Buch durch, um eine Begründung zu finden, wieso es keine Wunder geben soll. Es findet sich aber nicht ein einziges Wort darüber. Zu den Fragen eins und drei nimmt er ausführlich Stellung. Die Frage Nummer zwei über Wunder ist ihm keine Zeile wert.

Was soll man dazu sagen? Ist es wissenschaftlich, wenn jemand ein Phänomen, das im Laufe der Menschheitsgeschichte vielfach bezeugt wurde, ohne jede Begründung als nicht existent erklärt?

Sind Wunder wirklich so absurd, oder so einfach erklärbar, um sie mit einem einzigen Satz als nicht existent abzutun? Sind Menschen, die über erlebte Wunder berichten, von vornherein als unglaubhaft anzusehen? Kann man ihre Berichte ohne weiteres ignorieren oder generell als Unsinn oder Hirngespinste abtun?

Insofern liegt in der Haltung Hawkings – mit der er unter Wissenschaftler und Philosophen nicht alleine steht – eine gewisse Überheblichkeit. Sie wertet Menschen, die etwas berichten, das der eigenen Überzeugung widerspricht, generell als unglaubwürdig ab. In gewisser Weise ähnelt dies dem päpstlichen Unfehlbarkeitsanspruch.

Nicht, dass man jedem alles glauben könnte. Man sollte aber vorurteilslos an solche Berichte herangehen. Lesen sie dieses Kapitel in eben dieser Geisteshaltung!

Die wenigsten Menschen haben einen Überblick über dieses Gebiet. Es ist keine Frage, dass mit angeblichen Wundern schon viel Missbrauch getrieben wurde. Aber ist wirklich alles eine Ausgeburt der Fantasie, oder Manipulation?

Ich gebrauche hier den Ausdruck „Wunder" aus Vereinfachungsgründen. Was sind Wunder? Vorgänge, die unserer Vernunft und Erfahrung widersprechen und nicht mit naturwissenschaftlichen Gesetzmäßigkeiten erklärt werden können. Sie sind jedoch erklärbar, wenn wir eine jenseitige, geistige Welt in unsere Überlegungen einbeziehen.

Wenn es keinen von der Materie unabhängigen Geist gäbe, könnte es auch keine Wunder geben. Insofern hätte Hawking recht. Gibt es aber tatsächlich erwiesene Wunder, fällt damit natürlich auch die atheistische Weltanschauung.

Kann man Wunder beweisen? Ein Beweis im *naturwissenschaftlichen* Sinne dürfte schwierig sein, da dieser normalerweise mittels wiederholbarer Experimente geführt wird. Ergibt sich aus einem auf dieselbe Art durchgeführten Experiment wiederholt dasselbe Ergebnis, gilt dies als Beweis. Da Wunder spontan auftreten und nicht beliebig wiederholbar sind, können sie nur beobachtet und nicht reproduziert werden.

Möglich ist jedoch ein Beweis im *juristischen* Sinne. Hier werden Vorgänge der Vergangenheit durch Inaugenscheinnahme des Tatorts, Vernehmung von Zeugen oder Sachverständigen sowie Würdigung von Indizien und Urkunden dem Gericht zur Beweiswürdigung vorgelegt. Ist der Richter von der Stichhaltigkeit der Beweise überzeugt oder ist der Sachverhalt offensichtlich, gilt der Fall als bewiesen.

Allerdings nützt der beste Beweis nichts, wenn ihn der Richter nicht versteht oder, aus welchen Gründen auch immer, nicht verstehen will, wie ich es in meiner beruflichen Tätigkeit nicht selten erlebt habe.

Ein juristischer Beweis kann im Zusammenhang mit Wundern durchaus geführt werden. Beispielsweise wird diese Prozedur in der katholischen Kirche bei Selig- oder Heiligsprechungen durchgeführt. Bei Seligsprechungen werden ein Wunder, bei Heiligsprechungen zwei Wunder verlangt. Meist sind es Heilungswunder aufgrund eines Gebetes.

Diese Verfahren werden wie Prozesse geführt, mit Indizien, Zeugen und Sachverständigen wie z. B. Ärzten. Der sogenannte advocatus diaboli (Anwalt des Teufels) muss als Gegenanwalt alle Gründe anführen, die gegen die Heiligkeit der Person und die Echtheit der Wunder sprechen.

Wenn auch vielleicht manchmal übereifrige Frömmigkeit mehr Gewicht hat, als die Argumente des advocatus diaboli, bietet das Verfahren insgesamt doch eine gewisse Objektivität.

Am Ende – die Verfahren dauern normalerweise mehrere Jahre – müssen zwei Drittel der versammelten Theologen für eine Heiligsprechung stimmen. Bei einigen Tausend Selig- und Heiligsprechungen müssten daher auch etliche Wunder juristisch bewiesen worden sein.

Man kann einwenden, dass dabei Fehler gemacht werden oder nicht immer alles mit rechten Dingen zuging. Dies ist aber auch bei zivilen Gerichtsverfahren der Fall. Trotzdem wird niemand behaupten, dass alles Fehlurteile seien.

Erwähnen möchte ich jedoch, dass es keine Gewähr gibt, dass diese Wunderheilungen auch durch den Heiligen erfolgt sind, der angerufen wurde. Um das zu wissen, müssten wir in das Jenseits hineinblicken. Leider können das aber die wenigsten.

Vielleicht wundern Sie sich, dass ich in dieser Sache der Kirche so viel Vertrauen entgegenbringe, obwohl ich sie an anderer Stelle kritisiere. Aber die Kirche ist nicht mehr die des Mittelalters, wie auch die Regierungen und die menschliche Gesellschaft. Der weitaus größte Teil der Selig- und Heiligsprechungen erfolgte ohnehin in der Neuzeit. Darüber, ob die Reformen in der Kirche ausreichen, kann man geteilter Meinung sein. Aber das ist nicht Thema dieses Buches.

Es ist schwer, jemanden aufgrund eines einzelnen unerklärlichen Ereignisses zu überzeugen. Aber was ist, wenn es zu allen Zeiten und in allen Völkern und Religionen naturwissenschaftlich nicht erklärbare Ereignisse gegeben hat?

Es gibt und gab Wunder in allen Größenordnungen. Zum Beispiel das Sonnenwunder von Fatima im Jahre 1917, das von zehntausenden Menschen gesehen wurde, bis zu kleinen unerklärlichen Ereignissen, die uns im Alltag passieren und die wir nicht erklären können.

Fangen wir bei Letzterem an. Eines Tages war mein jüngster Enkel zu Besuch. Ein lieber blondlockiger Junge mit einem ausgeprägten Selbstbewusstsein.

„Opa, Hilder hauen!“

„Was meinst Du?“

„Hilder hauen, Hilder hauen!“

„Ich verstehe Dich nicht, versuch es deutlicher zu sagen!“

„Homhuter Hilder, Homhuter, Hilder!“

„Ach, Du meinst Bilder im Computer schauen.“

„Ha, Ha, Homhuter, Hilder!“

Mit seinen zwei Jahren fingen bei dem kleinen Niels alle Wörter mit dem Buchstaben H an, was es manchmal nicht einfach machte, ihn zu verstehen, zumal er ziemlich viel redete.

Um seinem Wunsch nachzukommen, ging ich mit ihm in mein Büro vor den PC, nahm ihn auf den Schoß, um zusammen auf der Festplatte gespeicherte Fotos anzusehen.

Nachdem wir alle Bilder angesehen hatten, auf denen er abgebildet war – an denen war er natürlich besonders interessiert – rief ich eine Datei mit Fotos einer Bergwanderung mit Freunden auf. Ich klickte das erste Foto an. Es zeigte uns auf dem Weg zur Berghütte. Ich klickte weiter, aber was sehe ich da? Meine Frau mit Salome, einer georgischen Studentin, die eng mit unserer Familie befreundet ist, an einem festlich gedeckten Tisch. Beide tragen lange festliche Kleider und unterhalten sich offenbar prächtig. Salome sitzt da mit rot geschminkten Lippen, was ich bei ihr noch nie sah.

Ich stutze und kann mir nicht erklären, wie dieses Foto in die Datei mit der Bergwanderung kommt. Zunächst denke ich, dieses Foto wäre auf einem Geburtstag meiner Frau geschossen worden. Ich klicke dann auf das nächste Foto, um zu sehen was da los ist. Das dritte Foto in der Datei zeigt die Berghütte, auf der wir übernachteten. Dann klicke ich zurück, um das mysteriöse Foto nochmal zu sehen. Aber es ist nicht mehr da. Stattdessen sehe ich den Bergsee, an dem wir zwei Monate vorher vorbeigewandert sind. Ich klicke hin und her, aber das Foto mit meiner Frau und Salome ist nicht mehr zu finden.

Nachdem ich mehrere Fotodateien, auch die vom Geburtstag meiner Frau, durchgesehen hatte, wurde es für mich zur Gewissheit, dass ich ein solches Foto nie aufgenommen habe.

Als ich meiner Frau und Salome davon erzählte, glaubten sie mir, da sie mich als relativ nüchternen Menschen kennen. Sie waren aber ebenfalls der Meinung, dass es diese Situation, die auf dem Foto abgebildet war, nie gegeben hat. Keine von beiden trug je ein solch langes festliches Kleid. Meine Frau trägt normalerweise Hosen, und Salome meinte, sie würde nie ihre Lippen rot schminken.

Was ist nun von dieser Sache zu halten? Es ist wie immer; die einen glauben es, die anderen nicht. Ich hatte es einer Freundin erzählt. Sie hatte keinen Zweifel daran. Sie teilte mir ihrerseits einige unerklärliche Ereignisse aus ihrem Leben mit.

Wenn ich es einem Freund erzählen würde, der zwar gläubiger Katholik ist, aber ansonsten recht materialistisch denkt und lebt, würde dieser sicher sagen: „Siehst Du, ich habe es dir immer gesagt, Du mit deinen verrückten Ideen. Das kommt davon, wenn man sich zu sehr in solche Sachen hineinsteigert. Jetzt hast Du sogar schon Halluzinationen. Wirf deine ketzerischen Bücher weg und halte dich an das, was Du von der Kirche hörst. Und lass mich in Zukunft in Ruhe mit solchem Blödsinn!"

Als nächstes möchte ich ein Wunder darstellen, das einen Eintrag in das Guinnessbuch der Rekorde verdient hätte. Ende September 1995 saß ich mit meinen Wanderfreunden am Abend nach der Besteigung des Basodino in einer Hütte, hoch in den Schweizer Alpen. Der Berg hatte uns mit seinen 3272 m und seinem Gletscher einiges abverlangt, so dass wir rechtschaffen müde waren. Da fiel mein Blick auf die Neue Zürcher Zeitung, die jemand dort liegen gelassen hatte. Gelangweilt griff ich danach und stieß nach einigem Blättern auf einen Artikel, der mich faszinierte. Darin wurde sinngemäß folgendes berichtet:

Einige Tage zuvor, am 21. September, hatte in Indien ein Mönch in der Frühe vor Sonnenaufgang dem Gott Ganesha – der üblicherweise mit Elefantenrüssel dargestellt wird – wie jeden Morgen als Frühstück symbolisch einen Löffel Milch gereicht. Er traute jedoch seinen Augen nicht, als sich der Löffel mit der dargebotenen Milch langsam leerte. Auch bei einer Wiederholung passierte dasselbe. Als er dies anderen erzählte, boten diese der Götterstatue ebenfalls Milch an. Auch diese wurde aufgesogen.

Diese Nachricht verbreitete sich über Rundfunk und Fernsehen in Windeseile in ganz Indien und im Laufe des Tages eilten Millionen von Menschen mit Milch und Löffeln zu den Tempeln, um es selbst auszuprobieren und mit eigenen Augen das Wunder zu sehen.

Auch in Tempeln außerhalb Indiens war dasselbe Phänomen zu beobachten. Nach vielen Berichten kam das öffentliche Leben Indiens beinahe vollständig zum Erliegen. In vielen Städten stand der Verkehr still. Vor den Tempeln bildeten sich Menschenmassen, so dass die Polizei den Andrang in geordnete Bahnen lenken musste. Der Handel an der Börse wurde eingestellt.

Viele Milchgeschäfte waren leer gekauft. Allein in Delhi wurden an diesem Tag zusätzlich 120.000 l Milch verkauft, die sicher zum großen Teil den Götterstatuen geopfert wurden.

Über dieses Ereignis wurde auch von westlichen Journalisten berichtet, die es aus nächster Nähe fotografierten und filmten. Bernhard Imhasly, Indienkorrespondent der Neuen Zürcher Zeitung, schrieb in der Ausgabe vom 23.09.1995 in dem oben erwähnten Artikel:

„Wir trauten unseren Augen nicht, wie von einem unsichtbaren Strohhalm aufgesogen, leerten sich die Löffel bis zum letzten Tropfen. Dasselbe geschah, als auch uns jemand Milch gab und wir zunächst Ganeshas Stoßzähne, dann die Schnauze von Nandi und schließlich das

Kinn der Krishna-Statue vorsichtig in die Milch tauchten. Der Spiegel der Flüssigkeit sank, bis der Löffel leer war, obwohl wir genau darauf achteten, daß nichts verschüttet wurde."

Die Journalistin Rebecca Mär im Daily Express, England, vom 23.9.1995:

Es war das erste Mal, daß ich einen Hindutempel besuchte... vor dem Tempel stand die wartende Menge in einer langen Schlange, aber nicht das geringste Zeichen von Unmut kam auf, als ich mich ungeduldig bis in die vorderste Position drängelte... im Tempel stand die kleine Statue des Stieres Nandi... Ich konnte direkt zuschauen, und alles was ich sagen kann ist, daß es tatsächlich so aussah, als ob die Statue die Milch trank... Ein Fotograf von einer der größten Boulevard-Zeitungen Englands war ebenfalls anwesend. Er sagte mir, er schaue nun schon seit Stunden zu, aber er sehe keinen Mechanismus, der dieses Phänomen erklären könnte."[3]

Auch der amerikanische Nachrichtensender CNN berichtete darüber. Vor laufenden Kameras trank Ganesha innerhalb von zwei Sekunden einen Löffel Milch leer und es war deutlich zu sehen, dass nichts herunterlief oder tropfte.

Unter www.milkmiracle.com/Milkmiracle können Sie sich diesen Vorgang in einem sechsminütigen Video selbst ansehen.

Dieses Phänomen war niemals zuvor aufgetreten. Bei den meisten Statuen war es nach diesem Tag wieder beendet. Bei einigen trat es noch einige Tage auf, vereinzelt sogar noch einige Wochen.

In Indien besteht ein Nationalinstitut für Wissenschaft und Technik, genannt „Nistat", das den Auftrag hat, den wissenschaftlichen Geist im Volk zu verbreiten, natürliche Ursachen von Wundern nachzuweisen und die Leute vor Scharlatanen zu warnen. Dies ist in diesem Land, in dem unkritischer Wunderglaube allgegenwärtig ist, sicher nötig.

Diese Wissenschaftler waren aufgerufen, das Ereignis auf natürliche Weise zu erklären. Als mögliche Erklärungen führten sie an: mit Pumpen verbundene Saugröhrchen, Kapillar- und dadurch Saugwirkung des Holzes. Bei metallischen Statuen gäbe es die Möglichkeit, dass die Milch über die Oberfläche des feuchten Metalls ablaufe.

Auch die IRA, die Indian Rationalist Association, schickte eine offizielle Stellungnahme an alle Medien, die besagte, dass es sich um eine Massenhysterie, eine politisch-religiöse Verschwörung und um pure wissenschaftliche Ignoranz handle. Diese Erklärung erschien im Fernsehen und wurde in den großen Zeitungen Indiens abgedruckt.

Aber es ist klar, dass diese Erklärungsversuche ins Leere laufen! Es war sicher nicht möglich, alle Götterstatuen auf der Welt zu manipulieren. Im Übrigen wurde auch nirgends ein Saugröhrchen mit Pumpe gefunden. Bei einem physikalisch bedingten Aufsaugen der Milch durch die Statuen oder Ablaufen an ihnen hätten diese und der darunter liegende Boden in Milch schwimmen müssen. Dies war jedoch offensichtlich nicht der Fall, da viele unvoreingenommene Beobachter vor Ort waren und nichts Entsprechendes berichteten.

Diese Erklärungsversuche disqualifizierten sich allein schon durch die Tatsache, dass dieses Phänomen weder vorher noch nachher aufgetaucht ist. Die Sitte, den Götterfiguren Milch zu geben, besteht in Indien schon seit Jahrhunderten.

Ich glaube, dieser Vorgang belegt sehr deutlich die bornierte Verhaltensweise mancher Wissenschaftler, wenn sie ein Ereignis nicht mehr auf natürliche Weise erklären können. Obwohl sie vor einem Rätsel stehen, möchten Sie die Deutungshoheit nicht aus der Hand geben. Anstatt ihre Ratlosigkeit zuzugeben, flüchten sie sich in haltlose Erklärungsversuche, nach dem Motto: Es kann nicht sein, was nicht sein darf.

Anders zum Beispiel Bernd Zekeli vom Südasiatischen Institut der Universität Heidelberg, der dieses Phänomen mit Physikern untersucht hat. Sein Fazit:

„Es gibt keine Möglichkeit, in einem Experiment glaubhaft nachzuvollziehen, wie die Milch bei diesen Murtis verschwand. Das oberflächliche Abfließen der Milch wäre sogar einem Kind aufgefallen, vor allem, da die Milch manchmal innert Sekundenschnelle verschwand. Wir stehen vor einem Rätsel und gleichzeitig vor einem der bestdokumentierten sogenannten paranormalen Phänomenen der Geschichte."[4]

Shashi Tharoor, erster Assistent von UN-Generalsekretär Kofi Annan, beschrieb, wie er in einem Vorort von Houston, Texas, einer Statue Milch gab, die auch nach acht Tagen noch Milch „trank“:

„Es war nicht so, als ob ich die Milch ausgegossen hätte, denn dann wäre sie anders geflossen; und ebenso wenig wurde die Milch einfach nur verschüttet, obwohl ein paar Tropfen auf den Boden fielen. Vielmehr schien es so etwas wie ein sanftes Herausziehen der Milch durch eine unbekannte Kraft zu geben.“[5]

Auf die Frage, was er von der Erklärung der Wissenschaftler halte, antwortete Pandit Prakesh, Oberpriester des jahrhundertealten Shiva-Tempels in Punjab: „Glauben Sie, alle diese Menschen, die das Verschwinden der Milch bezeugen, seien so blöd, dass sie nicht sähen, dass die Milch außen herunterläuft? Mindestens fünf Richter waren heute Morgen hier, der Chef des Hochbauamtes von Chanigarh und der Direktor der Stadtpolizei. Sie alle sahen es und bezeugten es."[6]

Das Milchwunder war weltweit zu beobachten

Viele Skeptiker, die dieses Ereignis mitverfolgen konnten, sahen an diesem Tage mit eigenen Augen, dass ein Eingreifen der geistigen Welt in unsere materielle Welt möglich ist. Aber nicht alle waren zu überzeugen und blieben bei ihren oben dargestellten Erklärungsversuchen, obwohl diese für jeden objektiven Beobachter haltlos sind.

Doch was ist mit dem Sonnenwunder in Fatima, das ich eingangs erwähnte?

Im Jahre 1917 hatten drei Kinder aus Fatima in Portugal mehrere Marienerscheinungen. Zu diesen Ereignissen strömten von Mal zu Mal mehr Menschen. Bei der letzten Erscheinung am 13. Oktober 1917 sollen etwa 70.000 Menschen aus allen Gegenden Europas anwesend gewesen sein. Maria hatte zuvor angekündigt: „Im Oktober werde ich ein Wunder bewirken, damit alle glauben." Als Lucia, das älteste der Seherkinder, rief: „Schaut zur Sonne", hörte der Regen auf und die Wolken gaben den Blick auf die Sonne frei. Die Sonne sah aus wie eine silberne Scheibe und fing plötzlich an, sich mit rasender Geschwindigkeit zu drehen. Sie leuchtete in allen Farben des Regenbogens und streute Lichtflämmchen und Feuergarben aus. Die ganze Landschaft war in ein vielfarbiges Licht getaucht.

Plötzlich stand die Sonne wieder still, um danach dieses Schauspiel noch zweimal zu wiederholen. Danach war das Ereignis aber noch nicht vorüber. Auf einmal schien sich die Sonne vom Himmel zu lösen und mit rasender Geschwindigkeit auf die Erde zu stürzen. Die Menschen bekamen Todesangst. Sie fielen auf die Knie, beteten, schrien und weinten. Doch die Sonne bremste plötzlich ab und stieg im Zickzack wieder zu ihrem angestammten Platz am Firmament auf. Dies alles dauerte etwa 10 Minuten und war noch in etwa 40 km Entfernung zu sehen.

Eine einleuchtende, natürliche Erklärung gibt es dafür bis heute nicht. Die Berichte der Menschen sind nicht zu bezweifeln, da es einfach zu viele waren.

Eine Erklärung hierfür, die ich gelesen habe, lautet folgendermaßen: Ein Raumschiff Außerirdischer deckte die Sonne mit einer großen Scheibe ab und produzierte anschließend das geschilderte Phänomen. Ich überlasse Ihnen die Beurteilung. Glauben Sie, was Ihnen glaubhafter erscheint. Überirdisch oder außerirdisch?

Gläubige beobachten das Sonnenwunder

In seinem Buch „Der Gotteswahn“ versucht Richard Dawkins die Unerklärlichkeit dieses Ereignisses auf andere Art aus der Welt zu schaffen:

„Dass siebzigtausend Menschen gleichzeitig eine Wahnvorstellung haben oder sich zu einer massenhaften Lüge verabreden, mag unwahrscheinlich sein. Ebenso unwahrscheinlich ist es vielleicht, dass die Historiker mit ihrem Bericht, siebzigtausend Menschen hätten die Sonne tanzen gesehen, einen Fehler gemacht haben, oder dass alle gleichzeitig eine Luftspiegelung gesehen haben (...). Aber jede dieser offenkundig unwahrscheinlichen Möglichkeiten ist immer noch viel wahrscheinlicher als die Alternative: dass die Erde plötzlich in ihrer Umlaufbahn seitwärts kippte und das Sonnensystem zerstört wurde, ohne dass es außerhalb von Fatima jemand bemerkt hätte.“[7]

Dieses Argument geht fehl, da es sich hier um keinen *kosmischen* Vorgang handelte. Die Sonne als Himmelskörper war nicht betroffen. Sie blieb fest an ihrem Platz. Der Vorgang war eine Vorspiegelung, ein Schauspiel, für die anwesenden Menschen. Aber auch das ist wissenschaftlich nicht erklärbar.

Dawkins nimmt auch noch Bezug auf das Kriterium für Wunder des englischen Philosophen David Hume, das besagt: „Keine Zeugenaussage reicht aus, um ein Wunder zu belegen, es sei denn, die Zeugenaussage ist so, dass ihre Falschheit noch wundersamer wäre, als die Tatsache, von der sie berichtet.“[8]

Er vergisst, zu erwähnen, dass das Ereignis nur dann unwahrscheinlich, besser gesagt unmöglich ist, wenn man es von einem atheistischen Standpunkt aus betrachtet.

Hätten Dawkins oder Hume so ein Ereignis zum Anlass genommen, ihren atheistischen Standpunkt zu überdenken, wären sie zu der Überzeugung gekommen, dass, von einem theistischen Standpunkt aus gesehen, die Wahrscheinlichkeit der Richtigkeit der Zeugenaussagen weit größer ist, als die Unwahrscheinlichkeit des Wunders. Dies wäre ein starkes Kriterium, die atheistische Überzeugung zu hinterfragen. Aber es ist schwer, „über seinen Schatten zu springen“. Da ist eben nichts zu machen!

Haben Sie schon einmal von Josef von Copertino gehört, einem italienischen Franziskanerpater, der von 1603-1663 gelebt hat? Er wurde auch der „Fliegende Frater" genannt. Walter Nigg, der evangelische Theologe bezeichnete ihn als den „merkwürdigsten Heiligen der neueren Zeit“[9].

Seine Kindheit und Jugend war von bitterer Armut und schwerer Krankheit gezeichnet. Er war öfter dem Tode näher, als dem Leben. Auch war Josef, gelinde gesprochen, nicht besonders intelligent und hatte daher große Schwierigkeiten, überhaupt in ein Kloster aufgenommen zu werden. Seine Umgebung hielt ihn für einen dummen Tölpel. Die Menschen um ihn herum erkannten nicht, dass seine Ungeschicklichkeit in äußeren Dingen und seine Geistesabwesenheit keine Dummheit war, sondern davon herrührte, dass sein Geist durch mystische Ekstasen ins Innere gezogen wurde. Die Außenwelt war für ihn dadurch zeitweise nicht mehr wahrnehmbar.

Mehr durch die Nachsicht seiner Prüfer als durch eigene schulische Leistungen erreichte er es dennoch, zum Priester geweiht zu werden. Er versah daraufhin für zehn Jahre das Priesteramt in Copertino.

Seine Ekstasen steigerten sich im Laufe der Jahre, bis er sich im Alter von 27 Jahren bei einer Prozession plötzlich vom Boden erhob und über den Köpfen der erschrockenen Menge schwebte. Als er wieder auf dem Boden ankam, schämte er sich derart, dass er davonlief und sich versteckte.

Von da an geschah es immer öfter, dass er bei einem religiösen Gespräch oder bei einer sakralen Handlung in Verzückung geriet und entweder wie tot zu Boden fiel, zu tanzen anfing oder zu schweben begann. Das Schweben während der Heiligen Messe wurde fast zu einem täglichen Ereignis.

Josef von Copertino [9a]

Natürlich zog dieser Vorgang Menschen von überall her an. Angesichts seines Schwebens verfielen sie oft in religiöse Hysterie und schnitten oder rissen aus seiner Kutte Stofffetzen heraus. Er meinte hierzu:

„Wenn die Frauen mit mir reden und rechten wollen, müssen sie es so machen, wie diejenigen, die zum Brunnen gehen, um Wasser zu holen.

Sie holen sich Wasser, lassen aber den Brunnen dort stehen wo er ist.“[10]

Nun könnte man meinen, dass die Kirchenobrigkeit ob dieses erstklassigen Werbeträgers sehr erfreut war und sein Wirken unterstützte. Das Gegenteil war der Fall. Die Heilige Inquisition ermittelte gegen ihn. Bei einer Verhandlung in Neapel wurde er zwar freigesprochen. Trotzdem wurde er zur Vorsicht aus seiner Gemeinde verwiesen und in ein Kloster nach Assisi versetzt. Dort wurde er mit Freude empfangen und sogar zum Ehrenbürger der Stadt ernannt.

Aus dem einstigen „Tölpel“ war im Laufe der Jahre ein gereifter Mann geworden, der aus einer tiefen Verbundenheit mit Gott heraus den Menschen in ihren Nöten beistand. Er half Lebenskrisen zu überwinden und heilte auch Krankheiten. Nicht nur einfache Menschen suchten ihn auf, auch hochstehende Geistliche ließen sich von seinen tiefen geistigen Einsichten inspirieren. Viele Adelige und sogar gekrönte Häupter aus ganz Europa suchten seine Nähe. Darunter waren Persönlichkeiten wie Prinzessin Maria von Savoyen oder der König von Polen, Johann II. Kasimir.

Einzelne waren von seiner geistigen Ausstrahlung so beeindruckt, dass sie vom evangelischen zum katholischen Glauben konvertierten. So zum Beispiel der Herzog von Braunschweig-Lüneburg, Johann Friedrich von Sachsen.

Aber Josef hatte nicht nur Verehrer, er musste sich sein ganzes Leben immer wieder mit Vorwürfen auseinandersetzen, er wäre geistesgestört oder vom Teufel besessen.

Dies kann auch der Grund gewesen sein, dass er im Jahr 1653 ohne Vorwarnung auf Geheiß des Papstes in Isolationshaft auf ein entlegenes Kloster gebracht wurde. Fortan lebte er zehn Jahre, bis zu seinem Tode, abgeschlossen von der Öffentlichkeit, in verschiedenen Franziskanerklöstern. Allen Versuchen, hochgestellter geistlicher oder auch weltlicher Persönlichkeiten, ihm wieder mehr Freiheit zu gewähren, setzte der Papst sein Veto entgegen. Josef selbst soll diese Isolierung jedoch mit Gelassenheit ertragen haben. Zum Trost wurde er 1767 von der Kirche heiliggesprochen.

Seine Levitationen wurden von tausenden Menschen verfolgt und waren europaweit bekannt. Diese Vorgänge sind sicher auch in alten Akten des Vatikans beschrieben.

Können Sie sich vorstellen, nicht mehr zu essen und zu trinken und trotzdem nicht zu verhungern? Dies bedeutet, dass man nur durch geistiges Licht lebt und keine Nahrung mehr zu sich nimmt.

In der esoterischen Szene kursieren einige Bücher mit Anleitungen dafür. Ich möchte kein Urteil darüber abgeben, ob dies ohne weiteres für jedermann möglich ist. Für einige beleibte Mitbürger wäre es sicher recht heilsam. Es gibt jedoch Berichte über Menschen, die jahrzehntelang bis zu ihrem Tode ohne Nahrung gelebt haben sollen.

Die folgende Geschichte wurde im Mai 2010 von vielen Zeitungen abgedruckt.

„Ist er ein Schwindler oder tatsächlich eine wissenschaftliche Sensation? Wunder-Yogi Prahlad Jani lässt seine indischen Ärzte ratlos zurück.

Der 83-Jährige behauptet, seit 70 Jahren weder gegessen noch getrunken zu haben. Er könne ohne Nahrung überleben, weil ihn im Alter von acht Jahren die Göttin Amba gesegnet habe.

Jetzt wurde der Hindu 15 Tage lang in einem indischen Militärkrankenhaus in Ahmedabad rund um die Uhr überwacht, um sein Ernährungsgeheimnis zu lüften.

Zwei Video-Kameras waren in seinem Zimmer installiert, eine mobile Video-Kamera folgte ihm, wenn er sich bewegte, 30 Ärzte untersuchten ihn.

„Er hat nichts gegessen und nichts getrunken und ist nicht auf die Toilette gegangen“, sagte der Neurologe Sudhir Shah zu BILD. „Trotzdem geht es ihm besser als vielen Menschen, die jünger sind als er.“ Wasser habe er nur zum Gurgeln und Baden bekommen und das Gurgelwasser habe er wieder ausspucken müssen. Jani behauptet, er bekomme tropfenweise Wasser durch ein Loch in seinem Gaumen.

‚Wir können das Phänomen mit unserem verfügbaren wissenschaftlichen Wissen nicht erklären´, sagt Sudhir Shah. Allerdings habe er eine ‚logische, wissenschaftliche Hypothese´ entwickelt.

Demnach ernährt sich der Wunder-Yogi von „kosmischer Energie", die er aus dem Licht und der Wärme der Sonne zieht. Ähnlich wie bei Pflanzen finde im Körper des Mannes eine Photosynthese statt, die durch Meditation ausgelöst werde, so Shah.

Schon 2003 wurde der extrem magere, aber vitale Asket zehn Tage lang in einem Krankenhaus beobachtet. Jani hatte damals leicht abgenommen, was Kritiker als Beweis dafür ansahen, dass der alte Mann ein Lügner ist. Schon damals konnten die rund 400 Ärzte der Klinik den Asketen aber weder des Schwindels überführen, noch eine Erklärung für sein Dauer-Fasten finden. Die Militärärzte erhofften sich von der neuen Untersuchung des Yogi Erkenntnisse für das Überleben im Katastrophenfall. Die genauen Analyseergebnisse sollen in wenigen Wochen vorliegen.

Der 83-jährige Yogi ist mittlerweile in seine Dschungel-Höhle im westindischen Bundesstaat Gujarat zurückgekehrt. Dort steht er jeden Tag um 4 Uhr auf, um zu meditieren."[11]

Die im deutschsprachigen Raum wohl bekannteste Person, die Jahrzehnte ohne Nahrung gelebt haben soll, dürfte Therese Neumann aus dem bayerischen Konnersreuth gewesen sein, Sie war auch als Therese von Konnersreuth bekannt und lebte von 1898 – 1962. Als einfache Frau, die als Bauernmagd arbeitete, war sie tief im katholischen Glauben verwurzelt.

Im Jahre 1919 erblindete sie, und zusätzlich stellten sich vorübergehend Taubheit sowie epileptische Anfälle und Lähmungen ein. 1923, am Tag der Seligsprechung der Therese von Lisieux, konnte sie plötzlich wieder sehen, und 1925, am Tag der Heiligsprechung ihrer Namenspatronin, verschwand auch ihre Lähmung. Ab dem Jahre 1926 und bis zu ihrem Tode soll sie weder gegessen noch getrunken haben. Das Einzige was sie zu sich genommen haben soll, war die Hostie bei der Kommunion.

Ebenfalls ab 1926 zeigten sich bei ihr auch die Stigmata, das sind die Wundmale Christi, an Händen und Füßen. Ab dieser Zeit hatte sie jeden Freitag Visionen, wobei sie die Kreuzigung Christi innerlich miterlebte. Dabei lag sie auf ihrem Bett und blutete aus Wunden, die, den biblisch überlieferten Verletzungen Jesu bei der Kreuzigung entsprachen. Während dieses Vorgangs zogen Hunderte von Pilgern an ihrem Bett vorbei und beobachteten dies. Im Laufe der Jahre dürften dies Zigtausende gewesen sein.

Soweit die offizielle Version! Einige Zeit, nachdem ich dies geschrieben hatte, meldete sich bei mir eine innere Stimme:

„Du solltest nochmal recherchieren, wann und wo die Nahrungslosigkeit der Therese überprüft wurde!"

„Wieso, zeitlebens wurde das so erzählt, das hat sicher seine Richtigkeit."

„Sicher ist sicher, schau noch mal nach. Es müssen doch bestimmte, dokumentierte Untersuchungen durchgeführt worden sein!"

„Das kostet mich wieder eine Menge Zeit. Ich will doch endlich mit dem Buch fertig werden!"

„Du gehst jetzt da nochmal dran und klärst das und damit basta!"

Und so blieb mir nichts anderes übrig, als nochmal zu recherchieren. Und siehe da, ich wurde im Internet fündig. Unter Verweis auf Aussagen von Beteiligten und Schriftstücken der damaligen Zeit dokumentiert der katholische Priester Josef Hanauer – als Pfarrer im Bistum Regensburg relativ nah am Ort des Geschehens – schwerwiegende Bedenken gegen die Vorgänge in Konnersreuth.[12] Besonders zweifelhaft erscheint danach die jahrzehntelange Nahrungslosigkeit. So haben Therese bzw. ihr Vater zeitlebens eine Untersuchung in einer neutralen Klinik zu verhindern gewusst. Selbst einer bischöflichen Anordnung in den dreißiger Jahren und sogar einer darauf folgenden aus Rom leistete sie nicht Folge. Wenn sie sich wegen des kirchlichen Drucks nicht mehr weigern konnte, gab Therese zwar ihr Einverständnis, aber anschließend verbot es ihr Vater. Und das, obwohl sie schon längst erwachsen war.

Ihre Anhängerschaft begründet dies heute mit ihrer Sorge, dass sie in der Nazizeit im Anschluss an eine solche Untersuchung in eine psychiatrische Klinik hätte eingewiesen werden können. Dies ist jedoch nicht stichhaltig, da die Nazizeit nur zwölf Jahre dauerte. Ihre angebliche Nahrungslosigkeit erstreckte sich jedoch über 36 Jahre.

Auch nach Ende des Zweiten Weltkrieges bestand diese Weigerung weiter. Im Hintergrund wirkten dabei der Ortspfarrer Naber und andere ihr nahestehende Personen mit, die ein starkes Interesse an der Aufrechterhaltung des entstandenen Images hatten.

Nach Aussagen einer Nichte hatte diese mehrmals den Eindruck, dass Therese schnell etwas verschwinden ließ, wenn sie von ihrem Eintreten überrascht worden war.

„Therese Neumann hatte in ihrem Zimmer einen eigenen Vorratsraum, das ‚Kammerl',.... Nur Therese hatte einen Schlüssel für den versperrten Raum. (...) Theres Härtel (die Nichte, der Verfasser) gelang es einmal, den versteckten Schlüssel zu entdecken. Eines Tages, als ihre Tante für kurze Zeit ihr Zimmer verlassen hatte, öffnete sie den Raum und fand darin nicht bloß Essgeschirr, wie Tassen, Teller und Löffel, sondern auch Esswaren."[13]

Obwohl nie jemand aussagte, er habe Therese Neumann beim Essen beobachtet, bestehen angesichts dieser Sachlage starke Zweifel an ihrer angeblichen Nahrungslosigkeit.

Was ist nun mit den Stigmata und ihren Visionen? Über das Vorhandensein der Wunden an ihren Händen, Füßen und in der Seite gibt es keinen Zweifel. Diese waren offensichtlich und auch von Ärzten in Augenschein genommen.

Zu dem Zustandekommen solcher Wunden möchte ich Ihnen eine Erklärung des Yoga-Meisters Boris Sacharow vorstellen:

„In der jüngsten Zeit findet man in den indischen Yoga-Büchern die offensichtlich für die Christen gedachten Unterweisungen in der Meditation, wobei Jesus Christus als selbstverständliches Meditationsobjekt empfohlen wird. So anerkennenswert diese ‚heidnische' Sympathie für christliche Belange den Abendländern auch erscheinen mag, so muss mit allem Nachdruck dem Leser die Kehrseite dieser mystischen Praxis vor Augen geführt werden. (...). Wir halten es ... für unsere Pflicht, ... auf eine besondere Eigenschaft des Herzlotos aufmerksam zu machen. Dieser Herzlotos, wenn er durch intensive Meditation geöffnet ist, überträgt auf den Meditierenden die Leiden und Krankheiten anderer. Wenn man mit dem Herzen normalerweise ‚Mitleid' mit seinen Mitmenschen empfindet, bewirkt das geöffnete Herzzentrum diese Sympathie derart stark, dass das Mitleid zum Mitleiden wird. Wenn dieser Mystiker in seinem Herzlotos nunmehr die Leiden Christi sieht – sie also in einer geistigen Schau wirklich erlebt –, so übertragen sich die Wundmale auf seinen physischen Körper: Er wird stigmatisiert. Allein die Katholische Kirche kennt seit den Tagen des heiligen Franz von Assisi, d. h. innerhalb der letzten acht Jahrhunderte, nicht weniger als 400 Fälle der Stigmatisation, die alle auf diese Weise entstanden sein dürften. Wenn also die indischen Yogis den Christen zuliebe diese Meditation im Herzlotos empfehlen, ohne diese Warnung auch mit den leisesten Wort auszusprechen, handeln sie zumindest unverantwortlich."[14]

Therese hatte nicht nur freitags Visionen vom Leiden Christi. Sie wurde des Öfteren auch tagsüber während einer Tätigkeit regelrecht von Visionen überfallen. Sie sah dabei Szenen aus der Bibel oder auch sonstige Ereignisse aus dem Leben Jesu oder seiner Apostel. Die Authentizität dieser Visionen kann kaum angezweifelt werden, da über die Jahrzehnte hinweg tausende von Zeugen beobachtet haben, wie sie sich selber engagiert und enthusiastisch an diesen geschauten Szenen beteiligt hat. Es erscheint mir unwahrscheinlich, dass sie ihr Leben lang nur geschauspielert hat.

Wie kommen solche Visionen zustande?

Wie ich auch in dem Kapitel über Spiritismus ausgeführt habe, sind gewisse Kreise im Jenseits interessiert daran, ihre Vorstellungen an uns Irdische zu übermitteln. In diesem Falle wären es also streng katholische Bibelgläubige, die ihre Version des Lebens Jesu mittels Visionen Therese Neumann eingaben. Sie eignete sich als Medium, da sie in diesen Vorstellungen aufgewachsen war, sie vorbehaltlos übernahm und mit ihnen lebte.

Um auf Sacharows Darstellung zurückzukommen, derzufolge solche Visionen durch die Meditation auf das Herzzentrum bzw. intensives Mitleid zustande kommen, so scheint mir, dass dies auch bei Therese Neumann der Fall gewesen sein kann. Dass diese Visionen und auch die

Stigmata jedoch nicht das historische Geschehen wiedergaben, zeigt sich beispielsweise daran, dass sich die Stigmata an ihren Händen mitten auf den Handflächen befanden, so wie die Wunden Jesu in der damaligen Zeit dargestellt wurden. Mittlerweile weiß man, dass die Römer bei der Kreuzigung die Nägel in den Unterarm kurz unterhalb des Handgelenks schlugen. Der Handteller hätte das Gewicht des Körpers nicht halten können und wäre ausgerissen.

Zusammenfassend würde ich sagen, dass bei Therese von Konnersreuth grundsätzlich außergewöhnliche Phänomene vorlagen, und zwar ihre Spontanheilungen Anfang der zwanziger Jahre sowie ihre Stigmata und Visionen. Es scheint aber so, als ob sie und/oder ihre nähere Umgebung noch einiges hinzugefügt haben, um die Wundergläubigkeit der Menschen zu bedienen.

Vielleicht hatte sie auch eine Zeit lang ohne Nahrung gelebt und diese Fähigkeit irgendwann verloren. Um das bestehende Image nicht zu gefährden, könnte nach außen hin weiterhin der Eindruck der Nahrungslosigkeit aufrechterhalten worden sein.

Wie es wirklich war, könnten aber nur sie und die unmittelbar Beteiligten erklären. Diese dürften aber mittlerweile alle verstorben sein.

Sicher haben Sie schon von den Marienerscheinungen und den darauffolgenden Wunderheilungen in Lourdes gehört. Seit dort im Jahre 1858 die Heilige Maria dem 14-jährigen Bauernmädchen Bernadette Soubirous erschienen sein soll, gab es tausende von Spontanheilungen. Von der katholischen Kirche wurden bisher allerdings nur 67 als Wunderheilungen anerkannt, nachdem ein Ärzteteam diese als naturwissenschaftlich nicht erklärbar bezeichnet hatte.

Ich möchte hier nicht auf diese Heilungen eingehen. Berichte hierüber gibt es in vielen Büchern und im Internet. Jedoch möchte ich über eine Heilung aus meinem familiären Umfeld schreiben, die sich dort zugetragen hat.

Etwa zwei Jahre vor Entstehung dieses Buches fuhr Werner, einer meiner Cousins, mit seiner Frau Monique und deren Nichte Andrea nach Lourdes – teils aus Neugierde und teils, weil sie dort Heilung erhofften. Monique war nicht mehr weit vom 70. Lebensjahr entfernt und hatte einige körperliche Beschwerden. Vor allem machten ihr die Knie zu schaffen. Wenn sie viel auf den Beinen war, schwollen diese an und schmerzten, so dass ihr das Gehen Mühe machte.

Obwohl sie evangelisch ist und in der von Atheismus geprägten DDR groß geworden, setzte sie ihre ganze Hoffnung auf Lourdes. Auch meine vorsichtigen Einwände, dass dort Millionen Leute hinfahren und die wenigsten geheilt werden, konnten ihre Überzeugung nicht erschüttern: „Du wirst sehen, wir werden geheilt."

Auf der Fahrt dorthin machten die drei bei uns Station, um zu übernachten. Als sie am andern Morgen weiterfuhren, hob Monique ihre Beine eins nach dem anderen mit den Händen ins Wageninnere. Ihre Knie waren ziemlich dick geschwollen.

Ein oder zwei Wochen später telefonierten wir miteinander und Monique erzählte mir Folgendes:

„Nachdem wir dort angekommen waren, gingen wir in die Basilika. Ich kniete mich hin und betete ungefähr so: ‚Maria, ich bin evangelisch und weiß nicht viel von dir. Kannst du mir trotzdem helfen, du kennst doch meine Krankheiten'. Während ich so betete, spürte ich, wie es an meinen Fußsohlen zu kribbeln anfing und von dort aus eine Kraft in mich einströmte. Ganz plötzlich war ich ohne Bewusstsein. Ich sank unter die Bank und blieb ohnmächtig liegen. Als ich so da lag, lief mir Flüssigkeit aus dem Mund, ohne dass ich gewürgt hätte, wie das normalerweise bei Erbrechen der Fall ist. Zusätzlich nässte ich mich noch ein.

Werner und Andrea, die mir das später erzählten, erschraken furchtbar und alarmierten die Sanitäter. Diese brachten mich mit dem Krankenwagen ins Krankenhaus. Auf der Fahrt dorthin wachte ich wieder auf. Im Krankenhaus wurde ich mit dem Rollstuhl umhergefahren und ließ allerlei medizinische Tests über mich ergehen. Aber die Ärzte konnten nichts finden. Ich war in dieser ganzen Zeit in einem eigenartigen gleichgültigen Zustand. Alles, was um mich herum ablief, berührte mich nicht. Zu guter Letzt sagte der Arzt zu mir: ‚Sie sind völlig gesund. Wir können hier nichts mehr für sie tun.' Auf meine Frage, wie das alles geschehen konnte, meinte er lakonisch: ‚Das ist eben Lourdes!‘

Als er mich aufforderte, vom Rollstuhl aufzustehen, protestierte ich, da ich mich zu schwach zum Gehen fühlte. Aber letztlich blieb mir nichts anderes übrig, und siehe da, zu meiner großen Überraschung konnte ich ohne Probleme gehen. Besser als die ganze Zeit zuvor. Meine Knie waren abgeschwollen.

Das Hotel war noch für zwei Tage gebucht, aber Werner und Andrea waren durch das Ereignis in der Basilika so geschockt, dass sie nur noch von diesem eigenartigen Ort weg und nach Hause wollten. Vor allem Andrea war stark berührt. Für sie war alles mystisch und unheimlich.

Wir setzten uns daher am Krankenhaus direkt ins Auto und fuhren los. Als wir an der Basilika vorbei kamen, sagte ich, sie sollten anhalten. Ich wolle mich unbedingt noch bei Maria bedanken. Daraufhin rannte ich zur Kirche hoch, wie ein junges Reh, und betete kurz. Danach fuhren wir heimwärts.“

Wie ich mich vor kurzem bei einem Besuch selber überzeugen konnte, hielt die Heilung bis heute, da ich diese Zeilen schreibe, an. Ausdrücklich erwähnen möchte ich, dass Monique keinen epileptischen Anfall in der Basilika hatte. Weder vorher noch nachher erlitt sie einen solchen Zusammenbruch.

Andrea sagt, dass dies eines der denkwürdigsten Erlebnisse ihres Lebens gewesen sei.

Bei Monique überwiegt der gesundheitliche Effekt bei weitem die negativen Umstände. Sie ist für ihre Heilung sehr dankbar.

Nicht nur im Hinduismus oder im Christentum, auch im Islam gibt es unerklärliche Ereignisse. Kürzlich war ich im Urlaub mit meiner Frau in Ägypten. Als wir eines Tages aus Neugier eine Moschee in der Nähe unseres Hotels besuchten, kam der Imam, ein junger freundlicher Mann, auf uns zu. Offensichtlich freute er sich über unser Interesse und wir kamen auf Englisch ins Gespräch. Als wir uns anschickten zu gehen, drückte er uns noch eine CD in die Hand, auf der der Islam in Deutsch erklärt ist.

Unter anderem sind darauf auch Fotos enthalten, die das Schriftzeichen für Allah zeigen. Verblüffenderweise sind diese Zeichen allerdings gebildet von Wolken, eigenartig gewachsenen Kakteen und Palmen, oder von Bienen, die ihren Stock so bauten, dass das Schriftzeichen deutlich zu sehen ist.

Ohne die näheren Umstände zu kennen, ist es schwierig zu entscheiden, ob diese Schriftzeichen nicht doch auf natürliche Weise entstanden sind oder ob die Fotos echt sind. Aber wenn Ghanesha Milch trinken kann, spricht nichts gegen die Annahme, dass auch im Islam Wunder geschehen. Zumindest aber zeigt es, dass auch dort welche bekannt sind. Diese werden auf der CD als Bestätigung Allahs gedeutet, dass der Islam die einzig wahre Religion ist.

Dazu ist folgendes zu sagen: In allen Völkern und Religionen wurde zu allen Zeiten über unerklärliche Ereignisse berichtet. Dabei wurden oder werden Wunder immer wieder als göttliche Bestätigung für die alleinige Richtigkeit der eigenen Religion gedeutet. Sobald jedoch, wie ich dargelegt habe, jede Religion Wunder vorweisen kann, lassen sich diese nicht mehr als Beweis in diesem Sinne verwenden.

Wie erkläre ich nun Ereignisse, die sich auf natürliche Weise nicht erklären lassen, auf übernatürliche Weise?

Wunderheilungen können zumindest teilweise dadurch erklärt werden, dass der Glaube heilt. Schon Jesus sagte zu den von ihm Geheilten: „Dein Glaube hat dir geholfen."

Dass dies so ist, ergibt sich auch durch den Placeboeffekt, der sehr gut erforscht ist. Hierbei werden aus einer größeren Anzahl von Patienten mit denselben Krankheitsbeschwerden drei Gruppen gebildet.

Die erste Gruppe erhält normale Medikamente gegen diese Krankheit, die zweite Gruppe erhält sogenannte Placebos, das sind wirkungslose Pillen, beispielsweise aus reinem Milchzucker.

Den Patienten aus der Placebogruppe wird gesagt, es handele sich um ein sehr wirkungsvolles, neu entwickeltes Medikament.

Die dritte Gruppe erhält keine Behandlung.

Bei diesen Versuchen hat sich gezeigt, dass die zweite Gruppe mit den Placebos oft ähnliche Heilergebnisse erzielt, wie die erste Gruppe und bessere Heilergebnisse als die dritte, nicht behandelte Gruppe. Dies ist in vielen Versuchsreihen bewiesen worden und in der Medizin meines Wissens nicht umstritten.

Mittlerweile ist durch diese Forschungen bekannt, dass auch die Wirkung der normalen Medikamente zu einem mehr oder weniger großen Teil auf dem Placeboeffekt beruht. So wurden Tests gemacht, bei denen Patienten die Durchfall hatten, Abführmittel gegeben wurden. Da der Arzt ihnen jedoch versicherte, dass dies ein neues, gut wirkendes Mittel gegen Durchfall wäre, bewirkte es, der Vorstellung der Patienten entsprechend, eine Besserung.

Hieraus ergibt sich klar, dass allein der Glaube an die Aussage des Arztes in Verbindung mit der Verabreichung des vermeintlich wirksamen Medikamentes, zu einem großen Teil zur Heilung beiträgt.

Aber was ist nun dieser „Glaube"?

Wenn ich in diesem Sinne „glaube", habe ich in mir die *Gewissheit*, dass es so *ist*, wie mir gesagt wird bzw. wie ich es mir vorstelle. D. h., mein Bewusstsein ist sich völlig sicher, dass Heilung erfolgt. Insofern ersetzt mein Geist die Vorstellung „Krankheit" durch die Überzeugung „Gesundheit". Wenn ich davon ausgehe, dass Geist das Primäre, Bestimmende, und der Körper das Sekundäre, aus dem Geist Entstandene, ist, ist dies durchaus logisch.

Wie im vorigen Kapitel aufgezeigt, legen die Folgerungen aus der Quantenphysik ebenfalls nahe, dass der Geist oder das Bewusstsein des Menschen das Verhalten der Materie beeinflusst oder bestimmt.

Für uns „Normalmenschen" ist es schwierig, diese Glaubensgewissheit aus der eigenen Überzeugung heraus zu realisieren. Die Vorstellung „Krankheit" hat sich sehr stark in unsere Gehirnwindungen eingebrannt. Daher ereignen sich solche Spontan- oder Wunderheilungen leichter durch Vermittlung einer anderen Person. Das ist, wie zum Beispiel Jesus, jemand, der durch seine starke Ausstrahlungskraft den Kranken in die Gewissheit versetzt, gesund zu sein.

Hinzu kommen noch geistige Kräfte, die dieser Vermittler auf die kranke Person überträgt. Heiler sagen oft: „Nicht ich heile, sondern Gott heilt durch mich. Die Heilkraft Gottes fließt durch mich hindurch und geht auf den Kranken über."

Kranke, die nicht durch Vermittlung einer Person, sondern durch Gebet an Gott oder einen Heiligen geheilt wurden, berichten oft, dass sie dabei ein geistiges Licht gesehen haben oder ein anderes Zeichen. Hierbei wirkt eine Person aus der jenseitigen Welt ganz ähnlich wie ein irdischer Heiler. Entscheidend bei diesem Vorgang ist, dass sowohl mein Bewusstsein als auch mein Unterbewusstsein von der Heilung überzeugt sind. Das ist das Schwierige bei dieser Sache. Deswegen sind Wunderheilungen auch sehr selten. Das Unterbewusstsein glaubt noch lange nicht, was das Bewusstsein ihm sagt. Daher treten solche Heilungen bei einfachen, gläubigen Menschen öfter und leichter auf als bei skeptischen Gebildeten, da Letztere mehr dazu neigen zu zweifeln und zu hinterfragen.

Noch etwas wäre hierzu zu sagen: Die jenseitige Welt, die in unser Leben durch Heilungen, Marienerscheinungen oder das geschilderte Milchwunder in Indien eingreift, bedient sich hierbei der jeweiligen religiösen Vorstellungen der Menschen.

So gibt es im katholischen Bereich Heilungen durch katholische Heilige oder die Erscheinungen der Maria. Bei den Hindus sind dies einzelne Götter oder Krishna. Im islamischen Bereich existiert das Verbot, im religiösen Bereich Bilder anzubringen. Daher treten dort Wunder beispielsweise in Form der geschilderten Schriftzeichen auf.

Sollte sich jemand noch tiefer mit diesen Phänomenen beschäftigen wollen, kann ich hierzu zwei Bücher empfehlen. Das eine ist die „Autobiografie eines Yogi" von Paramahansa Yogananda. In diesem im wahrsten Sinne „wunder"-vollen Buch werden solche Ereignisse von religiöser Seite her beleuchtet. Das zweite ist das bereits erwähnte Buch, „Die Entstehung der Realität. Wie das Bewusstsein die Welt erschafft" von Jörg Starkmuth. Der Autor stellt hier eine Erklärung aufgrund quantenphysikalischer Vorgänge vor.

Wenn es nun, wie beschrieben, für Gott, oder die jenseitige Welt, möglich ist, in unsere Welt einzugreifen und Leid zu verhindern oder zu lindern, wieso geschieht das dann so selten? Wieso schafft Gott das Leid nicht ab, wo er dazu doch grundsätzlich die Möglichkeit dazu hat?

4. Kapitel

Warum lässt Gott das Leid in der Welt zu?

Für viele Menschen ist diese Frage ein Grund, die Existenz Gottes zu verneinen. Der Glaube an einen gütigen Gott und die Vorgänge in der Vernichtungsmaschinerie in Ausschwitz lassen sich für sie nicht in Übereinstimmung bringen.

Diese Frage, die so viele Menschen an Gott zweifeln oder verzweifeln lässt, ist jedoch im Grunde nur ein Problem der jüdisch-christlich oder islamisch geprägten Kultur. In Religionen, in denen der Glaube an Reinkarnation oder Wiedergeburt vorherrscht, ist dies kein Thema. Was ist der Grund?

Nach jüdischer, christlicher oder islamischer Vorstellung wird der Mensch erstmals von Gott ins Leben gerufen, quasi als weißes Blatt Papier, das erst von den Ereignissen des Lebens beschrieben wird. Wenn ihm dann im Laufe der Jahre Unglücke zustoßen, für die er keine erkennbare Schuld trägt oder er von Geburt an behindert ist, erscheint uns dies natürlich als ungerecht. Und das von einem angeblich gerechten Gott! Besonders unerträglich wird es, wenn ein kleines „unschuldiges“ Kind durch ein Unglück oder Verbrechen verletzt oder getötet wird.

Christliche Theologen und Philosophen haben mittels der „Theodizee“ versucht, eine Antwort hierfür zu finden. Theodizee bedeutet: „Rechtfertigung Gottes“, in dem Sinne, wie das Leiden in der Welt mit der Allmacht und Güte Gottes vereinbar sei.

Der Begriff geht auf den Universalgelehrten und Philosophen Gottfried Wilhelm Leibniz (1646 – 1716) zurück. Leibniz war der Meinung, dass Gott „die beste aller möglichen Welten“ geschaffen habe. Folglich müsse darin jede Form des Übels letztlich notwendig und erklärbar sein.

Natürlich ist diese Ansicht sehr umstritten. Ein näheres Eingehen auf die verschiedenen Meinungen über die Theodizee würde den Rahmen dieses Buches sprengen. Es gibt dazu eine Menge Literatur und Interneteinträge. Aber die einzige Übereinstimmung dabei ist, dass es keine

Übereinstimmung gibt.

Im Übrigen halte ich die These, dass unsere Welt, für einen allmächtigen Gott die beste aller möglichen ist, für blanken Unsinn, wenn man bedenkt, dass die meisten Lebewesen nur existieren können, wenn sie andere Lebewesen verspeisen. Zudem ist der Himmel, der nach dem Tode für uns bereit steht, auch eine „Welt". So wie sie beschrieben wird, ist sie sicher angenehmer als unsere.

In Kulturen, in denen der Glaube an Reinkarnation und Karma vorherrscht, sind die Menschen der Überzeugung, dass alles was wir machen, im Guten wie im Schlechten, wieder auf uns zurückfällt. Der Hinduismus hat dafür den Begriff des Karma. Der Auslöser für das Leid sind also die eigenen schlechten Taten.

Ich würde hier allerdings keinen Automatismus annehmen. Schicksalsschläge können auch Prüfungen sein, die der Mensch zu Gunsten seiner Persönlichkeitsentwicklung durchleben muss. Sie können dazu da sein, ihn von einem falschen Weg abzubringen.

Wenn Sie auf das Kapitel über Quantenphysik zurückblicken, in dem dargestellt ist, dass das Bewusstsein des Menschen die Wirklichkeit aus unzähligen Möglichkeiten wählen kann, ergibt sich daraus, dass es innerhalb dieser Varianten den Lebensweg steuern kann. Wir haben daher einen freien Willen. Würde Gott alles, was auf der Erde geschieht, bestimmen, alles Unglück verhindern, würde auf Erden nur noch Frieden, Freunde, Eierkuchen herrschen. Erstens wäre das vielen Menschen zu langweilig – sie würden sich nach einem handfesten Streit sehnen. Zweitens wären wir nur willenlose Marionetten. Was hätte das für einen Sinn? Das wäre ein genauso sinnloses Leben wie in der Vorstellung des Atheismus, in der wir von den Naturgesetzen zufallsgesteuert sind.

Sie könnten einwenden, Gott bräuchte uns nicht vollständig zu steuern. Es würde reichen, wenn er nur hin und wieder eingreifen würde, wenn es auf der Welt gar zu schlimm zugeht.

Wissen wir, ob dies nicht der Fall ist? Wir sind geneigt, weil wir ein Eingreifen aus der jenseitigen Welt nicht direkt wahrnehmen können, zu sagen, Gott habe die Welt sich selbst überlassen, er kümmert sich nicht mehr darum. Dies ist die Vorstellung des „Deismus“. Aber ist das wirklich so?

Im Kapitel über Wunder habe ich wissenschaftlich nicht erklärbare Ereignisse beschrieben, die ein Eingreifen aus dem Jenseits nahelegen. Die geschilderten Auswirkungen lagen jedoch meist im privaten oder persönlichen Bereich.

Greift Gott – oder das Jenseits – auch in das große Weltgeschehen ein?

Sehen wir uns unsere jüngste Vergangenheit an. Wissen wir, ob wir einem Atomkrieg und damit der Verwüstung vieler Länder – jedenfalls bislang – entgangen wären, wenn nicht manches vom Jenseits her gesteuert worden wäre?

Bereits in den Marienerscheinungen von Fatima im Jahre 1917 wurde die Menschheit vor der „Vernichtung vieler Nationen“ gewarnt, falls sie sich nicht bessert. Diese Botschaft erfolgte zu einer Zeit, in der die Entwicklung von Atomwaffen noch nicht vorhersehbar war. Nur diese haben ein Potenzial, mit dem ganze Nationen vernichtet werden können. Von den 6- bis 9-jährigen Kindern konnte die Weissagung nicht erfunden worden sein. Nach der Voraussage bestand jedoch die Möglichkeit, die Katastrophe abzuwenden, wenn sich die Menschheit bessert.

Schon vor einigen Jahrhunderten sagten Hellseher Kriegsszenarien des 20. Jahrhunderts voraus, und zwar „Der blinde Hirte von Prag“ (14. Jahrhundert), Sibylle von Prag (16. Jahrhundert), Matthäus Lang, genannt Mühlhiasl (18. Jahrhundert), Andreas Starnberger, genannt Stormberger (18. Jahrhundert), Sepp Wudy (Ende 19. Anfang 20. Jahrhundert) sowie Alois Irlmaier (1894 –1959). Sie beschrieben bereits mit ihren Worten Flugzeuge (feurige Drachen, eiserner Vogel, großer weißer Vogel), Autos (Wagen ohne Rosse und Deichsel), Panzer (eiserne Rosse, Raupen), Eisenbahnen (eiserner Hund, eiserne Straße), die Sitten der modernen Zeit („wenn sich die Bauersleut gewanden wie die Städtischen und die Städtischen wie die Narren, wenn man Männlein und Weiblein zuletzt nicht mehr auseinanderkennt“).[1]

Diese Hellseher sagten kriegerische Ereignisse voraus, die sich in den zwei Weltkriegen des 20. Jahrhunderts verwirklichten. Manche sagten einen Dritten Weltkrieg voraus, der auch als das große Weltabräumen

o. Ä. bezeichnet wurde. Das geschilderte Szenario, (Überfall der Roten Armee von Osten her, Atombombenabwürfe, Einsatz chemischer Waffen) entsprach durchaus dem eines modernen Atomkrieges.

Wir können heute wohl sagen, dass durch den Zusammenbruch des Ostblocks ein Krieg, zumindest in dieser Form, nicht mehr möglich ist. Aber wissen wir, wie knapp wir daran vorbeigeschlittert sind? Oder ob die jenseitige Welt uns nicht durch diese Krisenzeit geleitet und uns vor der Katastrophe bewahrt hat? Können wir wirklich sagen „Wir sind allein in einem mitleidlosen Universum?“

Haben Sie sich schon einmal Gedanken darüber gemacht, was die Auswirkungen des Zweiten Weltkrieges waren, außer dass über 50 Millionen Menschen ihr Leben lassen mussten? Er hat wahrscheinlich mehreren 100 Millionen Menschen das Leben gerettet und uns eine lebenswerte Welt bewahrt.

Wie komme ich auf diese eigenartige Idee?

Auch ohne diesen Krieg wären durch den sich abzeichnenden Ost-West-Konflikt früher oder später Atomwaffen entwickelt worden. Können Sie sich vorstellen, dass die Politiker und Militärs ohne die Erinnerung an die Schrecken des Zweiten Weltkrieges die Finger vom Abzug der Atomraketen hätten lassen können? Wenn man so fantastische Waffen hat, möchte man sie auch ausprobieren. Vor allem, wenn man selbst im sicheren Bunker sitzt, weitab vom Ort des Grauens. Das entspringt allein schon dem Spieltrieb des Menschen.

Vielleicht halten Sie das für übertrieben. Dennoch: Die Amerikaner konnten sich trotz warnender Stimmen in ihren eigenen Reihen nicht zurückhalten, Atombomben über Japan abzuwerfen.

Offensichtlich hatten sie auch eine innige Beziehung zu ihrer Tötungsmaschinerie. Die Hiroshima Bombe nannten sie „Little Boy“ (Kleiner Junge). Diejenige, die für Nagasaki bestimmt war, hieß „Fat Man“ (Fetter Bursche). Angesichts der Schrecken, die diese Bomben über nichtsahnende Menschen gebracht haben, ist das Zynismus im höchsten Grad. Es ist nur dadurch zu verstehen, weil die Bombenbauer die Schrecken, die sie verursachten, nicht nachvollziehen konnten und wollten. Der Pilot, der die Bombe über Hiroshima abwarf, malte auf sein Flugzeug den Namen seiner Mutter, „Enola Gay". Eine zweifelhafte Ehre!

Nachdem die Bombe über Hiroshima gezündet war, jubelte der Leiter des Atombombenprojektes Oppenheimer vor seinen versammelten Kollegen: „In Hiroshima steht kein Stein mehr auf dem anderen". Später allerdings, als er erkannte, was angerichtet worden war, wandelte er sich zum Pazifisten.

Atompilz von „*Fat Man*" über Nagasaki [2]

Auch nach dem Krieg wurde eine wichtige Rakete, die Nuklearsprengköpfe tragen konnte, „Honest John" (Ehrlicher John) genannt. Sprengköpfen, die im Irak-Krieg eingesetzt wurden, pinselte man ebenfalls Kosenamen auf.

Ich führe hier die Amerikaner nur als Beispiel an. In anderen Ländern ist das sicher nicht besser. Zu alledem passt der Ausruf von Jesus: „...vergib ihnen, denn sie wissen nicht was sie tun!“

Nach Nagasaki wurden in keinem Krieg mehr Atom- oder Wasserstoffbomben verwandt, da die Menschen die Schrecken nun nicht mehr nur theoretisch kannten, sondern auch ein Gefühl dafür bekommen hatten.

Das Vorstellungsvermögen und Mitleid ist bei vielen Menschen anscheinend unterentwickelt. Auch Erwachsene können, wie Kinder, die Folgen ihrer Handlungen oft erst abschätzen, wenn entsprechende Erfahrungen vorausgegangen sind. Schlimme Erfahrungen schützen uns davor, uns regelmäßig in Katastrophen zu navigieren.

Man könnte nun folgern, Hitler, der den Zweiten Weltkrieg vom Zaun brach, sei somit der Retter der Welt. Vielleicht verhält es sich aber so, wie das Sprichwort besagt: „Das Böse muss in die Welt kommen, aber wehe dem, der es bewirkt!“

Wenn wir allerdings an Ereignisse, wie den Holocaust denken, ist es schwer, einen Sinn dahinter zu sehen. Man ist versucht, Gott wegen „unterlassener Hilfeleistung“ zu verklagen.

Wir dürfen jedoch nicht vergessen, dass wir, von Gott aus gesehen, in einer Vorstellungswelt leben, die keine wirkliche Realität hat. Alles ist im Fluss, alles ist vorübergehend. Kein Leiden ist ewig. Leid kann sich in Freude verwandeln und umgekehrt. Tod ist der Beginn eines neuen Lebens auf einer anderen Daseinsebene. Auch für die in Auschwitz Ermordeten.

Das Universum ist auf die Lebewesen abgestimmt, die in ihm leben. Für uns Menschen bedeutet dies, dass wir die Möglichkeit haben, unsere Wünsche zu leben. Dies gilt nicht nur für positive oder neutrale Wünsche. Auch der Verbrecher bekommt die Möglichkeit, seine Vorstellungen in die Tat umzusetzen. So hat der Dieb Gelegenheit zum Stehlen. Allerdings muss er auch die Konsequenzen tragen, wenn er erwischt wird.

Wie im Kapitel über Reinkarnation ausgeführt, können Menschen, denen Unrecht getan wurde, wieder auf die Welt kommen. Wenn sie dann in dem neuen Leben auf ihren einstigen Peiniger treffen und sich an ihm rächen, weil sie ihm gegenüber unterbewusst Hass verspüren, sagen wir: „Was für ein abscheuliches Verbrechen!" Würden wir den Gesamtzusammenhang sehen, hätten wir vielleicht ein gewisses Verständnis dafür.

Die Wünsche, die wir im Jenseits nicht ausleben können, verleiten uns dazu, wieder ein Leben in dieser Welt anzustreben. Da diese Welt aber dualistisch strukturiert ist, müssen wir auch die Kehrseite der Medaille, Schwierigkeiten und Leid, in Kauf nehmen.

Es dürfte kaum jemand unter uns sein, dem die Erfüllung seiner Wünsche nur Glück gebracht hat. Alle unsere Erfahrungen – freudige und schmerzhafte – sind ein „Spiel der Maya", die dazu dienen, uns weiterzuentwickeln und letzten Endes zu vervollkommnen. Wir können dies durch eigenes Bemühen anstreben. Ziehen wir allerdings Bequemlichkeit vor, müssen wir durch Krankheiten und Schwierigkeiten gehen. Diese sorgen dann für unseren persönlichen Fortschritt.

So gesehen gibt es nichts Unbequemeres als Bequemlichkeit!"

„Wahrhaftig, das Verlangen nach Bequemlichkeit
tötet die Leidenschaft der Seele
und folgt grinsend ihrem Leichenzug."
(Khalil Gibran).[3]

Das Leben ist, wie schon erwähnt, ein sehr realistischer Traum. Wenn wir einmal aus diesem Traum in die Wirklichkeit Gottes aufwachen, ist nichts mehr von dem, was geschehen ist, von Bedeutung. Der mittelalterliche Mystiker Meister Eckhart sagte hierzu:

„Und hätte ein Mensch ein ganzes Königreich oder allen Reichtum der Erde und ließe das rein um Gottes willen und würde einer der ärmsten Menschen, der je auf Erden lebte, und gäbe ihm dann Gott so viel zu leiden, als er je Menschen auferlegt hat, und litte er alles dies bis an seinen Tod, und gäbe ihm dann Gott einen Augenblick zu schauen, wie er in dieser Kraft ist: Seine Freude würde so groß, dass all dies Leiden und diese Armut dann noch zu klein wäre." [4]

5. Kapitel

Entstehung und Entwicklung des Universums

Entstehung

Im Gegensinn verläuft des Weges Bewegung;
In seiner Schwäche liegt des Weges Brauchbarkeit.

Aus dem Sein sind die zehntausend Wesen geboren;
Das Sein ist aus dem Nichtsein geboren.
(Lao-Tse)[1]

Einige Monate, bevor ich dieses Buch zu schreiben begann, machte ich mit meiner Frau eine Kreuzfahrt auf dem Nil. Unsere kleine, sechsköpfige Tischgesellschaft, war die ganze Woche beisammen. Außer einem jungen türkischen Ehepaar war noch Calogero, ein Italiener aus Neapel mit seiner deutschen Freundin, dabei. Wir freundeten uns alle schnell an und sprachen über alle möglichen Themen.

Nach ein paar Tagen hatte uns Hossam, unser Reiseführer, zu allen möglichen antiken Stätten geschleppt und erklärt, dieser Tempel sei um 2100 v. Chr. entstanden und jener Pharao um 1900 v. Chr. gestorben. Alles uralt und vor Christi Geburt.

Beim Abendessen saß Calogero, der schon etliche Jahre in Deutschland lebt und arbeitet, vor seinem Teller und vergaß vor lauter Grübeln zu essen. Seine immer gute Laune, mit der er stets für Erheiterung sorgte, war an diesem Abend nicht zu spüren.

Auf einmal sprudelte es im besten Trapatoni-Deutsch aus ihm heraus: „Kanne ich nich glaube, was Hossam sage! Er sage, vor Christus seie Tempel gebaue. Isse doch nich möglige! Ich lerne, Christus habe Welt geschaffe. So könne doch vor Jesus nichts sein gewese. Pharao könne doch keine Tempel baue, wenn Welt noch nicht gewese!“

Nach einem Moment der Verblüffung der am Tisch Sitzenden fragte er mich: „Manfred, was meine du? Wie isse Welt entstande?“

Calogero war aufgrund der Armut seiner Eltern schon als kleines Kind in ein Nonnenkloster gegeben und dort erzogen worden. Die ganz persönliche Erklärung seiner Erzieherinnen über die Entstehung der Welt, nämlich dass Jesus als Sohn Gottes diese erschaffen habe, hatte er auch im Erwachsenenalter offensichtlich noch nicht hinterfragt.

Seydi, unser türkischer Tischgenosse, Calogero und ich setzten uns anschließend in einer ruhigen Ecke des Schiffes zusammen und hatten ein langes Gespräch über Urknall, Entstehung der Sterne und Planeten sowie der Entwicklung des Lebens bis hin zum Menschen. Ich bezweifle allerdings, ob Calogero mir alles glauben konnte. Der Sprung von seinem selbstgestrickten Weltbild zu einem wissenschaftlichen Weltbild war für ihn vermutlich zu groß.

Für die Menschen war der Ursprung der Welt immer schon ein großes Rätsel. Bevor es wissenschaftliche Erkenntnisse hierüber gab, schuf jedes Volk seinen eigenen Mythos, mit dem dieser Vorgang erklärt werden sollte. Aus der großen Anzahl von Mythen möchte ich zwei anführen.

„Im Anfang schuf Gott Himmel und Erde. Die Erde aber war Irrsal und Wirrsal. Finsternis über Urwirbels Antlitz. Braus Gottes schwingend über dem Antlitz der Wasser.

Gott sprach: Licht werde! Licht ward. Gott sah das Licht: daß es gut ist. Gott schied zwischen dem Licht und der Finsternis. Gott rief dem Licht: Tag! Und der Finsternis rief er: Nacht! Abend ward und Morgen ward: ein Tag. Gott sprach: Gewölbe werde inmitten der Wasser und sei Scheide von Wasser zu Wasser! Gott machte das Gewölbe und schied zwischen dem Wasser, das unterhalb des Gewölbes war und dem Wasser, das oberhalb des Gewölbes war. Es ward so. Dem Gewölb rief Gott: Himmel! Abend ward und Morgen ward: zweiter Tag.“[2]

So beginnt die Erschaffung der Welt durch Gott an sieben Tagen, nach den Vorstellungen eines Nomadenvolkes im Vorderen Orient. Besser bekannt als jüdische Überlieferung, niedergeschrieben in der Thora, im Christentum als Altes Testament bezeichnet.

In Afrika entstand folgender Schöpfungsmythos:

„Am Anfang der Welt gab es nur die Götter-Mutter. Sie gebar Niamye und dessen jüngeren Bruder Anangama. Ebenso entstanden durch Gottes Hand (Niamye, der Verfasser) im Himmel die Menschen die Tiere und die Geister. Dort lebten sie nun lange Zeit und vermehrten sich – auch Gott und seine Frau bekamen sehr viele Kinder – , bis es im Himmel zu eng wurde. Da machte Gott die Erde. Er formte sie kreisrund aus Staub den er mit Wasser mischte. Als die Erde trocken war, schickte Gott seine Frau Assie hinunter, damit sie fortan dort regieren sollte. Assie brachte die Bäume mit – die andern Pflanzen sind gleich von selbst aus der Erde gewachsen. Danach machte Anangama, Gottes Bruder, eine lange Kette. Daran ließ er nun die Menschen und alle Tiere auf die Erde hinunter; erst einen Mann, dann eine Frau, und so machte er es bei jedem Menschenvolk, das er im Himmel hatte.“[3]

Im christlichen Bereich war der Mythos von der Erschaffung der Welt durch Gott an sieben Tagen bis ins 20. Jahrhundert allgemeine Lehre. In manchen christlichen Gemeinschaften, wie bei den sogenannten Kreationisten, wird dieser Mythos bis heute noch als tatsächliches Ereignis angesehen. Die moderne Wissenschaft hat jedoch hierfür eine plausiblere Erklärung.

Wie stellt sich nun die Wissenschaft die Entstehung der Welt vor?

Der Physiker Harald Fritzsch erklärt dies in seinem Buch: „Vom Urknall zum Zerfall“ anhand eines Gedankenexperimentes mit einem „Zauberofen“. Der Raum in diesem Ofen soll leer sein, gemeint ist ein absolutes Vakuum. Die Temperatur soll 0 Kelvin betragen, das ist der absolute Nullpunkt mit –273 °C

„Der Zauberofen wird aufgeheizt. Bei 0° Kelvin ist der Ofen leer. Sobald die Temperatur steigt, zum Beispiel auf 300° Kelvin (27 °C), ist der Ofen mit Wärmestrahlung angefüllt: mit Photonen. Bei einer Temperatur von 10^{10} Grad besteht die Strahlung nicht nur aus Photonen, sondern auch aus Elektronen und Positronen (…). Erreicht die Temperatur 10^{14} Grad, liegt ein Plasma, bestehend aus Photonen, Elektronen, Positronen, Quarks und Gluonen, vor (…). Bei der Temperatur von 10^{32} Grad gesellen sich noch die X-Teilchen dazu (...). Niemand weiß, was bei 10^{32} Grad passiert. Unsere konventionellen Vorstellungen über Raum und Zeit sind nicht mehr anwendbar."[4]

Weiter schreibt er: „Wenn wir plötzlich die Ofenwände entfernen, gibt es für die eingeschlossenen Teilchen kein Hindernis mehr. Das hocherhitzte Plasma fliegt auseinander (...). Die im Ofen zusammengedrückten Teilchen fliegen nach allen Richtungen voneinander weg; jedes Teilchen ist sich selbst überlassen."[5]

Nach einem nun sehr schnell ablaufenden Prozess in dem aufgrund des Temperaturabfalls Teilchen zerfallen, andersartige Teilchen gebildet werden, Teilchen sich gegenseitig zerstören, bleiben Protonen und Elektronen übrig, die sich zu Wasserstoffatomen verbinden.

„Damit ist es uns gelungen, aus dem ‚Nichts', aus reiner Energie, Materie herzustellen. (...). Damit sind wir am Ziel angelangt. Unser Ausgangspunkt war ein leerer Ofen, den wir auf Temperaturen von mehr als 10^{28} Grad erhitzt haben. Bei der anschließend erfolgten Explosion hat sich Materie gebildet: Wir erhalten Wasserstoffatome."[6]

Was Harald Fritzsch hier beschreibt, kennen wir als „Urknalltheorie". Diese besagt, dass das Universum ursprünglich auf winzigstem Raum – kleiner als ein Stecknadelkopf – zusammengepresst war und dann mit ungeheurer Wucht explodierte, um immer weiter auseinander zu streben.

Dieses Ereignis, die Geburt des Universums, liegt nach neuesten Berechnungen etwa 13,7 Mrd. Jahre zurück. Von der Wissenschaft wird diese Theorie heute allgemein akzeptiert. Sie ist durch mathematische Berechnungen, astronomische Beobachtungen und auch durch physikalische Experimente, zum Beispiel im Teilchenbeschleuniger CERN, sehr gut belegt.

Paul Davies, Professor für theoretische Physik in England, schreibt in seinem Buch „Gott und die moderne Physik" über die Möglichkeit der Entstehung von Materie ohne Einsatz von Energie:

„Es gibt eine noch bemerkenswertere Möglichkeit, nämlich die Schaffung von Materie aus dem Zustand von Nullenergie. Das ist möglich, weil Energie sowohl positiv als auch negativ sein kann. Bewegungsenergie oder Massenenergie ist stets positiv, die Energie der Anziehung, wie man sie beispielsweise in bestimmten Schwerkraft- oder elektromagnetischen Feldern findet, negativ. Es können Umstände eintreten, unter denen die positive Energie für die Erzeugung der Masse neu entstandener Materieteilchen durch die negative Energie der Schwerkraft oder des Elektromagnetismus genau ausgeglichen wird. (…).

Im Fall der Schwerkraft ist die Situation noch eigentümlicher, da das Schwerkraftfeld lediglich eine Krümmung des Raumes bedeutet. Die in einem solchen gekrümmten Raum eingeschlossene Energie lässt sich in aus Materie und Antimaterie bestehende Teilchen umwandeln. Das geschieht beispielsweise in der Nähe schwarzer Löcher und war vermutlich auch beim Urknall die wichtigste Quelle für das Auftreten von Teilchen. So entsteht Materie spontan aus dem leeren Raum. Damit erhebt sich die Frage: Besaß der Urknall Energie oder befindet sich das gesamte Universum in einem energetischen Null-Zustand, wobei die Energie allen Materials durch die negative Energie aus der Schwerkraftanziehung ausgeglichen wird? (…). In der Tat ist dieser Wert – unter Berücksichtigung der Fehlergrenzen – nahezu exakt null. (…). In dem Fall könnte der Kosmos auf dem Weg des geringsten Widerstandes entstanden sein, ohne Einsatz irgendwelcher Materie oder Energie.“[7]

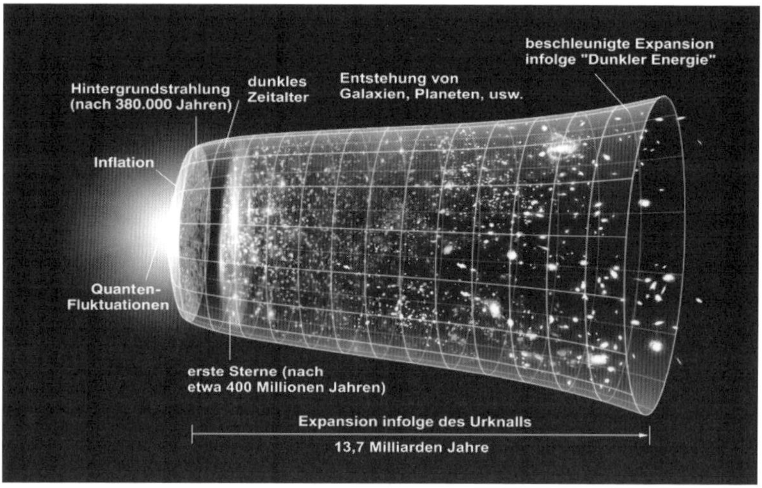

Urknall[6a]

In dem Buch „Der große Entwurf" vertritt Stephen Hawking die Meinung, dass sich ursprünglich durch den Urknall nicht nur *ein* Universum gebildet hat, sondern sich aufgrund der vielen Möglichkeiten, die Quantenobjekte haben – denken Sie an die Viele-Welten-Theorie –, ständig eine Unzahl von Universen bilden. In diesen können jedoch ganz verschiedene Naturgesetze herrschen.

Da nach dieser Vorstellung alles vom Zufall abhängt, würden die meisten dieser Universen nur für ganz kurze Zeit existieren, weil die zufällig zusammengewürfelten Naturgesetze fast immer nur chaotische Verhältnisse zuließen. Unter diesen Bedingungen könnte sich keine Materie und schon gar kein Himmelskörper entwickeln. Die Grundlage, die dafür sorgt, dass sich unsere Welt, so wie wir sie kennen, bilden konnte und sich weiterentwickelt hat, sind Naturgesetze, die äußerst fein aufeinander abgestimmt sind.

Stephen Hawking geht davon aus, dass es 10^{500} (also eine Eins mit 500 Nullen!) Möglichkeiten gibt, Universen mit unterschiedlichen Naturgesetzen hervorzubringen.[7a] Wie gesagt, immer unter der Voraussetzung, dass der Zufall alles, was existiert, hervorbringt und erhält.

Unser Universum wäre demnach eines von 10^{500} möglichen Universen. Es wäre aber eines der ganz wenigen, in dem *zufällig* Naturgesetze vorhanden sind, die eine stabile Entwicklung, bis hin zur Entwicklung des Lebens und des Menschen, zuließen.

Anders ausgedrückt, könnte man sagen, dass es bis zu 10^{500} Versuche bedurfte, damit unser Universum mit seinen ganz speziellen Gesetzmäßigkeiten ohne steuernde Intelligenz, entstehen konnte.

Wenn man diese Wahrscheinlichkeit, oder besser gesagt Unwahrscheinlichkeit, mit Worten beschreiben will, kann man dies am einfachsten so ausdrücken: „Es ist vollkommen unmöglich!"

Urknall

Entwicklung des Universums

Schon Minuten nach dem Urknall bildete sich Materie in Form der schon erwähnten Wasserstoffatome. Diese riesigen Wasserstoffwolken verdichteten sich im Laufe langer Zeiträume durch die Gravitation immer mehr, bis Druck und Temperatur in ihrem Inneren einen kritischen Punkt erreicht hatten und so eine Fusion der Wasserstoffatome in Gang setzten. Damit war das nukleare Feuer entzündet. Dies ist dasselbe Prinzip, nach dem auch eine Wasserstoffbombe funktioniert.

So entstanden die Sterne der ersten Generation. Inmitten dieser Sonnen entstanden einige der schweren Elemente, die für die spätere Entstehung der Planeten notwendig waren; besonders wichtig hierfür war Kohlenstoff und Eisen.

Nachdem diese Sterne ihren Nuklearbrennstoff verbraucht hatten, explodierten sie in einer Supernova. Zurück blieb eine riesige Gas- und Staubwolke, die aus allen möglichen atomaren Elementen bestand. Darunter befanden sich weitere schwere Elemente, die erst bei der Supernova entstanden waren. Aus diesen Sternenresten bildeten sich wiederum neue Sonnen. Der Vorgang wiederholte sich über Jahrmilliarden ein paarmal, bis schließlich genug schwere Elemente vorhanden waren, um die heutigen Planeten, wie zum Beispiel unsere Erde, zu bilden.

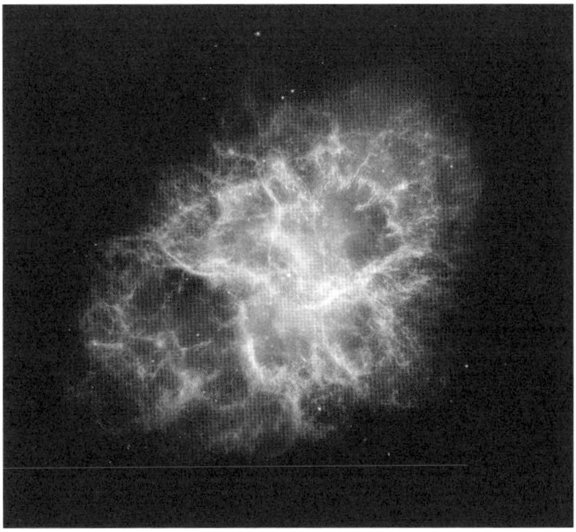

Supernova

Unsere Erde bestand zunächst nur aus einem Gas-Staub-Gemisch. Durch die Schwerkraft zog sie sich zusammen und wurde immer dichter. Der steigende Druck bewirkte eine Erhitzung, durch die sich die Materie im Inneren des Planeten verflüssigte. Die Gravitation zog die schweren Elemente in das Innere, während sich die leichteren an der Oberfläche sammelten.

Die weitere Entwicklung ist uns allen bekannt:

„Es ward Abend, und es ward Morgen: zweiter Tag. Nun sprach Gott:

‚Es sammle sich das Wasser, das unter dem Himmel ist, zu einer Ansammlung und es erscheine das trockene Land!‘ (…). So wurden Himmel und Erde mit ihrem ganzen Heer vollendet. Gott vollendete am siebten Tag sein Werk, das er gemacht hatte und ruhte am siebten Tag. (…) Dies ist die Entstehungsgeschichte des Himmels und der Erde, als sie erschaffen wurden.“ (Bibel, Buch Genesis).

Wie hatten es die Menschen früher doch so gut! Deren Schöpfungsgeschichte lässt sich auf zwei Buchseiten festhalten. Wir müssen dicke Wälzer lesen und Gehirnakrobatik betreiben, um dies alles zu verstehen. Und selbst dann wissen wir noch nicht, ob es wirklich genauso war, weil sich die Experten noch über viele Sachen streiten. So zum Beispiel darüber, wie es möglich ist, dass die Naturgesetze so fein aufeinander abgestimmt sind, dass sich im Universum sogar Leben, bis hin zum Menschen, bilden konnte.

Hawking schreibt hierüber: „… bei den Ereignissen, die zur Entwicklung des Universums führten, war das ausgewogene Verhältnis der Fundamentalkräfte ausschlaggebend: Dieses Zusammenspiel musste genau richtig sein, damit unsere Existenz möglich wurde.“[8] Und weiter: „Kohlenstoff entsteht im Inneren von Sternen durch den Zusammenstoß von drei Heliumkernen, ein Ereignis, das sehr unwahrscheinlich wäre, gäbe es da nicht eine besondere Eigenschaft der kernphysikalischen Gesetze.“[9]

„Diese Berechnungen zeigen, dass eine Veränderung der Stärke von lediglich 0,5 % bei der starken Kernkraft oder von 4 % bei der elektrischen Kraft entweder fast allen Kohlenstoff oder allen Sauerstoff in jedem Stern vernichten würde … Verändern sich die Regeln unseres Universums nur ein klein wenig, und die Bedingungen für unsere Existenz sind dahin! … Die meisten fundamentalen Konstanten in unseren Theorien scheinen insofern das Ergebnis einer Feinabstimmung zu sein, als das Universum, würden nur winzige Beträge verändert, erheblich anders aussehen würde und in vielen Fällen für die Entwicklung von Leben ungeeignet wäre. (…) Wären die Protonen 0,2 % schwerer gewesen, so wären sie in Neutronen zerfallen, und wir hätten keine stabilen Atome.

Wenn die Summe der Massen jener Sorten von Quarks, aus denen ein Proton besteht, auch nur um 10 % vom tatsächlichen Wert abwiche, gäbe es weit weniger von den stabilen Atomkernen, aus denen wir bestehen ... (...) Unser Universum und seine Gesetze scheinen exakt auf die Möglichkeit unserer Existenz zugeschnitten zu sein und bieten kaum Spielraum für Veränderungen...“[10] Soweit Steven Hawking.

Paul Davies schreibt:

„Wäre der Urknall schwächer ausgefallen, wäre der Kosmos schon bald wieder in einem großen Zerfall in sich zusammengesunken. Wäre er anderseits stärker gewesen, hätte sich das kosmische Material so rasch ausgebreitet, dass keine Galaxien entstanden wären. (...) D. h., wäre die Kraft der Explosion zu Beginn auch nur um ein 10^{60}stel vom tatsächlichen Wert abgewichen, würde das Universum, das wir jetzt wahrnehmen, nicht existieren. Um diese Zahlen mit Bedeutung zu füllen, stellen Sie sich einmal vor, sie wollten eine Kugel auf einen Zielkreis mit einem Durchmesser von rund 2 cm abfeuern, der sich auf der entgegengesetzten Seite des beobachtbaren Universums befindet, also 20 Milliarden Lichtjahre entfernt. Dafür müsste ihre Zielgenauigkeit eben diesen Wert von $1:10^{60}$ haben.“[11]

Dass sich nach dem Urknall die Elementarteilchen zu Atomen, Molekülen und später Sternen zusammensetzten, war ebenfalls keine Selbstverständlichkeit. Wenn alles auf Zufall beruht hätte, wäre es normal gewesen, dass die Teilchen in höchstmöglicher Unordnung – wissenschaftlich Entropie genannt – auseinandergeflogen wären. Hierbei hätten sich die Teilchen nicht zu größeren Einheiten zusammengefügt. Jedes wäre für sich auf Nimmerwiedersehen davongeflogen.

Davies vergleicht dies mit der Wahrscheinlichkeit, mit der sich Luft spontan in der Ecke eines Behälters ansammelt. Er gibt hierzu eine Vorstellung über diese äußerst geringe Möglichkeit.

„... dass die Wahrscheinlichkeit für eine – einfach so – entstandene Ordnung astronomisch gering ist. Beispielsweise liegt die Wahrscheinlichkeit dafür, dass sich 1 l Luft spontan an einem Ende des Behälters ansammelt, in der Größenordnung von $10^{10\quad 20}$ zu 1. Wobei diese Zahl eine Eins mit 100000000000000000000 Nullen bedeutet! (...).

Stellt man diese Ergebnisse in einen kosmologischen Zusammenhang, sieht die Basis für die Rätselfrage wie folgt aus: Sofern das Universum durch bloßen Zufall entstanden ist, sind die Aussichten, dass es darin irgendeine erkennbare Ordnung gibt, geradezu lächerlich gering. Bei einem als willkürliches Ereignis auftretenden Urknall wäre die Wahrscheinlichkeit dafür, dass sich das dabei entstehende kosmische Material bei höchster Entropie und dem Ordnungszustand null im thermodynamischen Gleichgewicht befindet, ungeheuer, und das ist noch sehr vorsichtig formuliert."[12]

„Höchste Entropie" bedeutet, dass die auseinanderfliegenden Teilchen alle für sich bleiben und sich nicht zu Strukturen zusammenballen. Um einen Begriff für die Größenordnung von Davies Wahrscheinlichkeit zu bekommen: Unser Universum enthält etwa zehn hoch 78 Atome. Das ist eine unvorstellbar große Anzahl, und trotzdem ist es nur eine Eins mit „lächerlichen" 78 Nullen, gegenüber den von Davies genannten.

Es ließen sich hier noch viele solche Unwahrscheinlichkeiten anführen, die darlegen, dass die Entstehung und Entwicklung unserer Welt bis zum heutigen Tage nur aufgrund zufälliger Ereignisse, ohne intelligente Steuerung, *in keinster Weise* denkbar ist.

Viele Wissenschaftler wollen aber nicht von ihrer gewohnten atheistischen Vorstellung lassen, so bleibt ihnen nichts anderes übrig, als Theorien aufzustellen, nach denen fast unendlich viele Universen aus dem Zufall heraus entstanden und nahezu alle davon direkt wieder zerfallen sein sollen. Dem liegt die Annahme zu Grunde, dass etwas, das normalerweise nicht möglich ist, doch möglich wird, wenn man eine Wahrscheinlichkeitsrechnung aufstellt und diese mit möglichst vielen Nullen versieht.

Damit ist jedoch keinesfalls gesagt, dass dies auch tatsächlich möglich ist. Man muss sich klarmachen, dass diese Berechnungen mit den ungeheuer vielen Nullen im Grunde nur mathematische Spielereien sind. Beweisen kann man damit nichts. Niemand kann damit beweisen, dass unser Universum zufällig entstanden ist oder entstanden sein kann.

Wenn ich stattdessen aufgrund dieser mathematischen Berechnungen den Schluss ziehe, dass es nicht möglich ist, dass das Universum durch

Zufall entstanden ist, dürfte dies weitaus zutreffender sein.

„Wo kommen denn all diese Flecken auf dem Boden her? Was hast du da nur geschafft?"

„Keine Ahnung. Hab nichts damit zu tun!"

„Das *musst* Du gewesen sein. Die Flecken sind doch nicht aus sich selber gekommen!"

„Wieso nicht? Stephen Hawking sagt, das ganze Universum sei aus dem Nichts entstanden. Da können doch auch so ein paar Flecken von selber kommen."

„Dann kannst du in Zukunft aber auch schauen, dass dein Essen aus sich selbst entsteht, wenn das so einfach ist!"

Auf die Schnelle überschlug ich, dass das „Essen-aus-sich-selbst" erst nach etwa 10^{23} Jahren zur Verfügung stehen würde. Ich wäre aber schon nach 0,10 Jahren verhungert. Daher hielt ich es für klüger, die Diskussion mit meiner Frau nicht weiter eskalieren zu lassen. Mit der Begründung, ich hätte noch viel zu schreiben, verdrückte ich mich aus der Küche in mein Büro.

Vielleicht hätte es den Theorien mancher Wissenschaftler auch gut getan, wenn sie sie mit ihrer Frau diskutiert hätten.

„Am Anfang der Schöpfung steht … kein Zufall, sondern ein Grad von Ordnung, der unendlich höher ist als alles, was wir uns vorzustellen vermögen: eine höchste Ordnung, die die physikalischen Konstanten, die Anfangsbedingungen, das Verhalten der Atome und das Leben der Sterne reguliert. Mächtig, frei, unendlich existent, geheimnisvoll, implizit, unsichtbar, wahrnehmbar, ist es da, ewig und notwendig, hinter den Phänomenen, weit über dem Universum, aber in jedem Teilchen präsent."[13]

Ende des Universums

In unserer Erfahrungswelt ist nichts ewig. Alles, was irgendwann begonnen hat, nimmt einmal ein Ende. Ist es auch so mit dem Universum?

Die Wissenschaft ist sich noch im Unklaren, ob unsere Welt immer weiter auseinanderstrebt, sich dadurch immer mehr abkühlt und so den Wärmetod stirbt, oder ob die Ausdehnung in einigen Milliarden Jahren zum Stillstand kommt und die Himmelskörper wieder auf einem Mittelpunkt hin zusammengezogen werden. Das Szenario hängt unter anderem von der Gesamtmasse der Materie ab, die im Universum enthalten ist. Nur wenn genügend Masse vorhanden ist, wird das Universum wieder kollabieren. Wenn nicht, verliert es sich im Unendlichen. Gibt es die Möglichkeit, dies ohne die Wissenschaft zu klären?

Wenn die Wissenschaft über grundlegende Fragen herumrätselt, schlage ich manchmal nach, was in der hinduistischen oder in der buddhistischen Philosophie darüber gesagt wird. Welchen Grund gibt es dafür?

In den Veden und anderen Büchern sind bereits vor vielen Jahrhunderten Erkenntnisse niedergeschrieben worden, die unsere moderne Wissenschaft erst seit zwei- oder dreihundert Jahren beschreibt. So ist dort schon seit Jahrtausenden bekannt, dass die Erde ein Himmelskörper ist, der um die Sonne kreist. Unser Sonnensystem und die Struktur des Universums sind dort ebenfalls zutreffend beschrieben.

Im abendländischen Bereich dagegen glaubten die Menschen noch bis ins Mittelalter, die Erde sei eine Scheibe, und Sonne, Mond und Sterne seien am Himmel aufgehängt.

Wenn Sie mehr darüber wissen wollen, empfiehlt sich das Buch von Fritjof Capra, einem amerikanischen Physiker: Das Tao der Physik, Die Konvergenz von westlicher Wissenschaft und östlicher Philosophie. (Scherz Verlag) – ein Klassiker in diesem Bereich.

Woher kommt dieses Wissen, zumal in diesen Völkern eine Wissenschaft nach unseren Maßstäben nicht existiert hat?

Die großen geistigen Meister oder Yogis erreichen durch Meditation einen Zustand, in dem sie das innere Wesen der Dinge, die Einheit von allem erfahren. Was Physiker auf einem Blatt Papier ausrechnen oder mit Experimenten ergründen, können diese durch tiefe innere Versenkung und Ausschalten der äußeren Sinne *erfahren*. Im Prinzip gilt das für jeden Menschen, nur ist es nicht sehr einfach. Es benötigt sehr viel Übung.

Was sagen nun diese Quellen über das Schicksal unserer Welt aus?

Hinduistische Vorstellungen gehen davon aus, dass das Universum pulsiert: Durch den Urknall fliegt alles von einem Mittelpunkt ausgehend auseinander, irgendwann kommt die Expansion zum Stillstand, alles zieht sich wieder zu einem winzigen Punkt zusammen, um dann wieder mit einem riesigen Knall auseinander zu fliegen usw.

Der Zeitraum zwischen Urknall und dem Kollabieren wird „Kalpa" genannt. Dies ist ein „Tag Brahmas" und soll einen Zeitraum von 4,32 Milliarden Jahren umfassen. Diese Zahl ist wohl eher symbolisch zu sehen. Gemeint ist damit ein sehr sehr langer Zeitraum. Tatsächlich müsste er nach Berechnungen der westlichen Wissenschaft ein Vielfaches davon betragen.

Wir haben nun gesehen, welche Erkenntnisse die Wissenschaft und die fernöstliche Religionsphilosophie über die Entstehung und Entwicklung des Universums haben. Was aber ist die erste Ursache für die Entstehung? Wer oder was bewirkte die Feinabstimmung der Naturgesetze, die dafür sorgen, dass unsere Welt im Gleichgewicht bleibt, statt im Chaos zu enden? Hat „Gott der Herr" sie geschaffen oder ist sie durch „Gott Zufall" entstanden?

Geist oder „Nichts"

Stephen Hawking schreibt: „Traditionell sind das Fragen für die Philosophie, doch die Philosophie ist tot. Sie hat mit den neueren Entwicklungen in der Naturwissenschaft, vor allem in der Physik, nicht Schritt gehalten. Jetzt sind es die Naturwissenschaftler, die mit ihren Entdeckungen die Suche nach Erkenntnis voranbringen."[14]

Hawking, der damit die Rolle des Philosophen übernimmt, scheint insofern recht zu haben, als in der modernen Philosophie über diese Fragen großenteils Funkstille herrscht. Da er jedoch partout ohne Gott auskommen will und keine geistig religiösen Argumente gelten lässt, sind seine Vorstellungen zwangsläufig unvollständig – vorausgesetzt natürlich, ein geistiges Weltbild ist zutreffender als ein atheistisches.

Hawking führt über die Entstehung des Universums weiterhin Folgendes aus: „Da die Gravitation Raum und Zeit formt, ermöglicht sie der

Raumzeit, lokal stabil, aber global instabil zu sein. Auf der größeren Ebene des ganzen Universums kann die positive Energie der Materie durch negative Gravitationsenergie aufgewogen werden, und daher gibt es keine Beschränkung für die Erzeugung ganzer Universen. Da es ein Gesetz wie das der Gravitation gibt, kann und wird sich das Universum auf die in Kapitel sechs beschriebene Weise *aus dem Nichts erzeugen.* Spontane Erzeugung ist der Grund, warum etwas ist und nicht einfach nichts, warum es das Universum gibt, warum es uns gibt. Es ist nicht nötig, Gott als den ersten Beweger zu bemühen, der das Licht entzündet und das Universum in Gang gesetzt hat."[15]

Von nichts kommt nichts. Aus nichts im Sinne von Nichtvorhandensein kann nicht „etwas" kommen! Man kann es, wie bei einer Gleichung, auch umdrehen. Wenn „etwas" da ist, muss „etwas" die Ursache dafür sein, sonst kann die Gleichung nie aufgehen.

Wenn Fritzsch in dem genannten Buch schreibt: „Damit ist es uns gelungen, aus dem ‚Nichts', aus reiner Energie, Materie herzustellen", wählt er die falschen Worte. Nicht die Wissenschaftler stellen etwas her. Die Materie entsteht vielmehr aufgrund der in dem sogenannten „Nichts" enthaltenen Energie, mittels der ebenfalls darin enthaltenen Naturgesetze sowie des intelligenten Planes.

Ebenso verhält es sich mit der „Schaffung von Materie aus dem Zustand von Null-Energie", die Paul Davies beschreibt. Aber nicht nur Hawking, Davies oder Fritzsch, „Die modernen Naturwissenschaften gehen allesamt von einer *Entstehung* der Welt aus physikalischen Prinzipien aus und verneinen somit einen Schöpfergott oder andere personifizierte Mächte."[16] Dies ist die Meinung eines Beitrages in Wikipedia.

Wohl nicht „allesamt", wie ein Artikel in „Die Zeit" zeigt, der sich auf das genannte Buch, „Der große Entwurf" von Hawking und Mlodinow bezieht.

Unter der Überschrift „Physik aus der Gottesperspektive" kommentiert der Autor Eduard Kaeser, studierter Physiker und Philosoph, die Ansicht Hawkings` wie folgt: „Wenn die Entstehung des Universums ein physikalischer Vorgang ist, dann brauchen wir physikalische Gesetze. Das ist soweit einleuchtend. Aber ein physikalisches Gesetz *beschreibt* und erklärt nur ein Ereignis, es *erzeugt* es nicht, auch nicht in den ersten Millionstelsekunden der Welt. Selbst eine Theorie „von allem" *erklärt* vielleicht alles, aber sie *erzeugt* nichts. Betrachten wir eine Analogie aus dem Fußball. Wir können die Flugbahn des Balles bei einem Freistoß ziemlich gut beschreiben, indem wir sie aus den Gesetzen der Mechanik und den Anfangsbedingungen – Schusswinkel, Kraft des tretenden Beins usw. – berechnen. Aber selbstverständlich ‚erzeugen' nicht die Gesetze die Bewegung, sondern die Fußballspieler. Es wäre absurd, zu sagen: Da es Bewegungsgesetze gibt, benötigen wir nicht noch so etwas wie den Fußballspieler als Beweger."[17]

Das, was Hawking und andere Physiker als „Nichts" bezeichnen, also den leeren Raum, das absolute Vakuum, ist nun mal nicht „Nichts". In der Physik wird es auch als Quantenfeld bezeichnet. Es ist ein Energiefeld, aus dem, wie aus einem Zauberkasten unter bestimmten Bedingungen Elementarteilchen entstehen und auch wieder verschwinden. Es ist also ein Energie- oder Kraftfeld, das für uns genauso wenig sichtbar ist, wie die Anziehungskraft eines Magneten. Wir sehen nur die Auswirkungen. Das sind aber genau die Kriterien, die auch für den Begriff „Geist" infrage kommen.

Wir können annehmen, dass dieses „Nichts" intelligenter, von Materie, Zeit und Raum unabhängiger Geist ist. Dieser Geist hat in sich die Idee oder den Plan des Universums. Ebenso die Energie, die unsere Welt erzeugt hat und ständig erhält, sowie die Naturgesetze, die die Ordnung garantieren. Im Kapitel über Raum und Zeit ist dies näher ausgeführt.

Wenn man es so sieht, löst sich die Frage nach der Entstehung des Universums auf einfache und plausible Art. Dadurch wird die Vorstellung, dass eine unübersehbare Anzahl von Welten durch Urknall entstanden sind, wie Hawking schreibt, obsolet. Wie in dem Kapitel über Geist und Materie beschrieben, braucht dieser Weltengeist aus den vielen Quantenmöglichkeiten nur *das* Universum entstehen zu lassen, das seinen Plänen entspricht.

Es ist vorstellbar, dass auch andere Universen, vielleicht mit anderen Naturgesetzen, auf diese Weise erschaffen wurden, aber es gibt hierbei keine Notwendigkeit, eine unübersehbare Anzahl ins Leben zu rufen, von denen fast alle im Chaos enden, wie Hawking meint. Der österreichische Physiker Prof. Walter Thirring nennt dies spöttisch die „Methode Stumpfsinn".

Wie viele Universen auch entstanden sein mögen, sie folgen, wie unseres, einem intelligenten Plan, der die „Feinabstimmung" bewirkt.

Obwohl die Wissenschaft gerade in den letzten 100 Jahren sehr viel erklärt hat, gibt es doch noch eine Menge offener Fragen. Einstein war auch in seinen späteren Jahren mit dem Erreichten noch nicht zufrieden. Er wird oft mit dem Ausspruch zitiert: „Ich möchte dem Alten auf die Schliche kommen!"

Beispielsweise steht die Frage im Raum: Ist unsere Welt von Gott „erschaffen", wie es im religiösen Bereich gesehen wird?

Stringtheorie

„Nach der Stringtheorie sind die kleinsten Objekte im Universum … schwingende Saiten – so klein und komplex, dass sie mathematisch erst noch bezwungen werden müssen.

Die Stringtheorie führt alle Elementarteilchen auf dieselbe Sache zurück: auf unvorstellbar winzige Fäden, die hin- und herschwingen. Diese Strings, engl. für Saite, haben Abmessungen von wenigen Milliardstel Billionstel Billionstel Metern. Dies ist so winzig, dass sich Physiker bereits damit abgefunden haben, Strings niemals direkt sehen zu können: Teilchenbeschleuniger, die die dafür notwendigen Energie erbrächten, müssten galaktische Ausmaße haben.

Der Superstringtheorie zufolge entspricht jedes dieser fundamentalen Teilchen einer winzigen schwingenden Saite.

Alles schwingt. Ob uns die Strings wie Elektronen oder Quarks, wie Kraft- oder Higgsteilchen erscheinen, hängt davon ab, *wie* die Fäden schwingen. Alle Eigenschaften der Teilchen sollen sich aus dieser Bewegung ergeben, so wie ein tiefes, schweres C von derselben Geigensaite herrühren kann wie ein leichtes, hohes. Wenn die Strings ertönen, erklingt eine Symphonie, die wir Universum nennen. (…)

Was die Stringtheorie ... so attraktiv macht: Sie ist Anwärter für die letzte, große Theorie, mit deren Hilfe alle Kräfte beschrieben werden können. So blieb die Schwerkraft im Standard-Modell der Teilchenphysik bisher außen vor. Die Stringtheorie könnte sie mit ins Boot holen."[18]

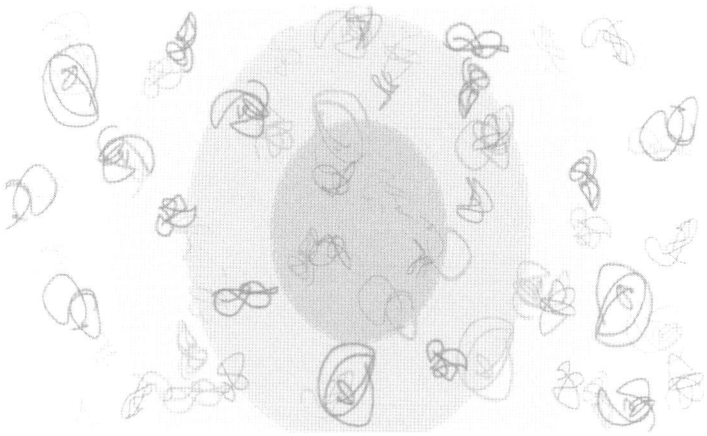

Strings, winzige Schwingungsfäden

Obwohl diese Theorie noch umstritten ist, da man keine Möglichkeit sieht, sie jemals experimentell beweisen zu können, würde sie jedoch nahtlos mit einer geistig erklärten Entstehung des Universums zusammenpassen.

Dazu wollen wir uns einmal ansehen, welche Erklärung es von dieser Seite für die Bildung der Materie gibt.

In den drei Schriftreligionen – Judentum, Christentum, Islam – erschuf Gott die Welt, indem er aus dem Nichts – also außerhalb seines Wesens - Materie erzeugte.

Wenn Gott Geist ist und es vor der Schöpfung nur ihn, also nur Geist, gegeben hätte, wo hätte er diese Materie hernehmen sollen? Es gab nur ihn, diesen Geist! Außerhalb seines Wesens existierte nichts. Auch gab es kein „Außerhalb", da Gott alles ist.

Ist es nicht viel überzeugender, dass die Welt nicht von ihm erschaffen, sondern *aus* ihm, dem Geist, entstanden ist? Das ist nicht nur meine Idee, sondern sie ergibt sich auch aus den Vorstellungen der östlichen Philosophie.

Der unbewegte Geist (Gott) hatte, da er alleine war, etwas Langeweile und so entstand in ihm die Sehnsucht nach einem Gegenüber, mit dem er sich unterhalten, oder auch herumärgern konnte. Zu diesem Zweck versetzte er seinen bis dahin bewegungs- und formlosen, in zeitloser Glückseligkeit verharrenden Geist in Schwingung. Aus dieser Schwingung – siehe Stringtheorie – entstand unsere Welt.

Hätte Gott dies gemacht, wenn er gewusst hätte, worauf er sich mit seinen Geschöpfen einlässt? Hat es gewusst?

Da Gott außerhalb der Zeit existiert, weiß er alles, auch dies. Aber ich bin mir sicher, dass er einen Grund gehabt hat, die Welt trotzdem entstehen zu lassen. Er wird auch gewusst haben, was auf ihn zukommt!

Dies ist aber nur unsere menschliche, zeitliche Sichtweise. Für Gott gibt es keine Zeit. Für ihn ist alles gleichzeitig.

Der Vorgang der Entstehung der Materie lässt sich anhand eines Beispiels verdeutlichen.

Stellen Sie sich einen See vor! Solange es windstill ist, liegt die Wasserfläche unbewegt und glatt da. Sobald Wind aufkommt, kräuselt sich das Wasser und es entstehen Wellen.

Die ruhige Wasserfläche symbolisiert den in sich ruhenden Geist Gottes. Der Wind entspricht der Idee, etwas entstehen zu lassen. Die Wellen sind Schwingungen des Wassers und stellen die, der Materie zu Grunde liegenden geistigen Schwingungen dar. Aus diesen Schwingungen entstanden die Elementarteilchen und letztendlich das Universum.

Wellen, Schwingungen des Wassers

In der östlichen Philosophie ist diese Schwingung symbolisiert im OM-Ton. Dieser Ton, der in tiefer Meditation zu hören ist, hat nach östlicher Vorstellung unser Universum erzeugt und erhält es. OM symbolisiert die Schöpferkraft Gottes.

Sie sehen, wir haben hier wieder eine verblüffende Übereinstimmung mit der Stringtheorie. Zudem passt diese Vorstellung auch zu der von Fritsch, Davies und Hawking beschriebenen Entstehung von Elementarteilchen aus dem „Nichts", oder „Quantenfeld".

Ich möchte an dieser Stelle auch den italienischen Priester, Dichter und Philosoph Giordano Bruno zu Wort kommen lassen, der den Erkenntnissen seiner Zeit weit voraus war. Es kam, wie es kommen musste. Da Bruno den Mund nicht halten konnte und seine der kirchlichen Lehre im Mittelalter widersprechenden Thesen nicht widerrufen wollte, erhielt er das höchste „Gütesiegel" der katholischen Kirche der damaligen Zeit. Er wurde sieben Jahre in Rom eingekerkert, gefoltert und im Jahre 1600 als Ketzer verbrannt. Seine Schriften wurden auf den Index der verbotenen Schriften der katholischen Kirche gesetzt und blieben es bis zu dessen Abschaffung im Jahre 1966. Seine Vorstellung über den Urgrund des

Universums beschrieb er wie folgt:

„Jede Erzeugung (zum Beispiel die Erschaffung der Welt, der Verfasser) von welcher Art sie auch sei, ist eine Veränderung, während die Substanz immer dieselbe bleibt, weil es nur eine gibt, ein göttliches unsterbliches Wesen. (...) Da seht ihr also, wie alle Dinge im Universum sind und das Universum in allen Dingen ist, wir in ihm, es in uns, und so alles in eine vollkommene Einheit einmündet. (...) Denn diese Einheit ist einzig und stetig und dauert immer; dieses Eine ist ewig; jede Gebärde, jede Gestalt, jedes andere ist Eitelkeit, ist wie nichts; ja geradezu nichts ist alles, was außer diesem Einen ist. Diejenigen Philosophen haben Weisheit gefunden, welche diese Einheit gefunden haben.“[19]

Bruno postulierte damit die Einheit von Geist und Materie und die ewige Existenz des Geistes und der in ihm enthaltenen Materie.

Ewiges Universum

Besteht die Materie ewig? Hat unsere Welt keinen Anfang und kein Ende? So unwahrscheinlich das klingt, es ist nicht unmöglich!

Erinnern Sie sich an die Vorstellung des Kalpa in den fernöstlichen Religionen. Danach pulsiert das Universum ständig in großen Zeiträumen, indem es im Urknall explodiert und am Ende wieder kollabiert, um daraufhin wieder zu explodieren, usw. Seine Energie bleibt dabei immer gleich. Nach dem Energieerhaltungssatz in der Physik kann es keine Energie verlieren. Die Energie wird lediglich in Materie umgewandelt und von dort wieder zurück in Energie. Verluste entstehen hierbei nicht.

Wann und wie hat nun dieses Pulsieren angefangen? Hatte es einen Anfang? Die Wissenschaft versucht sich der Frage mit mathematischen Modellen zu nähern, indem sie mit weiteren Dimensionen rechnet, als wir in unserer dreidimensionalen Welt wahrnehmen.

Hawking und Mlodinow schreiben: „... sobald wir die Effekte der Quantentheorie in die Relativitätstheorie einbeziehen, kann die Krümmung in Extremfällen so stark sein, dass sich die Zeit wie eine weitere Raumdimension verhält. Im frühen Universum... gab es praktisch vier Dimensionen des Raums und keine der Zeit. Wenn wir also vom

‚Anfang' des Universums sprechen, übergehen wir den komplizierten Umstand, dass es im sehr frühen Universum Zeit, wie wir sie kennen, noch nicht gab!"[20]

Und weiter: „Die Erkenntnis, dass die Zeit sich wie eine weitere Raumdimension verhalten kann, bedeutet, dass wir uns der Frage, ob die Zeit einen Anfang hat, auf ähnliche Weise entledigen können wie derjenigen, ob die Welt einen Rand hat. Nehmen wir an, der Anfang des Universums war wie der Südpol der Erde, wobei die Breitengrade die Rolle der Zeit übernehmen. Wenn wir uns nach Norden bewegen, weiten sich die Kreise konstanter Breite aus, die die Größe des Universums darstellen. Das Universum beginnt als ein Punkt am Südpol, der weitgehend jedem beliebigen Punkt ähnelt. Zu fragen, was vor dem Anfang des Universums geschah, wird zu einer sinnlosen Frage, weil es nichts gibt, was südlich des Südpols liegt. Nach dieser Vorstellung hat die Raumzeit keine Grenze. (...) Wenn wir die allgemeine Relativitätstheorie mit der Quantentheorie kombinieren, wird die Frage, was vor dem Anfang des Universums geschah, auf ganz ähnliche Weise bedeutungslos."[21]

Hawking versucht hier die mathematischen Berechnungen der Physiker bildlich verständlich zu machen. Es ist für uns aber nicht möglich, mit unserem Intellekt eine Vorstellung von physikalischen Begriffen, wie Raumzeit, gekrümmter Raum, Raum ohne Zeit etc. zu bekommen. Das sind Begriffe, die in der vierten Dimension eine Rolle spielen; wir können aber nur drei Dimensionen begreifen. Wissenschaftler berechnen das zwar, aber auch sie können es sich nicht vorstellen.

Paul Davies sieht es wie folgt: „Trotz des aufsehenerregenden Erfolgs der modernen Naturwissenschaft wäre die Annahme töricht, die Grundfrage nach der Existenz Gottes, dem Zweck des Universums oder der Rolle des Menschen im natürlichen und übernatürlichen Weltenplan, seien durch diese Fortschritte beantwortet worden."[22]

Und weiter: „Das Gehirn ist das Medium, durch das sich der menschliche Geist ausdrückt. In ähnlicher Weise wäre das gesamte physikalische Universum das Medium, durch das sich der Geist eines natürlichen Gottes ausdrückt."[23]

So lässt sich die Frage nach der Endlichkeit oder Unendlichkeit des Universums derzeit wissenschaftlich nicht konkret beantworten, wohl aber, dass es eines intelligenten Geistes oder Gottes bedarf, der unabhängig von der Materie, außerhalb von Zeit und Raum existiert, um das Universum hervorzubringen und zu erhalten. Das Problem ist hier der für uns nicht fassbare Begriff „Ewigkeit". Es gibt keine Möglichkeit, diesen zeitlosen Zustand Gottes intellektuell zu verstehen. Die Fragen: „Woher kommt Gott? Wer hat ihn erschaffen?" sind daher für uns verstandesmäßig unlösbar.

Doch offensichtlich muss es einen ewig bestehenden Urgrund des Seins geben, aus dem die zeitlich gebundene Materie hervorgegangen ist. Zeitliche Existenz benötigt als Grundlage eine zeitlose Existenz.

Da nichts aus dem Nichts heraus entstehen kann, muss es etwas geben, das immer da war und immer sein wird, außerhalb unserer an Zeit und Raum gebundenen Welt. Ewigkeit ist daher nicht im Sinne eines unendlichen währenden Zeitablaufes zu verstehen, sondern als „zeitlose Gegenwart".

Anton Zeilinger, der renommierte österreichische Physiker, der aufgrund seiner medienwirksamen Experimente zur Quantenteleportation oder, anders ausgedrückt, des „Beamens" von Quanten, den Spitznamen „Mr. Beam" trägt, sagte zu dem Verhältnis von Gott und der Welt in einem Interview: „Gott kann man sehen als ein Wesen, das außerhalb von Raum und Zeit existiert. D. h. diese Vorstellung, dass, falls es einen Urknall gegeben hat, vorher Gott da war, und dieser jetzt sagt: ‚So jetzt ist mir fad, jetzt wollen wir ein Universum haben', das ist unglaublich naiv. D. h. der Schöpfer einer Welt, wie wir sie erleben, der Schöpfer unserer Welt, muss nicht *vor* der Welt existiert haben. Er ist außerhalb von Raum und Zeit. D. h. auch wenn das Universum unendlich lange existiert hat, kann es trotzdem einen Schöpfer des Universums geben."[24]

Wenn nun Geist und Materie eins sind und damit ewig, existieren auch wir ewig! Wie können wir uns dieses ewige Leben, oder das Leben nach dem körperlichen Tod vorstellen?

6.Kapitel

Leben nach dem Tode, Jenseits

Wenn wir von einer Wohnung in eine andere umziehen, wenn wir die vertraute Umgebung in eine neue, unbekannte eintauschen, erkunden wir diese vorher so gut wir es vermögen.

Der Übergang beim Tode vom Diesseits ins Jenseits ist ähnlich zu betrachten. Daher sollte man hier nicht aus Angst vor dem Unbekannten den Kopf in den Sand stecken. Vielmehr sollte man die Sache offensiv angehen und versuchen, möglichst viel über dieses neue „Heim", das auf jeden von uns unausweichlich wartet, zu erfahren.

Wenn diejenigen, die immer sagen: „Nach dem Tode ist ohnehin alles aus", sich für den Fall eines Falles informieren würden, wie es sein könnte, wenn es doch nicht aus wäre, könnte ihnen dies vielleicht sehr nützlich werden. Wie wir noch sehen werden, gibt es weit mehr Informationen darüber, als man gemeinhin annimmt.

Auf der bereits erwähnten CD, die mir der freundliche Imam in Ägypten in die Hand drückte, ist beschrieben, wie der Islam den Übergang in das Jenseits und das dortige Leben sieht. Hierbei macht er eine Unterscheidung zwischen Gläubigen und Ungläubigen.

Stirbt ein Gläubiger, kommen Engel vom Himmel, ziehen die Seele sanft aus dem Körper heraus, und wickeln sie in ein duftendes Tuch. Die Seele verbleibt dann in ihrem Grab in einem Zwischenraum, dem Barzakh, um den Tag des Gerichtes zu erwarten. Nachdem sie ins Grab gelegt wurde, wird sie von zwei furchterregenden Engeln mit Namen Munkar und Nakier über ihre Religion, Gott und den Propheten befragt. Stellt sich aufgrund ihrer Antworten heraus, dass der Verstorbene gläubiger Muslim war, wird das Grab geräumig gemacht und mit Licht erfüllt. Danach wird ihm für kurze Zeit die Hölle gezeigt, die für ihn vorgesehen wäre, wäre er ein „verfluchter Sünder" gewesen. Fortan sieht die Seele jeden Morgen und jeden Abend durch ein geöffnetes Tor ihren Platz im Paradies, der einmal nach dem Jüngsten Gericht ihre Heim werden wird.[1]

Stirbt dagegen ein Ungläubiger, beispielsweise ein Christ, kommen ebenfalls die beiden Engel an seinen, in der Erde liegenden Sarg, um ihn zu befragen. Wenn er auf die erste Frage: „Wer war dein Gott? ", antwortet: „Jesus Christus", erhält er vom linken Engel einen Schlag, der ihn 70 m weiter in die Erde hinein befördert. Auf die nächste Frage, wer sein Prophet gewesen sei, weiß er keine Antwort, so dass er von dem anderen Engel einen Schlag erhält, der ihn weitere 70 m in die Erde rutschen lässt. Als er bei der dritten Frage zugeben muss, dass er nicht nach seinem Buch, der Bibel, gelebt hat, erhält er von beiden Engeln gleichzeitig einen Schlag der ihn weitere 700 m abwärts schleudert.

Die Engel werfen ihm vor, er hätte an Allah, seine Propheten und seine Bücher glauben sollen, dann wäre er rechtgeleitet gewesen. Danach wird ihm die Hölle gezeigt, deren Anblick ihn bis zum Jüngsten Tag begleiten wird. Erst dann erfolgt das Hauptgericht und die endgültige Bestrafung.[2]

Als „Ungläubiger“ wird hierbei nicht nur ein Christ, der nicht nach seinem Glauben gelebt hat, angesehen, sondern auch ein Muslim, der nicht nach dem Koran gelebt hat.

Wir sehen, die Aussichten für einen Gewohnheitschristen nach seinem Tode sind ziemlich miserabel. Wenn nun ängstliche Naturen aus Sicherheitsgründen zum Islam konvertieren möchten, sollten sie jedoch bedenken, dass nach alter christlicher, zumindest katholischer Tradition, jeder in die Hölle kommt, der von seinem Glauben abfällt. Die Christen leben daher in einer sehr prekären Situation!

Die Muslime allerdings auch. Wie ich in meiner Kindheit, im katholischen Religionsunterricht, noch gelehrt worden bin, kommen alle Andersgläubigen, sogar die Evangelischen, in die Hölle. Wir hatten einen evangelischen Spielkameraden, den wir bemitleideten, weil er in die Hölle kommen musste. Aber unsere gut gemeinten Bekehrungsversuche waren fruchtlos. Er glaubte es uns einfach nicht.

Allerdings habe ich ihn vor kurzem – er ist jetzt im Rentenalter - mit seiner Frau in der katholischen Messe gesehen. Es besteht noch Hoffnung!

Kann es sein, dass Allah seine Gläubigen in den Himmel aufnimmt, während sie der christliche Gott in die Hölle schickt? Sind Allah und Gott zwei verschiedene Götter?

Vor einiger Zeit hatte ich eine dienstliche Besprechung mit einem libanesischen Autohändler. Am Abend dieses Tages war ein Fußballspiel zwischen Iran und Deutschland angesetzt. Er meinte scherzhaft: „Ich bete zu *unserem* Gott, zu Allah, dass unsere muslimischen Brüder heute gewinnen!" Darauf entgegnete ich ein wenig verärgert: „Es gibt keinen mein, dein, unser Gott! Es gibt nur einen Gott! Egal ob er Allah oder Gott heißt. " Darauf erwiderte etwas erschrocken: „Oh ja, habe vergessen, Entschuldigung!"

Ich glaube nicht dass er es vergessen hat. Ihm wurde noch nie gesagt, dass es nur einen Gott gibt. Auch in weiten Teilen des christlichen Bereiches wird Allah als ein anderer Gott angesehen als der christliche.

Für dasselbe, was dieser einfache Autohändler in einer Sekunde verstanden hat, brauchten Theologen Jahrhunderte. Und manche haben es bis heute noch nicht begriffen.

Nebenbei gesagt: Ist Ihnen eigentlich schon einmal aufgefallen, dass das Wort "Allah" als Bezeichnung für das höchste, allumfassende Wesen, ausdrucksvoller klingt, als das etwas trockene Wort "Gott"?

Was wird im Christentum über das Leben nach dem Tode gesagt? Die Aussagen der Bibel sind widersprüchlich. Es heißt zum einen, dass der Mensch nach dem Tode, je nachdem, wie er gelebt hat, in den Himmel, das Fegefeuer oder in die Hölle kommt. Von Himmel und Hölle wird gesagt, dass sie ewig dauern.

Andererseits heißt es, ähnlich wie im Islam, dass die Toten im Grabe ruhen und auf das Gericht am Jüngsten Tag warten. Erst dann werden „die Schafe von den Böcken geschieden", wobei es hier zur Auswahl nur Himmel und Hölle gibt.

Es sind zwei Versionen, die man nicht in Übereinstimmung bringen kann. Vielleicht wäre es an der Zeit, nach zwei Jahrtausenden christlicher Glaubenslehre, wenn man sich mal für eine Version entscheiden würde.

Im japanischen Buddhismus kommt der Verstorbene, sofern er nicht den Eintritt ins Nirwana erlangt hat, vor den unerbittlichen Totenrichter Enma. Dieser entscheidet aufgrund des Lebens des Hingeschiedenen, was mit ihm geschehen soll. Ähnlich wie im Christentum und im Islam gibt es auch hier die Vorstellung vom Paradies bis hinunter zur tiefsten Hölle. Allerdings ist keiner dieser Zustände ewig, sondern es sind nur Abschnitte im Kreislauf der Wiedergeburten. Dieses „Rad des Lebens", wie Buddha sagt, endet erst mit dem Eintritt ins Nirwana.

Im indischen Hinduismus verhält es sich ähnlich. Eine Person mit gutem Karma gelangt in den Himmel, der jedoch ebenfalls nur vorübergehend währt. In den Mythen werden auch verschiedene Höllen für Übeltäter beschrieben. Doch keine noch so schwere Verfehlung kann ewige Wirkung haben. Der Mensch kommt immer wieder auf die Erde zurück, und der Kreislauf von Geburt, Tod und Wiedergeburt geht weiter bis zur Erlösung – Moksha genannt.

Wie ist es nun tatsächlich im Jenseits? Entsprechen diese religiösen Vorstellungen den Tatsachen? Vielleicht sollten wir zur Klärung dieser Frage einmal schauen, ob es konkrete Erfahrungen mit dem Jenseits gibt.

Man bekommt hier allerdings meist die stereotype Antwort: „Darüber kann man nichts wissen. Es ist noch keiner zurückgekommen."

Ist das wirklich so?

Nicht lange, bevor ich dieses Buch zu schreiben begann, arbeitete ich an unserer Grundstücksgrenze an einer Mauer. Die Natursteine, die ich verwendete, waren sehr unregelmäßig, und so zog sich die Arbeit einige Tage hin. Ab und zu kam ich mit einer Frau ins Gespräch, die hin und wieder vorbeikam. Meist waren es nur belanglose Freundlichkeiten. Eines Tages jedoch kamen wir aus aktuellem Anlass auf das Sterben und das Jenseits zu sprechen.

Ich hatte die Meinung geäußert, dass ich es für unvernünftig halte, schwerstkranke Menschen mit allen möglichen medizinischen Mitteln und Apparaten am Leben zu halten und das Sterben so weit wie möglich hinauszuzögern. Vor allem, wenn man davon ausgeht, dass es ein Leben nach dem Tode gibt und ein Schwerkranker im Jenseits ohne den hinfälligen Körper von seinem Leiden befreit ist.

Sie meinte daraufhin, wie üblich: „Wer weiß das schon, es ist noch keiner zurückgekommen!“ Ich erwiderte etwas trotzig: „Doch, es sind schon einige zurückgekommen und haben davon erzählt.“

Sie schaute mich ungläubig an. So erzählte ich ihr von Nahtoderfahrungen und erwähnte einige Bücher, die diese beschreiben. Menschen, die infolge eines Unfalles oder einer Operation einen Herzstillstand erleiden, erleben manchmal, wie ihr Geistkörper aus dem stofflichen Körper austritt und bis an die Grenzen des Jenseits gelangt.

Daraufhin wurde sie auf einmal sehr ernst und meinte: „Ich muss Ihnen etwas erzählen. Vor einigen Jahren starb mein Mann. Ich war sehr traurig darüber und weinte viel. Eines Abends saß ich allein vor dem Fernseher, als plötzlich die Türe aufging und mein verstorbener Mann hereintrat. Er sagte zu mir, ich solle nicht mehr weinen. Es gehe ihm gut und er würde mir helfen, wenn ich Schwierigkeiten hätte. Dann ging er wieder hinaus und schloss die Tür hinter sich. Ich war so überrascht, dass ich gar nicht reagieren konnte. Ich kann mir diese ganze Sache bis heute nicht erklären. Aber ich weiß, dass ich ihn gesehen habe.“

Als sie das erzählte, hatte sie Tränen in den Augen.

Es ist oft so, dass die Menschen bei solchen Themen aus Angst davor, verspottet zu werden, die skeptische Seite hervorkehren. Sobald man aber mit ihnen tiefer ins Gespräch kommt und auch von sich selbst etwas preisgibt, erfährt man manchmal von erstaunlichen Erlebnissen.

Ein anderes Erlebnis in meinem Umfeld:

Vor ein paar Jahren wohnte bei uns für sieben Monate eine japanische Austauschstudentin. Ikuko schlief im Raum neben unserem Schlafzimmer. Eines Nachts erwachte ich durch ein lautes Fallgeräusch, das aus ihrem Zimmer kam. Ich schaute auf die Uhr. Es war 4:00 Uhr morgens. Da ich aber weiter nichts mehr hörte, schlief ich wieder ein.

Nachdem ich aufgestanden war, klingelte um 6:00 Uhr früh das Telefon. Am anderen Ende der Leitung war der Vater von Ikuko, der diese zu sprechen wünschte. Ich fuhr danach zur Arbeit, so dass ich von dem Telefongespräch nichts mitbekam.

Als wir am Abend beim Essen zusammensaßen, erzählte uns Ikuko, dass der Vater ihr die Nachricht vom Tod ihres geliebten Opas überbracht hatte. Weiterhin erzählte sie, sie wäre in der Nacht aufgewacht, weil sie auf ihren Händen die Hand ihres Opas gespürt hätte. Sie wäre daraufhin wie gelähmt gewesen und konnte sich eine Zeit lang nicht bewegen. Als der Druck von der Hand des Opas verschwand, versuchte sie hastig die Nachttischlampe zu erreichen. Dabei schlug sie mit der Hand den Wecker auf den Parkettboden. Dies war der Knall, durch den ich aufgewacht war.

Bei einer Steuerprüfung erzählte mir vor Jahren die Betriebsinhaberin, die ein Herzleiden hatte, dass sie während des Krieges eines Nachts aufstand, um zur Toilette zu gehen. Als sie in den Flur kam, stand dort ihr Vater im Soldatenmantel, der zu der Zeit auf dem Feldzug in Russland war. Er blickte sie ernst und traurig an. Sie erschrak derart, dass sie einen Herzanfall bekam, von dem auch ihr Leiden herrührte. Später kam die Nachricht, dass er zu diesem Zeitpunkt gefallen war.

Ich könnte hier noch ähnliche Geschichten anfügen, aus meinem eigenen Umfeld, oder auch welche, die mir erzählt wurden. Aber ich weiß, dass viele Menschen selbst solche Erlebnisse hatten oder von ihnen gehört haben. Auch gibt es eine Menge Literatur darüber.

Nahtoderfahrungen

Was hat es nun mit den vorher erwähnten Nahtoderlebnissen auf sich?

Pioniere auf diesem Gebiet waren die Schweizer Ärztin und Sterbeforscherin Dr. Elisabeth Kübler-Ross und der Psychiater Dr. Raymond R. Moody, die bereits Mitte der siebziger Jahre ihre bahnbrechenden Forschungen veröffentlichten.

Kübler-Ross und Moody befragten unabhängig voneinander Patienten, die einen Herzstillstand hatten und dokumentierten deren Erfahrungen. Diese waren zwar bei jedem unterschiedlich, liefen aber meist nach einem gewissen Schema ab.

Dr. Moody fasste die Gemeinsamkeiten wie folgt zusammen: „Ein

Mensch liegt im Sterben. Während seine körperliche Bedrängnis sich ihrem Höhepunkt nähert, hörte er, wie der Arzt ihn für tot erklärt. Mit einem Mal nimmt er ein unangenehmes Geräusch wahr, ein durchdringendes Läuten oder Brummen, und zugleich hat er das Gefühl, dass er sich sehr rasch durch einen langen, dunklen Tunnel bewegt. Danach befindet er sich plötzlich außerhalb seines Körpers, jedoch in derselben Umgebung wie zuvor. Als ob er ein Beobachter wäre, blickt er nun aus einiger Entfernung auf seinen eigenen Körper. In seinen Gefühlen zutiefst aufgewühlt, wohnt er von diesem seltsamen Beobachtungsposten aus den Wiederbelebungsversuchen bei.

Nach einiger Zeit fängt er sich und beginnt sich immer mehr an seinen merkwürdigen Zustand zu gewöhnen. Wie er entdeckt, besitzt er noch immer einen ‚Körper', der sich jedoch sowohl seiner Beschaffenheit als auch seinen Fähigkeiten nach wesentlich von dem physischen Körper, den er zurückgelassen hat, unterscheidet.

Bald kommt es zu neuen Ereignissen. Andere Wesen nähern sich dem Sterbenden, um ihn zu begrüßen und ihm zu helfen. Er erblickt die Geistwesen bereits verstorbener Verwandter und Freunde und ein Liebe und Wärme ausstrahlendes Wesen, wie er es noch nie gesehen hat, ein Lichtwesen, erscheint vor ihm. Dieses Wesen richtet – ohne Worte zu gebrauchen – eine Frage an ihn, die ihn dazu bewegen soll, sein Leben als Ganzes zu bewerten. Es hilft ihm dabei, indem es das Panorama der wichtigsten Stationen seines Lebens in einer blitzschnellen Rückschau an ihm vorüberziehen lässt.

Einmal scheint es dem Sterbenden, als ob er sich einer Art Schranke oder Grenze nähere, die offenbar die Scheidelinie zwischen dem irdischen und dem folgenden Leben darstellt. Dort wird ihm klar, dass er zur Erde zurückkehren muss, da der Zeitpunkt seines Todes noch nicht gekommen ist.

Er sträubt sich dagegen, denn seine Erfahrungen mit dem jenseitigen Leben haben ihn so sehr gefangen genommen, dass er nun nicht mehr umkehren möchte. Er ist von überwältigenden Gefühlen der Freude, der Liebe und des Friedens erfüllt. Trotz seines Inneren Widerstandes – und ohne zu wissen wie – vereinigt er sich dennoch wieder mit seinem physi-

schen Körper und lebt weiter.“[3]
Im Allgemeinen haben Menschen, die dies erlebt haben, die Angst vor dem Tode verloren. Viele ändern ihr Leben zum Besseren. Manche machen jedoch auch negative Erfahrungen. Sie finden sich in einem düsteren, traurigen Warteraum wieder, einer Art Fegefeuer, in dem die Verstorbenen zum Eintritt in höhere Sphären geläutert werden. Andere erhalten auch Einblick in die Hölle, in der nur Hass und Feindschaft herrscht. Die Wesen dort quälen sich gegenseitig. Sie machen sich „das Leben zur Hölle“. Die Berichte darüber sind unterschiedlich, aber teilweise noch schrecklicher als in dem beschriebenen islamischen Szenario.

Es gibt mittlerweile eine Fülle von Büchern und Berichten im Internet über dieses Thema, so dass es nicht notwendig ist, dies hier erschöpfend darzustellen. Mittlerweile sind zigtausende Menschen, die einen Herzstillstand hatten, nach eventuellen Nahtoderfahrungen befragt worden.

Natürliche Erklärungsversuche wie zum Beispiel Halluzination hervorgerufen durch Sauerstoffmangel oder Ausschüttung von Endorphinen im Gehirn etc. laufen ins Leere, da die Berichte der wieder ins Leben Zurückgekehrten zu genau, zu detailliert sind. Auch stimmen sie, wie beschrieben, in vielen Teilen mit den Erfahrungen anderer überein. Halluzinationen sind normalerweise wirr und durcheinander.

Vor allem kann dies keine Erklärung sein, wenn Ereignisse berichtet werden, die von dem leblosen Körper unmöglich hätten wahrgenommen werden können. So hatte zum Beispiel ein Patient, der während der OP aus seinem Körper ausgetreten war, die Krankenschwester dabei beobachtet, wie sie sein Gebiss im Nebenraum in eine Schublade legte. Als sie dieses nach der Operation nicht mehr finden konnte, benannte er ihr den Ort, wo sie es hingelegt hatte.

Solche Berichte, in denen Patienten nach der Operation erzählten, was in Nebenräumen geschah, oder was ihre wartenden Angehörigen während der Zeit taten, gibt es etliche. Am Überzeugendsten aber sind Berichte von Blinden, die, nachdem sie reanimiert worden sind, den Ort und die Personen in allen Details und Farben beschreiben konnten. Offensichtlich konnten sie in ihrem Geistkörper wieder sehen.

In Deutschland und in den USA hatten etwa 5 % der Menschen eine Nahtoderfahrung. Von denen, die einen Herzstillstand erleiden, berichten etwa 30 % der Erwachsenen und 60 % der Kinder von außerkörperlichen Erfahrungen.

Wenn Sie mehr über Nahtoderfahrungen wissen möchten, kann ich Sie auf das Buch von Dr. Jeffrey Long, Facharzt für Radioonkologie, mit dem Titel „Beweise für ein Leben nach dem Tod. Die umfassende Dokumentation von Nahtoderfahrungen aus der ganzen Welt“ (Goldmann ARKANA) hinweisen.

Besonders eindrucksvoll ist die Website, die Jody und Jeffrey Long unter www.nderf.org, eingerichtet haben. Hier berichten Menschen aus aller Welt über ihre Erfahrungen am Rande des Todes.[4]

Ich weiß nicht, ob alle diese Geschichten wirklich erlebt sind. Es gibt auch Menschen mit großer Fantasie, die sich so etwas ausdenken. Wenn sie sich jedoch mit der Gesamtheit der Erfahrungen beschäftigen, werden Sie viele glaubwürdige Schilderungen entdecken.

Aber nicht immer bewegen sich die Menschen nach dem Tode ins Jenseits. Manche hängen so sehr an ihrer gewohnten Umgebung und wollen oder können sich nicht von ihr trennen. Zu allen Zeiten und an allen Orten gab es Erzählungen von solchen „unerlösten Geistern“. Im Internet fand ich folgenden, interessanten Artikel:

„Quantenphysik: Die Seele existiert auch nach dem Tod

Gewöhnlich nur im engsten Freundeskreis berichtet der amerikanische Chemiker James Grant, der mehrere Jahre in Deutschland an einem Max-Planck-Institut tätig war, über ein sonderbares Erlebnis während seines Studiums,... Kurz nach dem Einzug in seine Studentenwohnung sei er eines Nachts aufgewacht und habe in seinem Zimmer im Schein einer Straßenlaterne einen jungen Mann mit schwarzem lockigem Haar bemerkt. Er habe sich furchtbar erschreckt und dem vermeintlichen Nachbarn gesagt, dass er sich wohl im Zimmer geirrt habe. Doch dieser habe überhaupt nicht reagiert, sondern ihn nur tief traurig angeschaut. Nach dem Einschalten des Lichtes sei die Gestalt nicht mehr wahrnehmbar gewesen. ‚Da ich mir absolut sicher war, dass ich nicht geträumt hatte, erzählte ich am nächsten Morgen der Heimleiterin von der seltsamen Begegnung und beschrieb ihr genau, wie der junge Mann ausgesehen hat', berichtet Grant. Daraufhin habe diese kurz im Archiv gesucht und ihm ein Foto gezeigt, auf dem er sofort den jungen Mann erkannt habe.

Das schier Unglaubliche beschreibt Grant wie folgt: ‚Als ich sie fragte, um wen es sich handele, erwiderte sie mit bebender Stimme, dass es mein Vormieter gewesen sei, der sich kurz zuvor das Leben genommen habe.'

Diese Geschichte klingt nach Halluzination oder Esoterik. Immerhin: Die Quelle ist ein vertrauenswürdiger Naturwissenschaftler."[5]

Aus meinem persönlichen Umfeld kann ich noch ein anderes Geistererlebnis berichten.

Vor ein paar Jahren traf ich mich mit einem meiner Cousins im Allgäu zum Skifahren. Er arbeitete zu der Zeit in Österreich, fernab von seiner Familie und hatte dort bei einem Ehepaar ein Zimmer gemietet. Als wir eines Abends beisammen saßen, merkte ich, dass ihn etwas bedrückte. Langsam kam es aus ihm heraus: „Ich muss dir etwas erzählen. Was hältst Du davon? Der Ehemann meiner Vermieterin war schwer krank. Vor ein paar Wochen stieg er auf den gegenüberliegenden Berg und stürzte sich die Felswand hinab. Einige Tage nach seiner Beerdigung hörte ich plötzlich im Flur, vor meinem Zimmer, ein Stöhnen und Jammern. Ich dachte, es wäre etwas mit der Vermieterin, und schaute nach, konnte aber niemanden sehen. Seitdem wiederholt sich das immer wieder. Es ist ganz deutlich zu hören. Aber ich kann nie jemanden sehen. Als ich meine Vermieterin darauf ansprach, schaute sie mich nur verstört an und wollte nichts davon wissen."

Mein Cousin wohnte noch etwa ein Jahr in diesem Haus und wurde in der Zeit verschiedene Male von seiner Frau und seinen zwei erwachsenen Töchtern besucht. Diese bestätigten mir, unabhängig voneinander, dass sie dieses Stöhnen und Jammern ebenfalls gehört hatten.

Manchmal versuchen Verstorbene auch, nochmal einen fleischlichen Körper zu erhalten, um ihre persönlichen Süchte und Bedürfnisse zu befriedigen. Zu diesem Zweck dringen sie in den Körper vorzugsweise solcher Menschen ein, die einen schwachen Willen haben.

Wie verhält sich das und woher kann man das wissen?

Besessenheit

„Meister, ich habe meinen Sohn zu dir gebracht, der von einem stummen Geist besessen ist. Und wenn der ihn packt, reißt er ihn hin und her, so dass er schäumt und mit den Zähnen knirscht und ganz starr wird. Ich sagte deinen Jüngern, sie möchten ihn austreiben, aber sie vermochten es nicht." Da erwiderte er ihnen: „ Bringt ihn her zu mir." Und sie brachten ihn zu ihm.

Sobald aber der Geist ihn erblickte, riss und zerrte er ihn hin und her, so dass er zu Boden stürzte und sich schäumend herumwälzte. Und er fragte seinen Vater: „Wie lange schon widerfährt ihm das?" Der antwortete: „Von Kindheit an. Oft hat er ihn sogar schon ins Feuer und ins Wasser geworfen, um ihn umzubringen. Aber wenn du etwas vermagst, so hab Erbarmen mit uns und hilf uns."

Jesus aber sprach zu ihm: „Wenn du etwas vermagst? Alles ist dem möglich, der glaubt." Sofort rief der Vater des Knaben laut: „Ich glaube; hilf meinem Unglauben!" Als Jesus sah, dass das Volk zusammenlief, herrschte er den unreinen Geist an mit den Worten: „Du stummer und tauber Geist, ich befehle dir, fahre aus von ihm und kehre nie mehr in ihn zurück." Da schrie er auf, zerrte ihn heftig hin und her und fuhr aus. Und (der Knabe) war wie tot, so dass die meisten sagten: „Er ist gestorben." Jesus aber ergriff ihn bei der Hand und richtete ihn auf; und er stand auf. (Bibel, Markus 9, 17 bis 27)

Sie werden sich vielleicht fragen, wieso ich diese alte Geschichte aus der Bibel anführe, wo man doch sowieso weiß, dass es keine Besessenheit gibt. „Heute weiß man doch, dass dies normale Krankheiten waren, die von den ungebildeten Leuten damals irgendwelchen Geistern zugeschrieben wurden."

Ist es wirklich so einfach? Waren die Menschen damals, auch Jesus, wirklich so unwissend?

Der Psychiater und Erforscher des Paranormalen Dr. Carl Wickland lebte von 1861 –1945. Im Jahre 1909 wurde er leitender Psychiater des National Psychological Institute von Chicago. 1918 gründete er in Los Angeles ein Institut für psychologische Forschung. Dieses verfügte über eine Heilanstalt, in der bis zu zehn Patienten behandelt werden konnten.

Worin bestand nun die Besonderheit seiner Arbeit?

Dr. Wickland ging davon aus, dass viele Krankheiten durch Besessenheitsgeister hervorgerufen werden. Er entwickelte hierfür eine ganz eigene Behandlungsmethode. Wie er in seinem Buch mit dem Titel, „Dreißig Jahre unter den Toten" beschreibt, wurde zunächst der Rücken des Kranken einer starken Elektromassage unterzogen, die zwar für den Kranken erträglich war, für den Besessenheitsgeist jedoch wie Feuer wirkte. Auf diese Weise wurde dieser gezwungen, aus dem Patienten auszufahren. Danach nahmen ihn jenseitige Helfer in Empfang.

Mrs. Wickland, die Ehefrau, war ein Medium. Das heißt, sie konnte sich in Trance versetzen. Ein Zustand ähnlich wie im Tiefschlaf oder in Bewusstlosigkeit. Der Geist des oder der Verstorbenen wurde dann von den jenseitigen Helfern in ihren Körper geführt, nachdem sie sich in Trance hatte fallen lassen. Durch diesen konnte dann der Geist mit Dr. Wickland und seinen Mitarbeitern reden. Diese saßen zusammen vor dem Medium und verwickelten ihn in ein Gespräch. Das genannte Buch besteht zum größten Teil aus den Mitschriften dieser Gespräche.

Aus diesen ergibt sich, dass diese Verstorbenen ihren Tod meistens noch nicht realisiert hatten. Sie lebten oft jahrzehntelang wie in einer Traumwelt und hängten sich mal an diesen und mal an jenen Menschen. Das Hauptproblem bei diesen Gesprächen war, ihnen beizubringen, dass sie verstorben waren. Wenn sie dies verstanden hatten und guten Willens waren, wurden sie von den jenseitigen Helfern oder auch von ihren verstorbenen Verwandten in Empfang genommen und in die jenseitige Welt geführt. Bösartige und Uneinsichtige wurden ebenfalls von den jenseitigen Helfern mitgenommen, und dann in eine Art Gefängnis gesperrt. Dort sollten sie zur Einsicht gebracht werden. Auf diese Weise wurde verhindert, dass sie sich erneut an Menschen hängen konnten.

Dr. Wickland und seine Helfer konnten sich mit den jenseitigen Helfern ebenfalls durch das Medium Mrs. Wickland verständigen.

Ich kann mir vorstellen, dass diese Schilderung bei vielen Lesern auf allergrößte Skepsis stößt. Diese Vorgänge werden jedoch in dem genannten Buch logisch und überzeugend geschildert. Lassen wir Dr. Wickland selbst sprechen:

„Aus einer Patientin, Frau A.,…, wurden dreizehn verschiedene Geister ausgetrieben (mittels Elektroschock, der Verfasser) und ihnen erlaubt, sich durch meine Frau kund zu tun. Sieben von diesen wurden von der Mutter der Patientin, Frau H. W., als Verwandte und Freunde wiedererkannt, die sie bei ihren Lebzeiten gut gekannt hatte.

Der eine war ein Geistlicher, früherer Pastor an der Methodistenkirche, deren Mitglied Frau H. W. Ist. Er war bei einem Eisenbahnunglück vor neun Jahren ums Leben gekommen, war sich dieser Tatsache aber immer noch nicht bewusst. Ein anderer Geist war ihre Schwägerin. Dann weiter noch drei weitere Frauen, langjährige Freundinnen der Familie, ferner ein Nachbarssohn, die Schwiegermutter der Patientin, alles völlig Unbekannte für meine Frau.

Frau H. W. unterhielt sich lange und ausführlich mit jedem einzelnen von ihnen, während sie durch meine Frau sprachen. Unzählige Angaben und Behauptungen dieser Geister konnte sie als zutreffend bestätigen und half eifrig mit, ihnen begreiflich zu machen, welche Wandlung mit ihnen vor sich gegangen und wie sie ihre Tochter besessen gemacht. Diese Patientin ist jetzt völlig gesund. Sie treibt Musik und kann wieder allen Anforderungen gerecht werden, welche das Familien- und Gesellschaftsleben an sie stellt."[6]

„In 30 Jahren unermüdlicher Forschung im Verkehr mit Verstorbenen haben wir so viel Aufsehenerregendes erlebt und erfahren, dass es einem geradezu unglaublich erscheint, dass vernünftig denkende Menschen, nur weil ihr Denken ganz andere Wege ging, so lange achtlos an diesen einfachen Tatsachen vorübergehen konnten, die sich doch so leicht nachprüfen und bestätigen lassen! Täuschung oder Betrug liegen bei unseren Sitzungen außerhalb jeder Möglichkeit. Es werden fremde Sprachen gesprochen, die meiner Frau völlig unbekannt sind. (…) Dagegen ließ sich immer und immer wieder feststellen, wen wir in dem sich kundgebenden Geiste vor uns hatten,… Einmal hatte ich Gelegenheit, mich mit 21 verschiedenen Geistern zu unterhalten, welche alle durch meine Frau sprachen; die Mehrzahl gab mir befriedigende Beweise dafür, dass sie bestimmte Freunde und Verwandte waren, die ich während ihres Erdenlebens gekannt hatte. Im Ganzen sprachen sie sechs verschiedene Sprachen, während meine Frau nur Schwedisch und Englisch spricht."[7]

„Jeder Versuch, unsere Erlebnisse nach der bekannten Lehre vom Unterbewusstsein als ‚Autosuggestion' oder als mehrfache ‚Persönlichkeits-Spaltung' zu erklären, wäre unhaltbar. Denn erstens ist es doch offenbar nicht gut möglich, dass meine Frau an die tausend Persönlichkeiten haben sollte. Und dann ist es ja mit Leichtigkeit möglich, den krankhaften Seelenzustand von der angeblich geisteskranken Person auf meine Frau zu übertragen, wodurch gleichzeitig in dem Patienten die krankhaften Erscheinungen zum Verschwinden gebracht werden. Auf diese Weise kommt ja gerade deutlich zutage, dass diese Störung von den entkörperten Geistwesen verursacht wurde, deren Persönlichkeit oft genug einwandfrei festzustellen ist."[8]

Dr. Carl Wickland mit Ehefrau

Erstaunlich ist, dass eine elektrische Behandlung, ähnlich wie die Dr. Wicklands, bei Patienten mit wahnhaften Ideen oder Schizophrenie auch in der heutigen psychiatrischen Behandlung angewandt wird und gute Erfolge erzielt. In Wikipedia ist zu lesen:

„Der Wirkmechanismus der Elektrokrampftherapie (Verabreichung von elektrischem Strom am Schädel des narkotisierten Patienten, der Verfasser.) ist bis heute nicht geklärt. (…) Bestimmte psychiatrische Symptome wie Wahn, Depressivität, insbesondere schwere depressive Hemmung, und andere reduzieren sich nach einer Reihe solcher Anwendungen deutlich, oder verschwinden ganz. Man vermutet, dass durch die Auslösung der unkontrollierten elektrischen Entladungen im Gehirn der Stoffwechsel der Neurotransmitter und Hormone so beeinflusst wird, dass es zu einer Neuorganisation (eine Art Reset) im Nervensystem kommt.“[9]

Die Wirkung der Elektrobehandlung ist jedoch leicht erklärbar, wenn man davon ausgeht, dass hierbei Besessenheitsgeister ausgetrieben werden. Die Persönlichkeitsspaltung bei Schizophrenie löst sich auf, da die „gespaltene Persönlichkeit“, also der Besessenheitsgeist, verschwunden ist. Da die medizinische Wissenschaft jedoch die Möglichkeit körperloser Geister weit von sich weist, wird sie wohl so schnell keine Erklärung für solche Heilungen finden.

Bevorzugte Opfer für solche Geister sind willensschwache Menschen. Es besteht daher immer die Gefahr eines Rückfalls, d. h. einer erneuten Besessenheit durch dieselben oder andere Geister.

Bereits Jesus wies darauf hin, wenn er sagt: „Wenn aber der unreine Geist von dem Menschen ausgefahren ist, schweift er durch wasserlose Gegenden, sucht einen Ruheplatz und findet ihn nicht. Dann sagt er: ‚Ich will in mein Haus zurückkehren, das ich verlassen habe.‘ Und er kommt, findet es leer gefegt und geschmückt. Dann geht er hin und nimmt sieben andere Geister mit sich, die noch schlimmer sind als er, und sie ziehen ein und wohnen darin. Und die letzten Dinge jenes Menschen werden ärger sein als die ersten.“ (Bibel, Matthäus 12, 43-45)

Von Seiten der katholischen Kirche werden seit jeher Besessenheitsgeister mittels des sogenannten Exorzismus ausgetrieben. Diese werden jedoch als höllische Wesen, als Teufel, angesehen. Daher die Bezeichnung Teufelsaustreibung. Ich halte dies angesichts der Erkenntnisse Dr. Wicklands für einen Irrtum. Auch im Neuen Testament wird nicht vom Teufel gesprochen, sondern von einem „unreinen Geist“ oder von Dämonen. Diese Bezeichnung stammt vom griechischen Wort Daimon ab. Ursprünglich bezog sich dies auf den Geist eines Verstorbenen.

Um die schrecklichen Ausbrüche und Schreie bei einer solchen „Teufelsaustreibung“ zu erklären, braucht man keinen Teufel. Auch bösartige menschliche Geister können sich derart gebärden. Vor allem wenn sie angebunden sind und mit Weihwasser besprengt werden.

Es wäre vielleicht ein Fortschritt, wenn die kirchlichen Exorzisten sich mit der Methode Dr. Wicklands beschäftigen würden, zumal es bei den Exorzismen oft zu schweren Schädigungen des Patienten kommt.

Die Methode der Geistaustreibung wird auch in anderen Kulturen praktiziert. Ein brasilianischer Bekannter erzählte mir, dass er als Kind gesundheitliche Schwierigkeiten hatte. Seine Eltern, obwohl katholischen Glaubens, brachten ihn daher zu einem animistischen Heiler. Dieser sah den Geist eines kleinen Jungen in ihm. Nachdem er Kontakt zu diesem aufgenommen hatte, brachte er ihn durch gutes Zureden dazu, den Körper meines Bekannten zu verlassen. Ab diesem Zeitpunkt waren dessen Probleme verschwunden und sind nie wieder zurückgekehrt.

Jenseits – Ewigkeit

Was erwartet uns nun, wenn wir einmal unseren Körper verlassen müssen?

Wenn wir es recht überlegen, *gehen* wir nicht in eine jenseitige Welt. Erinnern Sie sich an das erste Kapitel. Dort ist aufgezeigt, dass wir in einer „Vorstellungswelt“ leben. Das Jenseits ist ebenfalls nur eine Vorstellungswelt. Unser Geist oder Bewusstsein wählt also nur eine andere „Spiele-CD“, oder „Software“, entweder Himmel, Hölle oder Fegefeuer. Wie der Verstorbene das Jenseits erlebt, richtet sich nach dem geistigen Zustand, in dem er gelebt hat und hinübergegangen ist, sowie nach seinem religiös-kulturellen Hintergrund. Er trifft dann in der anderen Welt auf andere Menschen, die dieselbe geistige Vorstellung haben und lebt mit diesen zusammen.

Die vorstehend aufgeführten Berichte und die Vielzahl derer, die hier nicht dargestellt werden konnten, geben uns einen ungefähren Einblick in die jenseitige Welt. Danach dürfte feststehen, dass wir nach dem Tode weiterleben und über unser Leben Rechenschaft ablegen müssen.

Vor ein paar Jahren lag ein Onkel meiner Frau im Sterben. Als wir ihn im Krankenhaus besuchten, fragte er mich mit dramatischer Stimme: „Glaubst du dass es eine ewige Hölle gibt?“ Ich musste spontan lachen, was vielleicht der Situation nicht angemessen war, und erklärte ihm, dass dies nicht möglich sei. Wenn Gott Liebe ist, wie man sagt, und wie es offenbar auch ist, ist es ihm nicht möglich, jemanden auf ewig zu verdammen. Genauso wenig, wie ein liebender Vater seinen missratenen Sohn zur Strafe langsam auf einem Grill rösten würde. Zudem sind wir, was noch darzulegen ist, ein Teil Gottes. Insofern würde er sich selber bestrafen.

Der Onkel bedauerte sehr, sich nicht schon früher mit diesen Fragen beschäftigt zu haben. Aber so geht es vielen Menschen. Wenn sie dann vor dem Ende ihres Lebens stehen, das unweigerlich auf jeden von uns zukommt, finden sie sich in großer Ungewissheit wieder.

Bernadette Roberts, eine amerikanische Mystikerin, legt in ihrem Buch „Jenseits von Ego und Selbst" ihre Meinung zur „Ewigen Verdammnis" wie folgt dar:

„Wie immer wir das Nichts … aus dem wir gemacht sind, interpretieren wollen, wir haben keinen Grund zu der Annahme, dass Gott uns nicht aus sich selbst – … seinem eigenen Bewusstsein – erschaffen habe. (…) Es erzeugt … keinen Konflikt mit relevanten christlichen Glaubenssätzen. (Wenn überhaupt, wäre höchstens die Vorstellung der ewigen Verdammnis betroffen, doch wer braucht die schon? Gott sicher nicht!) Die Idee, dass das Erschaffene im tiefsten Wesen auf ewig von Gott getrennt sei, kauft uns kein Kontemplativer, kein Mystiker ab."[10]

Wir können davon ausgehen, dass die Hölle nur so lange andauert, wie der oder die Betroffene für die innerliche Umkehr zum Guten, zu Gott, benötigt. Am besten konzentrieren wir uns deshalb bereits zu Lebzeiten auf den Himmel. Auch wenn dieser ebenfalls nur vorübergehend ist und wir vielleicht irgendwann – unter veränderten Umständen – auf der Erde wiedergeboren werden. Im nächsten Kapitel über Reinkarnation ist näheres dazu gesagt.

Wenn wir nun Leben um Leben im Diesseits oder Jenseits verbringen, ist es abzusehen, das wir irgendwann einmal die Nase davon voll haben und uns nach einem Zustand außerhalb dieser ständigen Wiederholung sehnen. Das wäre der für uns unbegreifliche Zustand der „Ewigkeit".

Wir wollen trotzdem versuchen, diesen Zustand, dieses „Ewige Leben" näher zu beleuchten.

In den christlichen Religionen ist, wie wir gesehen haben, das glückliche Leben im Himmel das absolut Endgültige. Dort leben wir friedlich mit allen Wesen, ewig glücklich in der Anschauung Gottes. Manche stellen sich vor, dass sie Gott auf seinem Thron im Verein mit den Cherubim und Seraphim ewig preisen.

In der bekannten Kurzgeschichte von Ludwig Thoma „Ein Münchner im Himmel" ist diese Vorstellung auf witzige Art hinterfragt. Dem verstorbenen Münchner, der als Engel Aloysius zum Harfespielen und Hallelujasingen angehalten wird, wird dies alsbald langweilig. Nachdem er seinem Ärger mit „'Luja sog I, Kruzifix Halleluja" Luft gemacht hat, wird er von Petrus nach Rücksprache mit Gott wieder aus dem Himmel entfernt und nach München geschickt. Dort sitzt er wieder glücklich im Hofbräuhaus bei seiner geliebten Maß Bier.

Könnten wir wirklich ewig „leben", indem wir als *handelnde* Personen existieren? Irgendwann würde sich alles wiederholen. Spätestens, wenn es sich ein paar Milliarden Mal wiederholt hätte – wir reden hier von Ewigkeit – würde es uns zum Hals heraushängen. Bei Aloisius war dies schon nach ein paar Stunden der Fall. Ob er allerdings mit seiner Maß dauerhaft glücklich ist, darf man ebenfalls bezweifeln.

Die Vorstellungen vom Jenseits sind, wie wir gesehen haben, recht nebulös. Diejenigen, denen Einblick gewährt worden ist, können es in unserer Sprache nicht verständlich machen. Paulus drückt es so aus: „Kein Auge hat es gesehen und kein Ohr hat es gehört und in keines Menschen Herz ist es gekommen, was Gott denen bereitet hat, die ihn lieben." (Bibel, 1.Kor. 2.9).

Was ist dann Ewigkeit? Mit Sicherheit kein unendlich währender Zeitablauf! Ewigkeit ist außerhalb von Zeit, Raum, Form und Handlungen. Solche Begriffe existieren hier nicht. Was bleibt dann noch? Es bleibt uns nichts, was in unserer materiellen Welt vorhanden ist. Wie wir noch in einem späteren Kapitel sehen werden, muss dieses personifizierte, ewig existierende „Nichts" ein Zustand in *zeitloser Gegenwart* und *Vollkommenheit* sein.

Wenn kein Zeitablauf, also keine Vergangenheit und keine Zukunft existieren, bleibt nur Gegenwart übrig.

Vollkommen muss er deswegen sein, weil nur dadurch gewährleistet ist, dass keine Wünsche entstehen. Wünsche gehen einher mit der Sehnsucht nach Erfüllung in der Zukunft und ziehen dementsprechende Handlungen nach sich. Handlung setzt einen Zeitablauf voraus, wodurch wir wieder im alten Muster wären.

Nun ist nach unseren Begriffen nur Gott vollkommen, und nur er befindet sich außerhalb von Zeit und Raum. Wenn wir also ewig leben wollen, müssen wir folglich diesen göttlichen Zustand erreichen, sonst wird es mit der Zeit unerträglich.

Eine solche Existenz können wir nur abstrakt beschreiben. Vorstellen können wir es uns nicht. Wir können es nur „*erfahren*"!

Im letzten Kapitel über den Sinn des Lebens habe ich versucht, diesen zentralen Aspekt unserer menschlichen Existenz anhand von mystischen Erfahrungen näher zu beleuchten. Was geschieht aber, wenn wir im Jenseits wieder von irdischen Wünschen eingeholt werden. Wenn wir mit jemandem noch eine Rechnung offen haben oder noch Erfahrungen in bestimmten Bereichen machen möchten. Können wir nochmals auf die Erde zurück?

7. Kapitel

Reinkarnation und Karma

Des Menschen Seele gleicht dem Wasser:
Vom Himmel kommt es, zum Himmel steigt es,
und wieder nieder zur Erde muß es, ewig wechselnd.
(Aus Goethes Gedicht „Der Gesang der Geister über den Wassern")

Vor einiger Zeit erzählte mir Marlene, eine Freundin, sie hätte ihre verstorbene Mutter im Traum ganz deutlich gesehen. Die Mutter hätte zu ihr gesagt, sie würde wieder auf die Erde zurückkommen und Marlene solle sie abholen. Diese konnte sich die ganze Sache zunächst nicht erklären. Der Traum war aber so deutlich, dass sie überzeugt war, ihre Mutter sei wirklich da gewesen. Doch was hatte sie gemeint mit „zurückkommen" und „abholen"?

Als ihre Tochter ziemlich genau neun Monate danach einen Jungen zur Welt brachte, vermutete sie, ihre Mutter hätte sich in ihm reinkarniert. Außergewöhnlich war der Gedanke für sie nicht, da sie sich schon seit längerem mit Esoterik und Reinkarnation befasste.

„Träume sind Schäume, man kann sich viel einbilden," werden Sie vielleicht sagen. Aber ist das wirklich so abwegig?

Wissen Sie, welchen Wortstamm unserer Wort „Enkel" hat? Es rührt von dem altgermanischen Ausdruck „en ahn chillin" her. Das bedeutet: Der kleine Ahn. Offensichtlich hatten die Germanen die Vorstellung, eine oder einer der Ahnen würde sich in dem Neugeborenen wiederverkörpern.

Die Lehre von der Wiedergeburt ist fester Bestandteil des Hinduismus und des Buddhismus. Obwohl von den christlichen Kirchen die Reinkarnationslehre als mit dem christlichen Glauben unvereinbar bezeichnet und seit Jahrhunderten bekämpft wird, hat diese Vorstellung auch in christlich geprägten Ländern Einzug gehalten.

In Westeuropa glauben nach verschiedenen Untersuchungen etwa 25 % der Menschen, dass sie früher schon ein oder mehrmals gelebt haben und sich auch künftig wiederverkörpern werden. In den USA wie auch in den ehemals kommunistischen Ländern sind es etwa 27 %, mit steigender Tendenz.

Im Islam spielt der Reinkarnationsglaube im Allgemeinen keine Rolle. Ausnahmen gibt es bei den Sufis, den islamischen Mystikern, bei denen einzelne Gruppierungen, Reinkarnationsvorstellungen nahestehen. Sie berufen sich auf einzelne Stellen im Koran oder auch auf alte Schriften, wie zum Beispiel auf ein Gedicht des persischen Dichters und Sufi-Meisters Dschalal ad-Din ar-Rumi (1207–1273):

„Ich starb als Mineral und wurde Pflanze,
Ich starb als Pflanze und wurde Tier,
Ich starb als Tier und wurde Mensch.
Warum soll ich mich fürchten?
Wann wurd ich weniger durch einen Tod?
Noch einmal werd ich sterben als ein Mensch,
Nur um dann aufzusteigen mit der Engel Segen.
Doch auch vom Engelsdasein muss ich weitergehen ...“
(Auszug aus dem Mathnawi von Rumi)

Was versteht man nun unter Reinkarnation und Karma?

Im Buddhismus und Hinduismus geht man davon aus, die Seele des Individuums verkörpere sich wieder und wieder auf der Erde oder einem anderen Planeten. Hierbei würde sie sich stetig zu höheren Lebensformen bis hin zur Vollendung entwickeln.

Der Buddhismus hat die Vorstellung vom Rad des Lebens, das erst im Zustand des Nirvana zum Stehen kommt. Hier wie auch im Hinduismus gibt es für den Kreislauf der Wiedergeburten die Bezeichnung Samsara.

Moksha bezeichnet im Hinduismus die endgültige Befreiung oder Erlösung und ist ähnlich wie das Nirvana zu verstehen. Nicht nur Menschen, sondern alle Lebewesen reinkarnieren sich demnach.

Man darf dies jedoch nicht so verstehen, als folge nach jedem Tod direkt wieder eine Verkörperung. Nach den meisten Vorstellungen liegt zwischen den Wiederverkörperungen eine längere Zeit, mehrere Jahre oder auch mehrere Jahrhunderte, die die Seele im Jenseits, in Himmel oder Hölle, verbringt.

Nach manchen Vorstellungen kann der Mensch auch als Tier wiedergeboren werden. Andere sind jedoch der Meinung, wenn ein Lebewesen eine bestimmte Entwicklungsstufe erreicht hat, fällt es nur ausnahmsweise wieder in eine niedrigere Lebensform zurück. Allen ist die Vorstellung gemeinsam, diese Lebenszyklen würden der Höherentwicklung des Individuums dienen.

Der damit verbundene Begriff des Karma bedeutet: Alles was ich tue – Gutes wie Schlechtes – sammelt sich in meinem Inneren, auf seelischer Ebene, an. Irgendwann fällt es zu meinem Gunsten oder Ungunsten auf mich zurück. Ähnlich wie Jesus sagt: „Wer das Schwert ergreift, soll durch das Schwert umkommen!“ (Bibel, Matthäus 26,52).

Die damit gemeinte ausgleichende Gerechtigkeit vollzieht sich meist nicht in einer Lebenszeit. Wie oft siegt kurzfristig das Böse in dieser Welt! Wie oft kommen Verbrecher ohne oder mit geringer Strafe davon! Im Christentum bleibt für die Opfer nur die Hoffnung, dass das, was ihnen angetan wurde, im Fegefeuer oder in der Hölle gesühnt werden muss. Nicht selten wird ein Mensch in einer solchen Situation zum Atheisten mit der Begründung: „Wenn es einen gerechten Gott gäbe, hätte er nicht zugelassen, dass mir so etwas zustößt. Es kann daher keinen Gott geben! "

Gehe ich von Reinkarnation und Karma aus, sehe ich alles in einem größeren Zusammenhang. Ein Verbrechen in diesem Leben ist aus dieser Sicht möglicherweise eine Revanche für eine noch schlimmere Tat, die dem Verbrecher in einem früheren Leben zugefügt wurde.

Dies ist jedoch nur *eine* Möglichkeit der Deutung. Da wir keinen Überblick über unsere früheren Leben haben, wissen wir in der Regel nicht, wieso uns dies oder jenes passiert. Wir können aber annehmen, dass es auf irgendeine Weise seinen Sinn hat. Wenn wir Schweres erdulden müssen, kann dies auch eine Art Training für ein späteres Leben sein.

Gibt es nur dieses eine Leben?

Der Schriftsteller William Sommerset Maugham schreibt in seinem Roman „Auf Messers Schneide“: „Ist dir aufgefallen, dass die Seelenwanderung eine unmittelbare Erklärung und Rechtfertigung des Bösen in der Welt bietet? Wenn das Schlechte, unter dem wir leiden, das Ergebnis unserer Sünden ist, die wir in unserem vergangenen Leben begangen haben, so können wir es mit Ergebung und mit Hoffnung ertragen, dass unsere zukünftigen Leben weniger leidvoll sein werden, wenn wir im jetzigen nach Tugend streben.“[2]

Den Verfechtern der Reinkarnationslehre wird des Öfteren vorgeworfen, dass damit eine gewisse Mitleidlosigkeit mit dem Nächsten einhergeht. Wenn jeder in diesem Leben das erntet, was er in früheren Leben gesät hat, ist er auch selbst für sein Unglück in diesem Leben verantwortlich. Oder: Er hat sich sein Glück, seinen Reichtum, selbst verdient und braucht nicht mit anderen zu teilen. Manche würden die Reinkarnationslehre zum Anlass nehmen, jede Verantwortung für den Mitmenschen abzulehnen.

Wenn man das Leben in Indien mit unseren Augen betrachtet, kann man durchaus den Eindruck gewinnen, dass diese Vorwürfe – zumindest zum Teil – berechtigt sind. Dort wurde zwar die christliche Mutter Theresa in einem Staatsbegräbnis beigesetzt; das Problem der Sterbenden, die diese in den Straßen Kalkuttas aufgesammelt hatte, wurde jedoch nicht gelöst. Ebenso sind die Kastenlosen immer noch weitgehend entmündigt.

Obwohl dort im praktischen Leben wohl manches schief läuft – wie übrigens im Christentum auch –, sind das keine Fehler, die dem System immanent sind. Für Buddha ist gerade das „Mitgefühl mit allen lebenden Wesen" einer der wichtigsten Aspekte seiner Lehre.

Von Seiten der Kirche wird eingewandt, der Mensch sei einmalig. Eine wiedergeborene Person wäre ein anderer Mensch, da diese keine Erinnerung an die vorhergehenden Leben hätte. Dieser Einwand stammt aber aus dem Mittelalter, wo man vom Unbewussten noch keine Ahnung hatte. Spätestens seit Siegmund Freud ist dieser Einwand nicht mehr stichhaltig. Trotzdem wird er immer wieder vorgebracht.

Paramahansa Yogananda erklärt dies anhand eines Beispiels: „… nehmen wir einmal an, ein Eskimo aus Alaska erleide eine Kopfverletzung, die Bewusstlosigkeit und Gedächtnisverlust zur Folge hat, und werde zur Behandlung mit dem Zug nach Los Angeles gebracht. Wenn er aufwacht und man ihn fragt, wo er herkomme, würde er antworten: „Ich kann mich nicht erinnern.“ (…) Im Tode fallt ihr in tiefe Bewusstlosigkeit, in der ihr alles vergesst. Doch vergesst ihr wirklich alles? Das ist die Frage. Euer Verstand mag sich nicht erinnern, doch eure Seele kann es.“[3]

Reinkarnation im Christentum

Vergleichen wir einmal die christliche Lehre mit der fernöstlichen Vorstellung von Reinkarnation.

Im Christentum entstehen Leib und Seele des Menschen durch Einwirkung Gottes erstmalig und einmalig im Mutterleib. Normalerweise müsste daher der Mensch bei der Geburt makellos sein, wie ein weißes Blatt Papier. Da er aber bekanntermaßen, sobald er kann, zu sündigen anfängt, musste hierfür eine Erklärung gesucht werden. Die Theologen hingen daher allen Neugeborenen die „Sünde“ des Adam als Erbsünde an.

Die Grundlage für diese Lehre legte Paulus unter anderem durch den Satz: „Durch einen einzigen Menschen kam die Sünde in die Welt und durch die Sünde der Tod, und auf diese Weise gelangte der Tod zu allen Menschen, weil alle sündigten.“ (Bibel, Röm 5,12).

Der hl. Augustinus formulierte die Lehre von der Erbsünde aus. Dabei interpretierte er den obigen Satz von Paulus auf eine etwas eigenartige Weise: „In ihm (Adam) haben alle gesündigt.“ – als wären damals im Paradies alle Menschen in Adam „enthalten“ gewesen.

Diese Vorstellung gilt im Christentum auch heute noch, obwohl die

Kirchen mittlerweile erkannt haben, dass die Genesisgeschichte vom „Sündenfall“ im Paradies sich nicht tatsächlich ereignet hat, sondern eben nur die Vorstellung eines Nomadenvolkes war. Die „Sünde“ Adams hat sich zwar als Legende herausgestellt, die Lehre von der Erbsünde jedoch blieb.

Nach katholischer Lehre wird die Erbsünde mit der Taufe getilgt. Nach der evangelischen Lehre besteht sie trotzdem weiter. Erst Gott kann den Menschen gerecht sprechen.

Wenn Neugeborene sterben, bevor sie getauft werden, können sie nach katholischer Vorstellung aufgrund der Erbsünde nicht in den Himmel und auch nicht in die Hölle kommen. Es gibt für sie einen besonderen Ort, limbus infantium oder auch Vorhölle genannt. Dies ist der Ort für die Seelen der ungetauften Kinder, die nicht zum Vernunftgebrauch gelangten, bevor sie starben. Wie es ihnen dort ergeht, ist umstritten. Sie sind jedoch von der Anschauung Gottes ausgenommen.

Bleibt der Mensch aber am Leben, wird nach einer kürzeren oder längeren Lebenszeit von einer himmlischen Instanz auf alle Ewigkeit über seinen Verbleib entschieden. Entweder kommt er direkt oder auf dem Umweg über das Fegefeuers in den Himmel oder auf kürzestem Weg in die Hölle zur ewigen Verdammnis.

Gott ist nach christlichen Vorstellungen allwissend. Wie kann er dann beispielsweise eine Seele erschaffen, von der er von vornherein weiß, dass sie verdammt wird?

Nach der Lehre des Christentums hat Jesus mit seinem Kreuzestod alle Menschen erlöst. Es hat somit für den Menschen keine besondere Bedeutung, welche Werke er vollbringt. Wichtig ist nur, dass er spätestens zum Zeitpunkt seines Todes an Jesus glaubt. Nur so kann er in den Himmel kommen. Glaubt er nicht, ist es egal, wie er gelebt hat, er wird verdammt.

Dies war über lange Jahrhunderte verbindlicher Glaube. Mittlerweile, im Rahmen der Globalisierung, denkt man da offenbar etwas differenzierter. Aus der Geschichte weiß man, dass dieses Prinzip von manchen Menschen weidlich ausgenutzt wurde: zu einem Leben in Saus und Braus und Ungerechtigkeit gegenüber dem Mitmenschen. Es reichte ja aus, kurz vor dem Tode seinen Glauben an Jesus Christus zu bekunden, um vor der Verdammnis bewahrt zu werden. Wen wundert es, wenn viele Menschen nicht mehr an einen Gott glauben wollen, der so eigenartige Gesetze hat?

Der Philosoph Arthur Schopenhauer (1788 – 1860) vertritt in seinem Werk Parerga und Paralipomena folgende Meinung: „Wenn mich ein Asiate früge, was Europa ist, so müsste ich ihm antworten: Es ist der Weltteil, der gänzlich von dem unerhörten und unglaublichen Wahn besessen ist, dass die Geburt des Menschen sein absoluter Anfang, und er aus dem Nichts hervorgegangen sei."

Ich weiß nicht, wie Sie über die Meinung Schopenhauers denken. Für mich ist die Vorstellung der Entwicklung des Menschen über viele Leben hin zur Vollendung, aus eigener Entscheidung und Verantwortlichkeit, wesentlich sinnvoller, als die Lehre der christlichen Kirchen in diesem Punkt.

Allgemein wird angenommen, dass die Kirche die Lehre von der Wiedergeburt im Konzil von Konstantinopel, 553 n. Chr., verdammt hat. Tatsächlich wurde bereits im Jahre 543 in einem kaiserlichen Edikt die Lehre des Origines von der Präexistenz der Seele verworfen. Der römische Kaiser Justinian und einige kirchliche Obere waren dahinter die treibende Kraft. Die Absicht war, sich gegen gnostische Strömungen durchzusetzen. Allerdings ging es hierbei nur um die Existenz der Seele vor der Geburt und nicht um eine wiederholte Reinkarnation der Seele.

Nummer 1 des Edikts lautete: „Wenn jemand sagt oder meint, die Seelen der Menschen präexistieren, sie seien zuvor Geister und Heilige Kräfte gewesen, haben aber dann – der göttlichen Anschauung überdrüssig – sich zum Schlimmeren gewendet und seien, weil dadurch die göttliche Liebe erkaltet sei, Seelen genannt und zur Strafe in Leiber hinuntergeschickt worden, so sei er Anathema (dem Kirchenbann verfallen)."[4]

Nebenbei gesagt, wurde in Nummer 9 des Edikts auch die Ansicht des Theologen Origines verworfen, dass die Hölle *nicht* ewig währen würde.

„Wenn jemand sagt oder meint, die Strafe der Dämonen und der gottlosen Menschen sei eine zeitliche und werde einmal ein Ende haben,..., so sei er Anathema."[4]

In Nummer 10 wurde auch über Origines und seine Anhänger – das waren vor allem die Gnostiker – der Kirchenbann ausgesprochen:

„Anathema auch dem Origenes,..., der dieses gelehrt hat, samt seinen abscheulichen, verfluchten und lasterhaften Dogmen, und jeder Person, die dieses denkt oder verteidigt oder überhaupt auf irgendeine Art, zu irgendwelcher Zeit hierfür einzutreten wagt!"[4]

Origines erlebte dies nicht mehr, er war zu dieser Zeit schon lange gestorben. Er lebte von 185 bis etwa 253 n. Chr. Dieses Edikt war zehn Jahre später Grundlage des Konzils zu Konstantinopel. Die Umstände dieses Konzils waren alles andere als regulär. So weilte der Papst zwar in Konstantinopel, nahm aber an dem Konzil nicht teil. Erst einige Zeit nach dem Konzil unterschrieb er dessen Beschlüsse, wohl auf Druck des Kaisers.

Obwohl über Origines der Kirchenbann ausgesprochen war, gilt er in der Kirche bis heute als bedeutender christlicher Theologe. Seine Lehre von der Präexistenz der Seele blieb aber weiterhin verdammt. Die Vorstellung von der ewigen Dauer der Hölle ist unverändert christliches „Glaubensgut".

Es wird immer wieder darüber diskutiert, ob in der Heiligen Schrift etwas über Wiedergeburt enthalten ist, ob vielleicht Jesus selbst diese lehrte. Es gibt einige Stellen, aus denen man dies schließen könnte. Sie sind jedoch spärlich und umstritten. So zum Beispiel Johannes 9.2: „... Meister, wer hat gesündigt? Dieser oder seine Eltern, so dass er blind geboren wurde?"

Da der Mann bereits blind geboren wurde, hätte er seine Sünden schon vor der Geburt begehen müssen. Dies wäre nur möglich, wenn er schon vorher einmal gelebt hätte.

Auch Matthäus 11.14 könnte man so sehen: „Und wenn ihr es annehmen wollt: Er ist Elija, der kommen soll." Hier spricht Jesus über Johannes den Täufer, den er gegenüber seinen Jüngern als den wiedergeborenen Propheten Elija bezeichnet.

Fest steht, dass die Gnostiker, eine urchristliche Gemeinschaft, an Reinkarnation glaubten. Sie wurden jedoch von der kirchlichen Obrigkeit bekämpft und gingen im Laufe der ersten Jahrhunderte unter. Im 13. Jahrhundert lebte der Glaube an die Wiedergeburt noch einmal unter den Katharern – auch Albigenser genannt – in Südfrankreich auf. Papst Innozenz III leitete gegen diese einen Kreuzzug und rottete sie als „Ketzer“ aus. Hierbei kam es zu grauenvollen Ereignissen:

„Das erste Ziel der Kreuzritter war Béziers, das am 22. Juli 1209 eingenommen wurde. Die Stadt wurde in Brand gesteckt und eingeäschert sowie praktisch die gesamte Bevölkerung, etwa 20.000 Menschen, in einem Massaker getötet. Der päpstliche Gesandte, Abt Arnaud-Amaury soll den Kreuzfahrern auf die Frage, wie sie denn die Ketzer von den normalen Bewohnern unterscheiden sollten, geantwortet haben: „Tötet sie alle! Gott kennt die Seinen schon.“[5]

Ich kann nicht erkennen, inwiefern die Vorstellung von Reinkarnation dem christlichen Glauben widerspräche. Meines Erachtens gibt es keinen vernünftigen Grund für die Ächtung der Lehre von der Wiedergeburt. Im Gegenteil. Die Kirchenlehre könnte um einige, wie wir gesehen haben, völlig unplausible Vorstellungen bereinigt und somit glaubhafter werden. Doch dazu hat niemand den nötigen Mut! Zu alt und festgefügt sind die Glaubenssätze.

Beweise für die Wiedergeburt bei Kindern

Gibt es Beweise oder konkrete Anhaltspunkte für die Seelenwanderung?

Es gibt hier zwei verschiedene Wege, auf denen man ganz konkrete Fakten, um nicht zu sagen Beweise, für die Wiedergeburt gefunden hat.

Der kanadische Psychiater Ian Stevenson, der von 1918 – 2007 lebte, war Begründer der Reinkarnationsforschung. Er beschreibt in seinem Buch: Reinkarnation, Der Mensch im Wandel von Tod und Wiedergeburt, 20 Fälle, in denen sich Kinder an ein vorheriges Leben erinnerten. Er erforschte diese persönlich, indem er sowohl die Familie und Nachbarn der Kinder als auch Angehörige und Freunde aus deren früheren Leben als Zeugen befragte und die Örtlichkeiten aus ihrem früheren Leben besuchte.

Vereinzelt gaben diese Kinder an, dass sie in ihrem früheren Leben als Erwachsene ermordet worden wären, oder auch, dass sie jemanden ermordet hätten. Hier konnte er sich zusätzlich auf Gerichtsakten stützen.

Stevenson schildert den normalen Verlauf der Fälle, die er untersucht hatte, wie folgt:

„Der Fall beginnt gewöhnlich, wenn ein kleines Kind von 2 – 4 Jahren anfängt, mit seinen Eltern oder Geschwistern von einem Leben zu plaudern, das es zu einer anderen Zeit und an einem anderen Ort geführt hatte. (...) Wenn das Kind ausreichend Einzelheiten des früheren Lebens schildert, beginnen die Eltern – gewöhnlich widerstrebend – mit Untersuchungen über ihre Richtigkeit. Oft, beinahe regelmäßig, werden solchen Überprüfungsversuche erst mehrere Jahre nach dem Zeitpunkt unternommen, zu dem das Kind begonnen hatte, von dem früheren Leben zu sprechen. Wenn es zu einigen Bestätigungen kommt, besuchen die Mitglieder der beiden Familien einander und befragen das Kind, ob es Orte, Gegenstände oder Personen aus seiner angeblichen früheren Existenz wiedererkennt. Bei solchen Gelegenheiten zieht der Fall gewöhnlich in den betreffenden Gemeinschaften oder Ortschaften größere Aufmerksamkeit auf sich, und Berichte darüber gelangen an die Zeitungen."[6]

Als Beispiel möchte ich den von Stevenson angeführten Fall Wijeratne anführen: Wijeratne wurde 1947 in einem kleinen Dorf in Ceylon als Sohn von Tileratne Hami geboren. Von Geburt an waren sein rechter Arm und seine rechte Brust deformiert. Der rechte Arm war kleiner und einige Zentimeter kürzer als der linke Arm. Die Finger der rechten Hand waren unterentwickelt. Er konnte damit schreiben, aber zum Heben von schweren Gegenständen waren sie nutzlos. In der rechten Brust hatte er einen Hohlraum von etwa 5 cm Durchmesser, der von einer unterentwickelten oder fehlenden Rippe herrührte.

Als er etwa zweieinhalb Jahre alt war, begann er Selbstgespräche zu führen. Seine Mutter „... hörte zufällig, als er sagte, sein Arm sei deformiert, weil er seine Frau in seinem früheren Leben ermordet habe. Er erwähnte eine Anzahl von Einzelheiten, die sich auf ein Verbrechen bezogen, von dem sie bis zu dieser Zeit nichts gehört hatte. Sie befragte ihren Mann nach den Behauptungen des Jungen, und er bestätigte die Richtigkeit dessen, was der Junge sagte, denn in der Tat war sein jüngerer Bruder Ratran Hami im Jahr 1928 wegen Mordes an seiner Frau hingerichtet worden.“[7]

Nach den Erzählungen des Jungen war dieser also in seinem früheren Leben der jüngere Bruder seines jetzigen Vaters.

Stevenson schreibt weiter:

„Tileratne Hami, der Vater Wijeratnes, war der etwa 15 Jahre ältere Bruder von Ratran Hami. Sie waren Landwirte… zu der Zeit, da Ratran Hami seine Frau ermordete, weil sie sich weigerte, das Haus ihrer Eltern zu verlassen und ihn in sein Dorf zu begleiten. Der Mord geschah am 14. Oktober 1927, und Ratran Hami wurde im Juni 1928 abgeurteilt und im Juli 1928 hingerichtet.“[8]

Die Erzählungen des Jungen sprachen sich herum und erregten das Interesse verschiedener religiöser oder weltlicher Autoritäten.

„Als Wijeratne 4 – 5 Jahre alt war, riefen seine Behauptungen die Aufmerksamkeit von Ehrwürden Ananda Maitreya, Professor für buddhistische Philosophie an der Hochschule Vidyalankara Pirivena in Colombo, hervor, der den Jungen zu jener Zeit einer Vernehmung unterzog. (…). Im Juni 1961 interviewten Mr. Francis Story Wijeratne (ohne seinen Vater), ferner die Lehrer des College, an dem Wijeratne lernte, und die Mönche der Gegend, mit denen Wijeratnes Familie über die Einzelheiten dessen gesprochen hatte, was er einige Jahre zuvor gesagt hatte. Im August 1961 interviewte ich (Ian Stevenson , der Verfasser) Wijeratne zusammen mit Mr. Story, desgleichen auch seinen Vater, seine Mutter und seinen älteren Bruder. Ehrwürden Ananda Maitreya, … begleitete uns und stellte mir freundlicherweise auch seine Informationen über den Fall zur Verfügung. Ich habe mir eine beglaubigte Abschrift des gerichtlichen Verhandlungsprotokolls gegen Ratran Hami wegen Mordes besorgt und war so in der Lage, gewisse Daten und ermittelte Tatsachen festzustellen,…“[9]

Stevenson befragte außer Wijeratne auch alle anderen noch erreichbaren Beteiligten. Er untersuchte die angegebenen Details, glich sie miteinander ab und verglich sie auch mit den Gerichtsakten. Er kam hierbei zu dem Schluss, dass die Angaben Wijeratnes und seiner Angehörigen glaubhaft waren und auch mit den Gerichtsakten im Wesentlichen übereinstimmten.

Ich kann hier nicht alle Einzelheiten dieses Falles und die weiteren 19 in Stevensons Buch aufgeführten Fälle anführen. Insgesamt hat Stevenson im Laufe seines Lebens über 3000 Fälle gesammelt und erforscht. Viele stammen aus Indien. Wegen des dortigen Glaubens an die Reinkarnation wird den Erzählungen der Kinder eher Glauben geschenkt.

Solche Fälle wurden aber auch von anderen aus vielen Teilen der Welt gesammelt und untersucht. In den westlichen, christlich geprägten Ländern tauchen sie naturgemäß seltener auf, da dort solche Erzählungen oft als kindliche Einbildung abgetan werden. Einer der bedeutendsten europäischen Fälle ereignete sich in England.

„Die Schwestern Jacqueline und Joanna Pollock (sechs und elf Jahre alt) wurden am 5. Mai 1957 auf dem Weg zur Kirche von einem Auto getötet. Als Mutter (Florence Pollock) wieder schwanger wurde, glaubte ihr Vater (John Pollock) entgegen ärztlichen Vorhersagen fest an Zwillinge, in denen die verunglückten Mädchen reinkarnieren würden. Tatsächlich wurden am 4. Oktober 1958 die eineiigen Zwillinge Jennifer und Gillian in Hexham (Northumberland) geboren, die im Alter zwischen zwei und vier Jahren einschlägige Erinnerungen äußerten und Gegenstände (Spielsachen) wiedererkannten. Jennifer hatte überdies zwei Muttermale, die einem Muttermal Jacquelines an der linken Hüfte und einer Stirnnarbe entsprachen, die Jacqueline bei einem Sturz im Alter von drei Jahren erhalten hatte. Auch im Verhalten zeigten sich starke Ähnlichkeiten: Jennifer war ebenso abhängig von ihrer (etwas) älteren Schwester Gillian, wie früher Jacqueline von Joanne. Gillian lernte auch viel leichter die richtige Handhabung des Bleistiftes. Der Fall wurde von Hemendra Nath Banerjee und (ab 1964) von Ian Stevenson untersucht.“[10]

In der Reinkarnationsforschung werden oft Muttermale oder Fehlbildungen an bestimmten Stellen des Körpers festgestellt, an denen die Personen im Vorleben Verletzungen erlitten hatten. Dies ist für die Forschung sehr wichtig, da gerade solche Details sehr aussagekräftig sind. Stevenson hat eine große Zahl solcher Anomalien fotografiert.

Rationale Erklärungsversuche gehen hier in den meisten Fällen fehl. Es gab aber auch Fälle, in denen Betrug vorlag oder nachgewiesen werden konnte, dass die Kinder Erzählungen der Eltern übernommen hatten.

Reinkarnationstherapie bei Erwachsenen

Mit zunehmendem Lebensalter verliert sich die Erinnerung der Kinder an ihr Vorleben. Um auch Erinnerungen Erwachsener an ein oder mehrere frühere Leben wieder ans Licht zu bringen, hat sich ein eigener Berufsstand gebildet, der Reinkarnationstherapeut.

Wenn Psychotherapeuten seelische Blockaden ihrer Patienten auflösen möchten, gehen sie mit diesen in Gesprächen oft zu Ereignissen bis in die frühe Kindheit zurück. Durch das Bewusstwerden von schockartigen Erlebnissen, Angstzuständen oder Ähnlichem können psychische Störungen aufgelöst werden.

Manchmal sind solche Störungen aber behandlungsresistent. Bei solchen Sitzungen, in denen die Therapeuten immer weiter in die Kindheit bis zur Geburt und sogar bis zur Existenz im Mutterleib zurückgingen, ergab es sich, dass die Patienten sich plötzlich in einem anderen Leben wiederfanden. Dies war für die Therapeuten, die dies das erste Mal erlebten, sehr überraschend.

Mittlerweile werden solche Rückführungen gezielt durchgeführt, um seelischen Störungen auf die Spur zu kommen, die mit Ereignissen aus dem aktuellen Leben nicht erklärt werden können. Manche Menschen wollen aber einfach nur wissen, welche Leben sie schon einmal gelebt haben. Bei den meisten Rückführungen wird der Klient nur in einen entspannten Zustand versetzt, so dass er sich auch im Nachhinein an alles Erlebte erinnern kann. Manchmal wird auch Hypnose eingesetzt.

Vielleicht haben sie schon einmal im Fernsehen eine solche Rückführung gesehen. In solchen Sendungen wird oft versucht, die Stätten des früheren Lebens nach den in der Trance gegebenen Schilderungen wiederzufinden. Die Patienten können oft angeben, an welchem Ort zu welcher Zeit sich ihr Erleben während der Therapie abspielt.

Wenn sie dann mit dem Fernsehteam an den Ort ihres früheren Lebens geführt werden, schildern sie Einzelheiten, zum Beispiel die Raumaufteilung im Inneren des Hauses, obwohl sie dieses noch nicht besichtigt haben. Angaben, wie der Ort, zum Beispiel eine Burg, in einem früheren Jahrhundert ausgesehen hat, wurden von Historikern überprüft und für richtig befunden.

Die klassische Psychotherapie glaubt nicht an frühere Leben und lehnt daher die Reinkarnationstherapie als unwissenschaftlich ab. Wie so oft werden „rationale“ Erklärungen vorgebracht, die Einzelfälle durchaus erklären können. So sehen Menschen in Hypnose bisweilen Bilder, die aus einem Film stammen können, den sie schon vergessen haben. Auch kann einem die Fantasie Streiche spielen, wenn man eine historische Person besonders bewundert und man gern in deren Haut geschlüpft wäre. So kann es vorkommen, dass gleich mehrere Männer sich als der wiedergeborene Karl der Große sehen oder religiöse Frauen sich als ehemalige Maria Magdalena, die Jüngerin Jesu, erkennen.

Vorsicht ist vor allem geboten, wenn jemand meint, im früheren Leben eine berühmte Person gewesen zu sein. Besonders skeptisch sollte man sein, wenn einem so etwas Schmeichelhaftes von einen Wahrsager eröffnet wird.

Paramahansa Yogananda schreibt darüber: „Einmal nahmen drei Damen an einem meiner Seminare teil, von denen jede mir anvertraute, dass ihr von einem gewissen Wahrsager enthüllt worden sei, sie wäre eine Wiedergeburt der Maria Stuart. Ich brachte die drei „Marias“ zusammen und bat sie, mir doch zu verraten, welche nun die richtige sei!“[11]

Eine im wissenschaftlichen Sinne ebenfalls nicht „rationale“ Erklärung ist die Besessenheit, die ich in dem Kapitel „Leben nach dem Tode, Jenseits“ beschrieben habe. Der Geist eines Verstorbenen kann möglicherweise seine Vorstellungen dem Menschen, den er besetzt hat, einpflanzen.

Wie so oft sind auch hier, Tatsachen, Illusionen und Betrug vermischt. Aber aufgrund der Vielzahl gut dokumentierter Fälle, sind generelle

Zweifel an der Echtheit von Erlebnissen in der Rückführung nicht angebracht. In vielen Fällen konnten hierdurch Patienten von schweren Störungen befreit werden. Oft erkennen sie ihre Lebensaufgabe. Auch werden Beziehungsprobleme klarer, wenn wir erkennen, dass nahestehende Personen schon in Vorleben mit uns in konfliktbeladenen Verhältnissen gelebt haben.

Unerklärliche spontane Sympathie oder Antipathie bei der ersten Begegnung mit einem Menschen könnten aus früheren Lebenssituationen entstanden sein. Liebe auf den ersten Blick kann durch das unterbewusste Erkennen eines früheren geliebten Menschen erklärt werden.

So Goethe in einem Gedicht an Frau von Stein:

„Sag', was will das Schicksal uns bereiten?
Sag', wie band es uns so rein genau?
Ach, du warst in abgelebten Zeiten
Meine Schwester oder meine Frau.
Kanntest jeden Zug in meinem Wesen,
spähtest, wie die reinste Nerve klingt,
konntest mich mit einem Blicke lesen,
den so schwer ein sterblich Aug' durchdringt...
Und von allem dem schwebt ein Erinnern
nur noch um das ungewisse Herz,
fühlt die alte Wahrheit ewig gleich im Innern,
und der neue Zustand wird ihm Schmerz."

„Ich sah an mir hinunter. Meine bloßen Füße waren schwarz und standen auf sandigem heißen Boden. Als ich aufblickte, sah ich vor mir meinen Mann mit unserer Tochter auf dem Arm neben einem Brunnen stehen. Die Gegend war karg gewachsen und der Boden von der Sonne verbrannt. Mein Mann war von einer Krankheit geschwächt und hatte Mühe, sich auf den Beinen zu halten. Plötzlich kippte er langsam auf Seite und fiel mit dem Kind in den Brunnen."

So begann die Schilderung einer guten Bekannten über die Szenen einer Rückführung, die sie am Wochenende zuvor erlebt hatte. Sie hatte sich in

Afrika gesehen. Die Menschen in ihrem Dorf waren alle durch eine Epidemie ums Leben gekommen. Als einzige Überlebende suchte sie danach Zuflucht bei einem anderen Stamm. Dort nahm sie eine freundliche Frau auf, in deren Hütte sie fortan lebte. Sie sah sich dann nochmals, am Ende ihres Lebens, als alte Frau auf dem Sterbebett liegen. Durch die Sicht auf dieses Vorleben konnte sie Ereignisse im aktuellen Leben besser verstehen. So hatte sie auch im jetzigen Leben früh ihren Mann verloren und musste auf eigenen Beinen stehen. Sie konnte das als Aufgabe für ihre seelische Entwicklung erkennen.

Hape Kerkeling, der bekannte deutsche Entertainer, schildert in seinem Bestseller: „Ich bin dann mal weg" eine Sitzung bei einem Reinkarnationstherapeuten, während der er eine Phase in seinem letzten Leben gegen Ende des Zweiten Weltkrieges noch einmal erlebte. Er sieht sich als Franziskanermönch in einem Kloster bei Breslau. Die Mönche hatten eine jüdische Familie im Kloster versteckt. Dies wird verraten und die Familie wird abtransportiert. Zusammen mit seinen Mitbrüdern wird er daraufhin von Soldaten erschossen.

Kerkeling ging einigermaßen skeptisch und ohne große Erwartungen in diese Sitzung. Er wird dann aber ungeheuer emotional von seiner inneren Schau erfasst. Er erlebt alles noch einmal hautnah:

„Irgendjemand in Uniform verliest in deutscher Sprache unser Todesurteil. Der Abt und die Mitbrüder bleiben ruhig, aber in mir steigt unsagbare Angst auf.

Ich weiß, dass ich hier auf einem Teppich im Frankfurt der Jahrtausendwende liege, aber mein ganzer Körper zittert. Selbst wenn ich die Augen öffne, komme ich aus dieser Geschichte nicht raus. Carsten und Carina beruhigen mich, aber das nützt nichts. (…)

Es knallt. Ich bin erschossen worden. Es ging ganz schnell und nun bin ich tot. Und zittere als ein Licht irgendwo im Raum. Die anderen sieben Funken drehen sich immer schneller, entfernen sich vor mir und verschwinden. Mir gelingt das nicht. Drei nicht beschreibbare diffuse Lichtgestalten kommen mir entgegen und beruhigen mich und eine von ihnen sagt: ‚Ein ganzes Leben hast du ohne Zweifel geglaubt, warum nicht in diesem einen Moment? Warum nicht?' "[12]

Ist es wirklich so erstrebenswert, über seine Vorleben Bescheid zu wissen? Yogananda warnt davor:

„Ohne Gottverwirklichung würdet ihr keinen Gedanken an eure früheren Leben verschwenden wollen, weil ihr sonst von all den schrecklichen Ereignissen erfahren würdet, die sich in früheren Inkarnationen zugetragen haben. Denkt einmal an all die Probleme und Sorgen, die ihr schon in diesem Leben gehabt habt; und dann stellt euch vor, was sich in den vielen vergangenen Inkarnationen ereignet haben mag. Glaubt keinen Augenblick lang, dass ihr in früheren Leben nicht ebenso schmerzvolle und sogar noch schlimmere Erlebnisse gehabt habt. Würdet Ihr euch an alles, was ihr seit Beginn eurer Erschaffung durchgemacht habt, erinnern wollen? Bestimmt nicht. Denn das würde euch derart niederdrücken und entmutigen, dass ihr gleich zu Beginn eures Lebens überhaupt keine Kraft und keinen Willen mehr hättet, um weiterzuleben."[13]

Es hat offenbar seinen Sinn, dass wir jedes Leben neu beginnen können.

Es gibt Menschen, die sich ob ihrer Herkunft, Rasse oder Nation sehr sicher fühlen und andere verachten oder auf diese herabblicken.. Paramahansa Yogananda, für den als indischer Yogi die Vorstellung von Reinkarnation selbstverständlich war, warnte vor einer solchen Haltung. Er war der Auffassung, dass Menschen in derjenigen Nation oder Rasse wiedergeboren werden, die sie hassen oder verachten. Darin stimmt er mit Wilhelm Busch überein, der meinte:

„Jeder Jäger wird einmal ein Hase, früher oder später, denn die Ewigkeit ist lang."[14]

So lernen wir durch dieses ausgleichende System, im Laufe von vielen Leben am eigenen Leibe, alle Menschen als gleichwertig und als unsere Brüder und Schwestern zu betrachten.

Der Dichter Christian Morgenstern (1871 – 1914) hatte schon Anfang des 20. Jahrhunderts die Vorstellung, die Lehre der Reinkarnation würde sich im Westen durchsetzen.

„Die Menschheit hat längst alles empfangen, was zu empfangen ist. Aber sie muss es immer wieder von neuem und in immer wieder neuen Formen empfangen und verarbeiten. Die Lehre der Reinkarnation zum Beispiel – sie ist längst da. Aber sie musste eine Weile beiseite gelassen werden; die ganze europäische Zivilisation geht auf dieses Beiseitelassen zurück. Jetzt hat dieser Zyklus das Seine erfüllt, jetzt darf sie, als eine unermessliche Wohltat, in den Gang der westlichen Entwicklung wieder eintreten.“[15]

Morgenstern war mit seiner Vorstellung wohl zu optimistisch. Er war etwas zu früh dran. Statt der Reinkarnationlehre breitete sich in Europa der sogenannte „wissenschaftliche Atheismus“ aus. Ich möchte an dieser Stelle näher beleuchten, ob dieser wirklich so „wissenschaftlich“ ist, und zwar am Beispiel eines Buches, das in den letzten Jahren für Aufsehen gesorgt hat.

8. Kapitel

Atheistische und kirchliche Gottesvorstellung

Dawkins` Gotteswahn

Das bereits genannte Buch „Der Gotteswahn" von Richard Dawkins[1] wäre keiner besonderen Erwähnung wert, wenn es nicht ein Weltbestseller wäre.

In dem Buch wendet „... er sich gegen theistische Religionen und insbesondere gegen die drei abrahamitischen Weltreligionen. Dawkins zentrale Thesen sind, dass jeder Glaube an Gott in all seinen Formen irrational sei und dass Religion in der Regel schwerwiegende negative Auswirkungen auf die Gesellschaft habe. Das Buch war weltweit ein großer Verkaufserfolg und gilt seither als einer der Haupttexte des ‚Neuen Atheismus'."[2]

Zunächst hat Dawkins sicher recht, wenn er die negativen Auswüchse der Religionen an den Pranger stellt – all die Glaubenskriege, in denen sich Angehörige einer „Religion der Liebe" gegenseitig umgebracht haben. Er macht jedoch in seinen Ausführungen gravierende logische Fehler.

Ich konnte in seinem Buch nur Aussagen finden, was es nicht gegeben hätte, wenn keine Religionen existierten: „Keine Selbstmordattentäter, keinen 11. September, keine Anschläge auf die Londoner U-Bahn, keine Kreuzzüge usw." Vorsichtigerweise vermeidet es Dawkins, zu schildern, wie eine atheistische Welt aussehen würde. Wäre sie besser?

Man braucht nicht Psychologie studiert zu haben, um zu erkennen, dass dem nicht so ist. Ein Mensch ist zunächst ein Mensch, ob er nun religiös oder atheistisch ist. Und somit besitzt er neben seinen positiven auch negative Eigenschaften: Gier nach Macht, Reichtum und Ruhm – manchmal auch nach Rum –, Unwissenheit, Fremdenfeindlichkeit usw. Somit wird ein Mensch mit Sicherheit, auch wenn er seine religiöse Überzeugung in eine atheistische umwandelt, ähnliche Fehler machen wie zuvor.

Wie wir Menschen, so haben auch die Religionen ihre positiven und negativen Seiten, die aus menschlichen Vorstellungen heraus entstanden sind. Dawkins schildert jedoch ausschließlich deren negative Seiten und lässt die positiven Auswirkungen des religiösen Glaubens auf die Menschen gänzlich außer Acht.

Beispielhaft möchte ich meinen Werdegang anführen. Ich bin in katholischem Umfeld aufgewachsen, war Messdiener, ging auf eine Schule, die von Ordensbrüdern geleitet wurde und war in der katholischen Jugend leitend tätig. Nach Dawkins müsste ich psychisch geschädigt sein und voller Bitterkeit an diese Zeit zurückdenken.

Das Gegenteil ist der Fall. Ich kam mit vielen verantwortungsbewussten idealistischen Menschen in Berührung, hatte eine gute Erziehung und lernte, selbst Verantwortung zu übernehmen. Ich kann mich nicht erinnern, jemals einem Geistlichen oder Ordensmann begegnet zu sein, der mir Schaden zugefügt hätte. Sie hatten ihre Fehler, wie jeder Mensch, aber die meisten waren Idealisten und taten ihr Bestes.

Ich bin heute noch dankbar für diese Zeit und denke gerne daran zurück. Später kam dann allerdings die Erkenntnis, dass vieles im Lehrgebäude der Kirche veraltet und reparaturbedürftig ist. Im Prinzip ähnlich wie Dawkins es darstellt.

Aber wo gibt oder gab es auf unserer Erde keine Irrtümer? Philosophie und Wissenschaft waren und sind noch voll davon. Der Atheismus ist – wie dargestellt wurde und noch wird - ein einziger Irrtum.

Im Unterschied zu Dawkins sehe ich jedoch auch die positiven Auswirkungen der Religion auf die Gesellschaft. Und die überwiegen meines Erachtens bei weitem.

Beim Atheismus bin ich mir dagegen nicht so sicher. Seine Auswirkung auf die Gesellschaft wurde bereits in einem aussagekräftigen „Großversuch“ getestet.

Was meine ich damit?

Die auf Atheismus getrimmten kommunistischen Staaten, von der Sowjetunion über China bis zum Balkan und der DDR, hätten nach Dawkins das reinste Paradies sein müssen. Wir kennen das Testergebnis. Erst nachdem sich diese Staaten liberalisierten und freie Religionsausübung zuließen, wurde ihre Politik wieder menschlicher.

Eigentlich müssten wir allein aus dieser Erfahrung heraus „gebrannte Kinder“ sein, was Atheismus angeht.

Wie lautet nun die Erklärung Dawkins’ hierfür? Er reduziert den kommunistischen Bereich auf die Person Stalins. Zu den Verbrechen Stalins meint er: „Entscheidend ist nicht, ob Hitler und Stalin Atheisten waren, sondern ob der Atheismus die Menschen systematisch dazu veranlasst, schlimme Dinge zu tun. Und dafür gibt es nicht den geringsten Anhaltspunkt.“[3]

Prüfen wir doch einmal, ob dieser Satz nicht auch für den christlichen Glauben gilt. Veranlasst eine Religion, deren Hauptgebot neben der Gottesliebe der Satz ist: „Liebe deinen Nächsten wie dich selbst“, die Menschen systematisch dazu, schlimme Dinge zu tun? Ich glaube, eine Antwort darauf erübrigt sich!

Jesus geht noch weiter mit seiner Aufforderung: „Liebe deine Feinde!“

Andere atheistisch-kommunistische Potentaten wie Mao, Ulbricht, Ceauşescu, Hoxha und andere übersieht Dawkins großzügig, dabei war kaum einer von diesen mitmenschlich. Die meisten gingen über Leichen. Sei es für ihre atheistisch kommunistische Überzeugung oder auch einfach nur aus Machtgier. Allein Mao hatte 70 Millionen Menschenleben auf dem Gewissen.

Es ist völlig unverständlich, wie man nach diesen schrecklichen Erfahrungen mit der kommunistisch atheistischen Ideologie Gottlosigkeit als Auflösung aller Übel und als Vorbild für Humanität hinstellen kann.

Wenn im Namen der Religion Untaten verübt werden und wurden, entspringen sie, genauso wie im Atheismus auch, den menschlichen Trieben und Schwächen. Wobei diese Schwächen bei religiösen Menschen durch das Liebesgebot oder die Angst vor einer Vergeltung im Jenseits eher gezügelt werden dürften, als bei einem Atheisten, der keinen solch generellen Grundsatz kennt. Dieser kann sich seine Gebote beliebig aussuchen. Es liegt auf der Hand, dass Religion das Gewissen des Menschen mehr bindet als Atheismus!

Ein anderer Schwachpunkt ist Dawkins' Kapitel „Warum es mit ziemlicher Sicherheit keinen Gott gibt".

Zunächst setzt er sich darin nur mit kreationistischen Vorstellungen auseinander. Dabei geht es darum, ob die Lebewesen, ähnlich wie in der Bibel geschildert, von Gott unmittelbar geschaffen wurden, oder ob Darwins Evolutionstheorie die richtige Erklärung liefert. Offensichtlich geht er dabei von dem Gedankengang aus, wenn er die kreationistische Bibelgläubigkeit widerlegt, hat er gleichzeitig auch Gott erledigt. Er übersieht hierbei, dass die Kreationisten nur eine kleine, fundamentalistische Randgruppe im Christentum sind – außer in den USA.

Die Evolutionstheorie – von Darwin begründet und seither von der Wissenschaft weiterentwickelt – die die Evolution der Arten beschreibt, ist im Allgemeinen für die Religionen kein Problem mehr. Im religiösen Bereich geht man natürlich davon aus, dass die Höherentwicklung der Lebewesen nicht aus sich selbst heraus erfolgt, sondern geistgesteuert ist.

Abgesehen davon ist Gott nicht so, wie ihn sich Kreationisten, andere Christen oder auch Muslime vorstellen. Er ist außerhalb unseres Vorstellungsvermögens, auch dem von Dawkins. Wenn dieser versucht, Gott in der christlichen oder muslimischen Denkform zur Strecke zu bringen, bekämpft er ein Phantom. Hierbei fällt mir spontan Miguel de Cervantes Don Quichotte ein, der auszog, um Riesen zu bekämpfen und stattdessen Windmühlen zerfledderte.

Als weiteres Argument führt Dawkins an: „Wenn gesagt wird, dass das Universum derart fein abgestimmt ist, dass es nicht aus sich selbst entstehen konnte, kann dies nicht dadurch erklärt werden, dass es von einem allmächtigen Gott erschaffen wurde.

Dieser Gott müsste noch unendlich komplizierter sein als das Universum. Dieser Gott wäre also noch weit unwahrscheinlicher als das Universum. Wer hat ihn erschaffen bzw. wie ist er entstanden?"

Mit diesem Gedankengang bewegt er sich in begrenzten materialistischen Denkstrukturen. Er übersieht dabei, dass es etwas – wie bereits beschrieben – außerhalb von Raum und Zeit, außerhalb unseres Verständnisses, *geben muss*, das Grundlage für die Materie ist. Wenn Materie nicht ewig, sondern entstanden ist, muss das „Nichts“, aus dem die Materie entstammt, ewig bestehen. Da dieses aber nun mal nicht ein Nichts ist, sondern ganz spezifische Eigenschaften hat, ist es für uns genauso wenig zu verstehen und genauso kompliziert, wie Dawkins einen ewigen Gott sieht.

Wenn Dawkins in seiner Argumentation statt Gott physikalisches Vakuum oder Nichts einsetzen würde, dürfte es dies nach seiner Logik genauso wenig wie Gott geben. Denn auch hier stellt sich die Frage: „Wer hat es erschaffen?“

Dass es „mit ziemlicher Sicherheit keinen Gott gibt“, kann man mit solch flachen Argumenten nicht belegen. Mit den übrigen philosophischen und spitzfindigen Argumenten, auch seinen Beweisen gegen die Gottesbeweise, möchte ich mich nicht befassen, da diese erfahrungsgemäß stets in einem ergebnislosen Schlagabtausch enden.

Kirchlicher Machtmissbrauch

Aus Dawkins spricht die Enttäuschung über all die Dummheit und Grausamkeit, mit der die Kirchen über die Menschen geherrscht haben.
Wie konnte es geschehen, dass eine Kirche, eine menschliche Gemeinschaft, im totalen Widerspruch zur Lehre ihres Gründers Jesus Christus, der Liebe zu Gott und Liebe untereinander, sogar zu den Feinden lehrt, von dem Zeitpunkt an, als sie römische Staatskirche wurde, bis zum Beginn der Neuzeit, über lange Strecken diktatorisch mit Härte und Brutalität regiert wurde?

Der Grund ist, wie schon erwähnt, in der Psyche des Menschen zu suchen. Manche Menschen haben Eigenschaften, die sie dazu prädestinieren andere Menschen zu führen, Macht auszuüben. Zunächst ist dies nichts Negatives. Es kommt eben darauf an, was man mit der Macht macht.

Blaise Pascal, Mathematiker, Physiker und christlicher Philosoph drückte es so aus: „Gerechtigkeit ohne Macht ist hilflos, Macht ohne Gerechtigkeit ist Tyrannei“.

In diesem Satz liegt die Lösung des Problems. Man kann eine Führungsposition dazu benutzen, den eigenen Machttrieb zu befriedigen und „die Puppen tanzen lassen“, wie mir einmal ein Manager sagte oder auch der „Erste Diener des Staates“ sein, wie es Friedrich der Große anstrebte. (Es ist ihm allerdings nicht ganz gelungen).

Zunächst wäre es eine Selbstverständlichkeit, dass der Führer einer religiösen Gemeinschaft sich so nahe an der Lehre und dem Leben des Religionsgründers orientiert als es ihm möglich ist. Aber da vor allem in Gemeinschaften Machtausübung möglich ist, ziehen diese, egal welcher Art sie sind, geborene „Führer“ an wie das Licht die Motten. Darunter sind natürlich viele, denen es weniger um das Gemeinwohl als um die Befriedigung ihrer Machtgelüste geht. Auch idealistische religiöse Gemeinschaften bleiben davon nicht verschont. Auch nicht vor solchen Führungspersonen, die zwar selbstlos sind, aber anderen ihren religiösen oder ideologischen Dogmatismus aufzwingen.

Macht und Dogmatik waren eine zerstörerische Mischung des Mittelalters. Es ist vor allem das Problem der Schriftreligionen, dass sie Wahrheit produzieren und dogmatisch festzurren, anstatt sie zu suchen. Nebenbei gesagt lief dies im atheistischen Kommunismus prinzipiell genauso ab.

Anmaßend ist vor allem, wenn religiöse Führer ihren Willen mit dem Willen Gottes gleichsetzen. Wer ihnen nicht gehorcht und widerspricht, ist ungehorsam gegen Gott. Im Mittelalter konnte dies das Todesurteil bedeuten. In einigen Bereichen des Islam ist dies heute noch gefährlich.
Oft sind bei Machtmissbrauch viele Beweggründe miteinander vermischt. Wie die Geschichte zeigt, werden auch Menschen, die anfänglich lautere Motive hatten, von den Annehmlichkeiten ihrer Machtposition verführt und neigen mit der Zeit zur Selbstüberschätzung.

Dies wird gefördert durch die Untertanenmentalität vieler Menschen, die dem Mächtigen übermäßige Verehrung zukommen lassen. Viele Völker sehnen oder sehnten sich nach dem „Starken Mann“, der dem Land nach außen hin die Feinde vom Leib hält und im Inneren für Gerechtigkeit und ein gesichertes Auskommen für jeden sorgt. In der Sehnsucht der Juden nach dem Messias oder vieler Deutscher nach dem „Führer“

kommt dies beispielsweise zum Ausdruck.

Und so verwundert es nicht, dass im Laufe der Kirchengeschichte Machtpositionen oft mit Menschen besetzt waren, die Gott oder Jesus nur auf der Zunge, nicht aber im Herzen hatten. Begünstigt wurde dies auch durch die Unwissenheit und den Opportunismus ihrer Untertanen. Dabei bestand kein Unterschied zwischen Kirche und Staat. Kaiser, Könige und Fürsten verhielten sich nicht anders.

Erst durch die Entwicklung zu demokratischen Strukturen änderte sich dies, wenngleich die christlichen Kirchen da noch etwas nachhinken. Im Islam ist offensichtlich ebenfalls noch einige Entwicklung nötig.

Aber neben der Kirche der Macht gibt es auch die Kirche derer, die Gott suchen in der Kontemplation oder im selbstlosen Dienst am Nächsten. Die Kirchengeschichte ist mindestens ebenso voll mit diesen wie mit den „Bösewichten“. Auf diese „Heiligen“ werde ich, vor allem im letzten Kapitel, noch zu sprechen kommen. Sie suchten Gott, indem sie in die Fußstapfen Jesu traten. Dawkins bringt ihnen allerdings kein Interesse entgegen.

Wenn nun Atheisten die Ablehnung Gottes darauf begründen, dass die kirchlichen „Diener Gottes“ falsch handeln und dafür Gott verantwortlich machen, müssen sie sich den Vorwurf gefallen lassen, dass sie kritiklos dieselbe mangelhafte Gottesvorstellung übernommen haben, die diese in die Welt gesetzt haben. Mit *Gott* hat diese nicht viel zu tun. Sie haben wie jene versäumt, nach der wirklichen Identität Gottes zu forschen. Sie lehnen nur eine *Vorstellung* Gottes ab. Eine Ablehnung des *wirklichen* Gottes ist damit nicht verbunden, da sie ihn, wie fast alle Menschen, nicht erfassen können.

9. Kapitel

Spiritismus, Okkultismus

„Mama, der Pfitzmann kommt.“

„Das ist Herr Pfitzmann.“ Unsere Mutter achtete darauf, dass wir stets Respekt vor den Erwachsenen hatten.

„Ja, der Herr Pfitzmann. Er hat ein Tonband dabei, was will er denn damit?“

Mein Bruder, der Langeweile hatte und am Fenster lehnte, sah vor dem Haus einen älteren grauhaarigen Herrn, der gerade mit seinem nicht mehr ganz neuen, rostigen Moped vorgefahren war. Er löste vom Gepäckträger ein großes Tonbandgerät ab, das er dort mit Stricken festgebunden hatte. Kurze Zeit später klopfte es bei uns an der Wohnungstür.

Nach dem Krieg waren wir, meine Mutter, mein Bruder und ich, aus dem Sudetenland, dem heutigen Tschechien, nach Bayern ausgesiedelt worden. Herr Pfitzmann war der einzige aus dem Dorf, aus dem wir vertrieben worden waren, der in unserer Nähe wohnte. Und so war es nur natürlich, dass er hin und wieder, wenn er mit seinem Moped auf Tour war, zu Besuch kam. In den fünfziger und sechziger Jahren waren seine Besuche für uns immer spannend, da er jedes Mal etwas Neues auf Lager hatte.

Er war ein Tüftler, der sich mit allen möglichen Sachen beschäftigte. Schwarze und weiße Magie, Pendeln und Wünschelrutengehen waren seine Leidenschaft. Er malte auch recht gut.

Zu dieser Zeit arbeitete er intensiv an einem Perpetuum Mobile, also einer Maschine, die sich aus sich selbst heraus bewegt. Dies ist zwar, wie man heute weiß, physikalisch unmöglich. Aber er war einer jener Generation der zwanziger und dreißiger Jahre des 20. Jahrhunderts, die ohne theoretische Ausbildung, nur durch Tüfteln und Experimentieren, viele Erfindungen ins Leben rief.

In der alten Heimat, im Egerland, also vor dem Krieg, baute Herr Pfitzmann einmal ein Fluggerät, dessen Flügel mit den Armen des Piloten auf und ab bewegt werden mussten. Eines Tages erzählte er uns vom Jungfernflug:

„Ich stieg im Winter in der Frühe um 5:00 Uhr mit dem Flieger auf einen Berg. Es war kalt und es lag tiefer Schnee. Dann schnallte ich mir das Gerät um und rannte mit ihm den Berg hinunter. Tränen liefen mir wegen der Kälte aus den Augen. Ich schlug wie wild mit den Flügeln. Auf einmal hob es mich in die Luft. Aber nach ein paar Metern fiel ich hinunter in den Schnee. Zum Glück war mir nichts passiert, aber der Flieger war kaputt. Schnell packte ich alles zusammen und ging nachhause, bevor mich jemand sehen konnte. Sonst hätte ich zum Schaden noch den Spott der Leute gehabt."

Als er nun eintrat und bedächtig sein Tonbandgerät auf dem Tisch niederstellte, erzählte er uns, dass er immer abends im Radio Botschaften von Venusmenschen hören würde. Er hätte diese mit seinem Tonband aufgenommen. Wir müssten sie unbedingt anhören.

Wir waren natürlich gespannt darauf, was er uns da bieten würde. Hinsichtlich der „Venusmenschen" waren wir allerdings etwas skeptisch.

Zuerst war ein starkes Summen zu hören, das, wie er sagte, der Raketenmotor wäre, da die Venusmenschen sich in einem Raumschiff befänden. Dann sprach ein Mann über die Botschaft Jesu und was der Welt noch alles bevorstehen würde. Es gipfelte in dem Aufruf an die Menschheit, sich zu bessern.

Die Rede wurde immer wieder durch das Summen des „Raketenmotors" unterbrochen. Da dieses Summen aber sehr an einen Staubsauger erinnerte und die Stimme eigenartigerweise einen Akzent, sehr ähnlich dem Herrn Pfitzmanns hatte, bekamen wir natürlich Zweifel an der Authentizität dieser Botschaft.

Offensichtlich hatte er dieses Hörspiel selbst zusammengebastelt. Natürlich haben wir ihm unsere Zweifel nicht offenbart.

Was hat diese Geschichte mit Spiritismus und Okkultismus zu tun? Ich werde dies im Folgenden noch aufzeigen.

Wenn ich hier über Spiritismus schreibe, geschieht dies nicht in der Absicht, diesen populär zu machen und zu verbreiten. Vielmehr möchte ich dem Leser eine logische Erklärung für die verblüffenden Vorgänge liefern, die sich auf diesem Gebiet ereignen und ihn auf die realen Gefahren hinweisen, denen man sich bei der Beschäftigung damit aussetzt. Wenden wir uns zunächst einer Begriffsbestimmung zu.

Was unterscheidet Spiritismus von Okkultismus?

Im *Spiritismus* wird mithilfe eines Mediums (einer vermittelnden Person), meist im Rahmen einer spiritistischen Sitzung, auch Séance genannt, versucht, mit den Geistern von Verstorbenen oder sonstigen jenseitigen Wesen Kontakt aufzunehmen. Hierbei kann es zu außergewöhnlichen Erscheinungen kommen wie Klopfgeräuschen, unerklärlichen Stimmen oder wundersames Erscheinen von Gegenständen.

Im *Okkultismus* geschieht im Prinzip dasselbe. Man bedient sich dabei jedoch statt eines Mediums verschiedener Hilfsmittel, die nachstehend beschrieben werden.

Die Übergänge zwischen beiden Begriffen sind fließend, weshalb ich im weiteren Verlauf keine Unterscheidung zwischen beiden mehr vornehme.

Geschichte des Spiritismus und Okkultismus

„Es soll in deiner Mitte kein Wahrsager, Zeichendeuter, Schlangenbeschwörer oder Zauberer, kein Bannsprecher oder Geisterbeschwörer gefunden werden, keiner, der Wahrsagegeister befragt oder sich an die Toten wendet; denn ein Greuel ist dem Herrn ein jeglicher, der solches tut ...“ (Bibel, 5. Mose 18, 10 – 12).

Spiritismus und Okkultismus sind so alt wie die Menschheit. Schon im Alten Testament wird von König Saul berichtet, er sei zu einer Frau gegangen, die die Geister über seine Zukunft befragen sollte.

Um Rat in schwierigen Lebenssituationen zu erhalten oder die Zukunft zu erfahren, gingen Menschen von alters her zu Schamanen, Medizinmännern und Wahrsagern. Aus antiken Quellen kann man entnehmen, dass damals beispielsweise schon das Ouija-Board, das noch beschrieben wird, in Gebrauch war. Auch das Orakel von Delphi oder die tibetischen Trancemedien wurden und werden für diese Zwecke in Anspruch genommen.

Die Antworten solcher Medien waren jedoch nicht immer eindeutig. Das zeigt die bekannte Geschichte, die als „Phyrrhussieg" in unseren Wortschatz eingegangen ist:

Der griechische König Phyrrhus wollte Krieg gegen die Römer führen und befragte das Orakel von Delphi nach seinen Aussichten. Der Orakelspruch lautete nach der Überlieferung: „Wenn du Krieg führst, wirst du ein großes Land zerstören!" Pyrrhus siegte daraufhin zwar, seine Verluste waren aber so groß, dass es der Anfang vom Ende seines eigenen Reiches war.

Als der Dalai Lama 1959 unentschieden war, ob er Tibet wegen der Chinesen verlassen solle, wurde das Staatsorakel, ein Mönch, der als Trancemedium fungierte, befragt. Nach dessen Rat floh er daraufhin nach Indien.

Die moderne, westliche Form des Spiritismus als Massenphänomen begann 1847 in den USA. Im Haus der Schwestern Margaret und Kate Fox in Hydesville im Staate New York kam es zu Spukerscheinungen in Form von Klopfgeräuschen, die dem Geist eines ermordeten, im Keller begrabenen Hausierers zugeschrieben wurden.

Die Schwestern nahmen daraufhin medial Verbindung zu diesem Geist auf und führten dies mit großem Erfolg auch in der Öffentlichkeit vor. Es fanden sich viele Nachahmer, die verschiedene Techniken anwandten, um mit der Geisterwelt zu kommunizieren; das Ganze entwickelte sich zu einer Massenbewegung. Millionen Amerikaner waren von der Realität der angeblichen Geisterbeschwörungen überzeugt.

Die Bewegung verbreitete sich anschließend auch in Europa. Das Neue an dem modernen Spiritismus gegenüber den älteren Praktiken war, dass er nicht mehr nur von auserwählten Personen, wie zum Beispiel Schamanen oder Orakelpriestern, ausgeübt wurde. Jetzt befasste sich die breite Öffentlichkeit damit.

Es gab bekannte Persönlichkeiten, die sich mit Spiritismus befassten

wie zum Beispiel Sir Arthur Conan Doyle, der Autor von Sherlock Holmes, der Philosoph Arthur Schopenhauer oder der Dichter Rainer Maria Rilke. Vom Okkultismus beeinflusste Maler waren zum Beispiel Kandinsky, Max Ernst oder Paul Klee. Schopenhauer nannte Hellsehen „...eine Bestätigung der Kantischen Lehre von der Idealität des Raumes, der Zeit und der Kausalität, die Magie aber überdies auch der meinigen von der alleinigen Realität des Willens als des Kerns aller Dinge."
(Hätte er dies nicht auch etwas verständlicher ausdrücken können…?)

Die Botschaften des Spiritismus sind so vielfältig wie seine Techniken. Zu den wichtigsten gehören Gläserrücken, Ouija-Board, Tischerücken, Planchette sowie mediales Schreiben oder Sprechen.

Es ist egal, mit welchen Methoden man Verbindung zur Geisterwelt sucht. Alle können zu gleichwertigen Aussagen führen. Aber in jedem Fall setzt man sich gewissen Gefahren aus. Hierzu später.

Mit wem tritt der Spiritist in Kontakt?

Zunächst benötigt man für die Kontaktaufnahme ein Medium. Dies sind Menschen, die hierfür eine besondere Sensibilität besitzen. Eine allgemeine Regel, wer als Medium geeignet ist, kann man hier nicht aufstellen. Es hängt von dessen Persönlichkeit ab, ob höhere oder niedrigere Geister durch es sprechen.

„Medien nehmen für sich in Anspruch, unter anderem mit der jenseitigen Welt Verbindung aufzunehmen, z. B mit ‚Engeln‘ oder ‚Totengeistern‘. Sie tun dies in so genannten Séancen ... bei Einzelsitzungen oder Meditationen. Dabei übermitteln sie den Zuhörern oder dem Klienten Botschaften des Trostes oder der Lebenshilfe, die persönlich für die Zuhörer übermittelt werden sollen. Medien empfangen medial (telepathisch) Bilder, Töne oder Botschaften, die sie vermitteln. Die Behauptung, diese Botschaften kämen von Verstorbenen, Engeln oder Geistwesen, lässt sich damit begründen, dass sie teilweise sehr präzise Details von dem Aussehen oder der Lebensweise verstorbener Angehöriger wiedergeben können bzw. teilweise über spezielle Einzelheiten der Lebenssituation des Klienten Bescheid wissen, ohne den Klienten zu kennen und dadurch verblüffende Hilfeleistungen geben können."[1]

„Eine Séance (frz. Sitzung) ist eine spiritistische Sitzung … mehrerer Personen, um unter Anleitung oder Nutzung eines ‚Mediums' mit einer behaupteten Welt der Toten ... in Kontakt zu treten, um ‚Nachrichten' aus dem Jenseits zu empfangen oder mit Verstorbenen kommunizieren zu können."[2]

Die jenseitigen Wesen, die sich durch das Medium melden, haben manchmal, nach eigenen Angaben, einen sehr hohen Rang, zum Beispiel Erzengel Gabriel, Jesus, Gottvater selbst oder auch ganz andere wie z.B. Wesenheiten anderer Planeten.

Das Problem hierbei ist, dass sie sich nicht ausweisen und wir sie auch nicht sehen können. Sie jedoch können uns sehen und unsere Gedanken lesen. Man kann auch annehmen, dass sie in unserem Unterbewusstsein lesen können. Wir müssen uns klarmachen, dass die kontaktierten Personen in der Regel Menschen wie du und ich sind, nur dass sie keinen materiellen Körper mehr haben.

Im Grunde ist es nicht anders als in unserem normalen Leben. Wahrheit und Täuschung sind nahe beieinander. Man muss, wie Paulus sagt, die Geister prüfen und nur das Gute annehmen.

Manche Durchgaben können äußerst eindrucksvoll und lehrreich sein. Niemals sollte man ihnen jedoch blinden Glauben schenken. Hinter manchem „Erzengel" steht mitunter lediglich ein Angeber, der die Bewunderung der Sitzungsteilnehmer genießt oder auch ein gutmeinender Weltverbesserer, der auf diese Weise erhöhte Aufmerksamkeit erreichen will. Dies ist im Prinzip dieselbe Methode, die auch Herr Pfitzmann in der eingangs erwähnten Geschichte angewandt hat. Die Erzählung sollte dies verdeutlichen. Nicht selten melden sich allerdings auch dunkle Typen, die Menschen irreführen um Einfluss auf sie zu gewinnen.

Tischerücken

Hierzu nimmt man einen nicht zu großen, möglichst quadratischen Holztisch und legt unter zwei Beine jeweils ein Buch, so dass er hin und her kippen kann. Die Personen, die am Tisch sitzen, legen ihre Hände darauf oder halten sie auch in einem kleinen Abstand darüber. Nach einer gewissen Zeit der Einstimmung sagt dann die leitende Person, dass zum Beispiel zweimaliges Klopfen Ja bedeutet und einmaliges Klopfen Nein (häufigeres Klopfen kann die Antwort auf eine Frage sein, bei der es um eine Zahl geht). Wenn ein Geist da ist, wird er seine Anwesenheit mit zweimaligem Klopfen, also mit Ja, bestätigen.

Fragen, die dabei gestellt werden, sind zum Beispiel: „Wie alt werde ich? Werde ich in diesem Jahr heiraten? Welche Zahl denke ich mir gerade? Welchen (nummerierten) Gegenstand hat eine bestimmte Person im Nebenraum in der Hand?" Die Möglichkeiten sind unerschöpflich. Die Antworten sind manchmal verblüffend genau, oft aber auch Unsinn.

Ouija-Board, Gläserrücken

Auf einem Ouija-Board oder – Brett, auch Witchboard oder Hexenbrett genannt, sind das Alphabet und die Ziffern sowie die Wörter Ja und Nein abgebildet. Zusätzlich ist ein Brettchen in der Form eines Zeigers dabei. Zur Benutzung legt eine ausgewählte Person die Hände auf den Zeiger und wartet, nachdem eine Frage gestellt worden ist, bis sich dieser auf dem Brett bewegt. Der Zeiger bewegt sich dann zu einzelnen Buchstaben oder Ziffern. Die markierten Zeichen, die von einer anderen Person notiert werden, ergeben dann die Antwort auf die gestellte Frage. Der Führer des Zeigers übt dabei keinen bewussten Einfluss auf diesen aus. In manchen Sitzungen hat er auch die Augen verbunden. Je nach Séance liegen auch die Hände mehrerer Menschen auf dem Zeiger

Das Gläserrücken geht ganz ähnlich. Die Buchstaben und Ziffern werden hier auf ein großes Blatt Papier geschrieben. Die Funktion des Zeigers übernimmt ein umgestülptes Glas. Das Medium legt seine Hände auf das Glas, das sich dann von Buchstabe zu Buchstabe oder Ziffer bewegt.

Planchette

Bei der Planchette, auch schreibendes Tischchen genannt, handelt es sich um ein quadratisches oder ovales Tischchen, ähnlich einem Blumenhocker, das auf zwei Rollen steht und als drittes Standbein einen Schreibstift benutzt. Die Planchette wird auf ein großes Blatt Papier gestellt. Nachdem jemand von den Anwesenden eine Frage gestellt hat, legt das Medium seine Hand auf das Tischchen. Dieses setzt sich nach einer gewissen Zeit in Bewegung und schreibt die Antwort auf das Papier. Es ist wichtig, darauf zu achten, dass die Schrift möglichst wenig durch bewusste Handbewegungen des Mediums gesteuert wird.

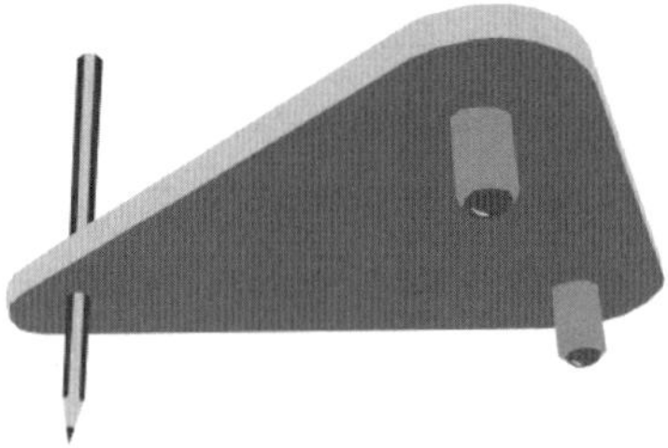

Planchette oder schreibendes Tischchen

Ein Arbeitskollege geriet einmal in seiner Nachbarschaft in eine Séance mit einer solchen Planchette. Er schaute gebannt zu, wie das Tischchen mehrere Fragen beantwortete. Als er an der Reihe war, fragte er: „Wann werde ich befördert?" Das Tischchen schrieb: „Nie!" Verwundert fragte er: „Wieso denn nicht?" Das Tischchen schrieb: „Zu faul!"

Der Vollständigkeit halber muss ich erwähnen, dass er mittlerweile bereits zweimal befördert wurde. Zum Glück ist auf Auskünfte, die man auf diese Art und Weise erhält, oft kein Verlass. Wer weiß, vielleicht war auf der „anderen Seite“ ein ehemaliger Vorgesetzter?

Mediales Schreiben, Channeling

Eine Freundin meiner Frau hatte vor Jahren schwere gesundheitliche Probleme. Eines Tages saß sie am Tisch und wollte einen Brief schreiben. Plötzlich zog und zuckte es in ihrer rechten Hand und der Stift lief wie von selbst über das Papier. Darauf erschienen die Worte: „Mein armes armes Kind!“

Wie sich im weiteren Verlauf herausstellte, meldete sich auf diese Weise ihr verstorbener Vater bei ihr und gab ihr schriftlich Ratschläge, wie sie wieder gesund werden konnte. Tatsächlich ging es daraufhin gesundheitlich mit ihr bergauf.

In der Folge schrieben auch andere Geister, die sich als Engel bezeichneten, durch sie. Über die Jahre entwickelte sich das weiter, so dass die Jenseitigen nicht mehr durch sie schrieben. Sie hörte vielmehr deren Stimmen unmittelbar in ihrem Kopf. Dies wird auch Channeling genannt.

Im Laufe der Zeit nutzte sie diese Verbindung nicht mehr nur für sich selber. Ihre Fähigkeit hatte sich herumgesprochen. Viele Leute suchten sie nun auf, um Lebenshilfe und auch Voraussagen über die Zukunft zu erhalten.

Mittlerweile hat sie sich jedoch von dieser Tätigkeit zurückgezogen, da sie in einer persönlichen Angelegenheit von ihren „Engeln“ enttäuscht war und führt wieder ein „normales Leben“.

Ihre Ratschläge und Voraussagen waren in vielen Fällen hilfreich und richtig. Manchmal trafen sie aber auch nicht oder nur zum Teil zu.

Ein Beispiel hierzu: Wir vermissten unseren Haustürschlüssel. Meine Frau bat sie daraufhin, ihre „Engel“ zu befragen, wo wir den Schlüssel finden könnten. Die Antwort war: „Der Schlüssel befindet sich im Gebüsch neben der Haustür.“ Wir suchten daraufhin an dieser Stelle, fanden aber leider nichts. Zwei Wochen später fand sich der Schlüssel zufällig in einer nicht mehr benutzten Geldbörse.

Wussten Sie, dass durch mediales Schreiben oder Channeling viele Schriften und Bücher entstanden sind, mit denen man ganze Bibliotheken füllen könnte? Die Schriften wurden aus der jenseitigen Welt bevorzugt einfachen Menschen diktiert. Sie behandelten Themen, von denen diese Menschen oft gar keine Ahnung hatten.

Die Art, wie diese Schriften zustande kommen, ist unterschiedlich. Einigen der Schreibmedien werden die Gedanken eingegeben und dann von diesen niedergeschrieben. Anderen wird die Hand geführt, ohne dass sie wissen, was sie schreiben.

Eines der bekanntesten Schreibmedien war der österreichische Musiker Jakob Lorber, der sich als Schreibknecht Gottes bezeichnete. Er lebte von 1800 –1864. Nach eigenen Angaben hörte er am 15. März 1840 um 6:00 Uhr morgens eine innere Stimme, die ihn zum Schreiben aufforderte. Für ihn war das die Stimme von Jesus Christus, die ihm von da an bis zu seinem Tod etwa 20.000 Manuskriptseiten diktierte. So ist hier zum Beispiel minutiös das Leben Jesu geschildert, das in mehreren Büchern dargelegt ist. Insgesamt ergaben sich aus den Manuskripten 25 Bücher und viele kleinere Schriften.

Der Italienerin Maria Valtorta die von 1897 – 1961 lebte, wurden ebenfalls nach ihren Angaben, von Jesus, etwa 15.000 Seiten diktiert. In dem hieraus entstandenen Werk, "Der Gottmensch, Leben und Leiden unseres Herrn Jesus Christus", wird ebenfalls in zwölf Bänden das Leben Jesu beschrieben.

Auch die Klosterschwester und Mystikerin Anna Katharina Emmerich, die von 1774 – 1824 lebte, schrieb auf diese Weise einige Bücher über das Leben Jesu und das seiner Mutter Maria. Zu erwähnen ist noch dass sie die Stigmata, also die Wunden Jesu an ihrem Körper trug.

Wenn man allerdings diese Bücher miteinander vergleicht, die doch denselben Sachverhalt beschreiben, stellt man fest, dass jedes das Leben Jesu auf eine andere Art schildert. Die Inhalte sind stark von der Zeit, in der die Medien gelebt haben, und von ihren Glaubensvorstellungen geprägt. Man könnte daher den Verdacht hegen, diese Personen hätten alles aus eigenem Wissen und eigenem Antrieb geschrieben. Wenn man aber die näheren Umstände betrachtet, unter denen diese Bücher entstanden sind sowie die Glaubwürdigkeit der Schreiber und die Vielzahl solcher Schriftstücke, ist es eher wahrscheinlich, dass Menschen im Jenseits für ihre Botschaften diejenigen als Medium suchen, die gedanklich auf gleicher Wellenlinie liegen.

Kann man Spiritismus auf natürliche Art erklären?

Einige Strömungen der Parapsychologie und auch kirchliche Sektenbeauftragte bemühen sich krampfhaft, alle Phänomene des Spiritismus als Ausflüsse des Unterbewusstseins des Menschen ohne den Einfluss einer Geisterwelt zu erklären. Dies kann zwar in Einzelfällen zutreffen, erklärt aber bei weitem nicht alle Erscheinungen. Auch warnen sie – berechtigterweise – vor schweren psychischen Folgen. Doch gerade diese, nach Séancen auftretenden psychischen Probleme Einzelner, zumeist Jugendlicher, lassen sich aufgrund der – äußerlich gesehen – harmlosen Spielereien nicht erklären. Woher sollen die schweren psychischen Probleme mancher Teilnehmer kommen, vor denen immer wieder gewarnt wird und die es nachweislich auch gibt, wenn alles natürlich erklärbar ist? Auch der Verweis auf „gruppendynamische Prozesse" oder die „suggestive, unheimliche Atmosphäre" ist zu allgemein, um die damit verbundenen Gefahren zu begründen. Wenn nicht mehr dahinter wäre als das normale Bewusstsein oder Unterbewusstsein, könnte auch keine besondere Gefahr damit verbunden sein.

Die ablehnende Haltung der kirchlichen Sektenbeauftragten – also ein Leugnen des Übernatürlichen in diesen Fällen – irritiert, da die katholische Kirche andererseits – wie bereits beschrieben – den Exorzismus, die sogenannte Teufelsaustreibung, bei Besessenheit betreibt. Hierbei hat sie keinen Zweifel, dass ein jenseitiges Wesen mit im Spiel ist.

Als eine Erklärung für die Bewegung des Tisches, der Gläser oder des Pendels wird der sogenannte Carpenter-Effekt angeführt. Durch die Vorstellung einer Bewegung werden hiernach im Gehirn motorische Zentren angesprochen, die die Muskeln in der Weise aktivieren, dass diese die vorgestellte Bewegung zustande bringen.

Sie können es selbst ausprobieren, indem Sie ein Pendel – es kann auch ein anderer Gegenstand, z.B. ein Ring oder ähnliches sein – an der Schnur halten und sich eine bestimmte Bewegung des Pendels sehr konzentriert vorstellen. Wenn Sie sich zum Beispiel vorstellen, es solle sich rechts herum im Kreis drehen, wird es nach einiger Zeit wie gewünscht kreisen. Wenn Sie sich nun vorstellen, es soll stoppen und linksherum kreisen oder in einer bestimmten Richtung hin und her pendeln, wird es auch dies tun. Hängen Sie jedoch das Pendel an einem festen Gegenstand auf, können Sie sich noch so sehr bemühen, eine Bewegung zustande zu bringen, das Pendel wird sich nicht rühren. Sollten sie es trotzdem schaffen, wären sie sehr begabt für Telekinese, also die Bewegung von Gegenständen durch den Willen. Dies kommt aber eher selten vor.

Man kann also daraus schließen, dass die Bewegung des Pendels durch winzige, unbewusste Muskelbewegungen der Hand gesteuert wird. Auch die Bewegung der Wünschelrute kann dadurch erklärt werden.

Bei den vorgenannten Techniken kann eine Erklärung durch den Carpenter-Effekt jedoch ausgeschlossen werden, da solch kleine unbewusste Muskelbewegungen nicht die viel größeren Bewegungen, die bei diesen Geräten notwendig sind, beeinflussen können. Das Tischerücken funktioniert beispielsweise auch, wenn die Hände den Tisch nicht berühren. Auch käme durch den Carpenter-Effekt nur Unsinn heraus. Vor allem, wenn die Person, die mit ihren Händen das jeweilige Gerät bedient, die Augen verbunden hat und so nicht sehen kann, zu welchen Zeichen der Zeiger oder das Glas wandert oder was das Tischchen schreibt. Außer man verdächtigt diese Person, sie würde seitlich an der Binde vorbeischielen. Dies wäre bei einigem Geschick vielleicht möglich, aber da sie meistens selbst an den Antworten interessiert ist, würde sie sich damit selbst betrügen. Normalerweise ergibt dies keinen Sinn.

Wie immer und überall gibt und gab es auch in diesem Bereich Betrug und Täuschung, nicht nur durch die gerufenen Geister, die manchmal nur Unsinn im Kopf haben. Auch Medien oder Veranstaltern von Séancen sind schon Manipulationen nachgewiesen worden. Wenn man daraus aber schließen würde, dass über viele Jahrhunderte alles nur Schwindel oder Selbsttäuschung war, würde man sich nur selber betrügen.

Gefahren des Spiritismus

Okkulte Praktiken dürfen nicht als eine „harmlose Spielerei" angesehen werden. Die folgende Geschichte soll dies verdeutlichen:

„Wos hör i do, ihr redets über Geister. Dös interesssiert mi. Do will i mitreden. Kann i mi zu eich setzn?"
Und schon saß die Zenzi von der Alm an unserem Tisch.

Wir, vier Wanderfreunde, waren auf einer Bergtour in den österreichischen Alpen in starkes Schneetreiben geraten. Auf dem Weg über ein Joch in 2000 m Höhe hatten wir Mühe, den mehr und mehr zugeschneiten Wanderweg zu erkennen. Während wir langsam höher stiegen, wuchs der Schnee Zentimeter um Zentimeter. Obwohl erst drei Uhr nachmittags, war die Umgebung schon in Dämmerlicht gehüllt.

Vor uns tauchten schemenhaft zwei umherirrende Gestalten auf. Als wir näher kamen, stellten sie sich als zwei junge Holländerinnen heraus, die denselben Weg wie wir hatten. Sie waren sichtlich froh, in dieser Schneewüste nicht mehr allein zu sein. So schlossen sie sich uns auf dem Weg zum Grat an.

Oben konnten wir allerdings keinen Übergang mehr in das darunterliegende Tal finden. Ein Weitergehen in eine uns unbekannte Gegend wäre zu riskant gewesen. Daher entschlossen wir uns zur Umkehr.

Die beiden Holländerinnen erzählten uns von einer Alm, etwa eine Stunde unterhalb, in der sie zu Mittag gegessen hätten. Dort könne man auch übernachten. Nachdem wir dort eingetroffen waren – der Schnee war in diesem Hochtal in Regen übergegangen – stand ich mit Zenzi, die mit ihrem Vater diese Alm führte, draußen und schaute mir die seltsam kleinen Pferde an, die auf der Weide grasten.

Für Pferde schienen sie mir zu klein und für Ponys zu groß. Mit meiner Frage, ob dies Islandponys seien, die, wie ich gehört hätte, größer wären als normale Ponys, stach ich in ein Wespennest.

„Wos, Du deitscher Dummbeitel. Dös san Haflinger. Dös san Pferd. Wir ham hier die beste Haflingerzucht Österreichs." Ihren weiteren, nicht sehr aufbauenden Kommentar möchte ich ihnen ersparen.

Nach dem Abendessen saßen wir bei flackerndem Kerzenlicht in der Stube zwischen unseren nassen Sachen, die überall zum Trocknen ausgebreitet waren und unterhielten uns.

Als Relinde, eine der beiden Holländerinnen, ein esoterisches Buch aus ihrem viel zu schweren Rucksack auspackte, kam ich mit ihr über esoterische Phänomene ins Gespräch. Zenzi kam gerade zur Tür herein, als wir über Geister und Spiritismus sprachen. Sie war mittlerweile wieder versöhnt, nachdem ich ihr meine Unkenntnis in Pferdesachen versichert hatte.

Sie setzte sich zu uns und erzählte, sie hätte zwei oder drei Jahre zuvor des Öfteren an spiritistischen Sitzungen teilgenommen. Es ging dabei um Tischerücken und ähnliche Praktiken. Nach einiger Zeit hätte sie den Eindruck gehabt, dass eine unsichtbare Person um sie herum wäre. Dies ging sogar so weit, dass, als sie einmal abends im Bett lag, die Tür aufging und sich wieder schloss, ohne dass jemand zu sehen war. Dann hörte sie, wie sich jemand neben sie legte. Sie hörte die Geräusche, konnte aber niemanden sehen, obwohl es noch nicht dunkel war. Fühlen konnte sie auch niemanden.

Sie möchten sicher wissen, was weiter passierte. Leider weiß ich es selbst nicht. Keiner der am Tisch Sitzenden dachte daran, sie danach zu fragen. Vielleicht lag es an der etwas unheimlichen Atmosphäre. Und sie erzählte selbst auch nicht weiter.

Meine Bemerkung, man solle von Spiritismus die Finger lassen, weil es viele Erfahrungen gäbe, dass sich Geister nach solchen Sitzungen an einen hängen, bestätigte sie lebhaft. Sie selbst würde in dieser Richtung seitdem nichts mehr machen. Mittlerweile hätte sie wieder Ruhe vor solchen Annäherungsversuchen.

Je ahnungsloser die Teilnehmer einer spiritistischen Sitzung sind und je mehr sie das Ganze nur als einen faszinierenden Zeitvertreib betrachten, desto gefährlicher ist dieses „Spiel“. Dies ist einer der Gründe, weswegen vor allem Jugendliche, die in diesen Dingen unerfahren sind, nicht selten anschließend psychotherapeutische Hilfe in Anspruch nehmen müssen.

Vor allem Personen, die Übersinnliches weit von sich weisen, sind oft erschüttert, wenn ihr atheistisches Weltbild durch die unerklärlichen Bewegungen des Glases oder Tisches oder die verblüffenden Botschaften einen Sprung bekommt.

Die Gefahren des Spiritismus im Einzelnen:

Abhängigkeit

Es gibt Menschen, die bei jeder halbwegs gewichtigen Entscheidung spiritistische Techniken in Anspruch nehmen. Dies führt dazu, dass sie in Abhängigkeit von Geistern geraten, wobei sie nicht wissen, um wen es sich tatsächlich handelt. Vor allem wird ihr eigener freier Wille derart geschwächt, dass sie sich mit der Zeit immer weniger trauen, selbst zu entscheiden. Sie geraten in Gefahr, von jenseitigen Menschen für deren Zwecke manipuliert zu werden und ihr Leben nicht mehr selbst in der Hand zu haben.

Angst, Umsessenheit, Besessenheit

Nach spiritistischen Praktiken können Menschen von starken Angstgefühlen geplagt werden. Eine Bekannte erhielt einmal auf die Frage, wie lange sie leben werde, die Antwort: „Du wirst mit 30 Jahren bei der Geburt des dritten Kindes sterben!"

Man kann sich vorstellen, welche Belastung das für sie bedeutete. Sie bekam allerdings nur zwei Kinder und ist heute im Rentenalter.

Wenn man schon nicht davon lassen kann, so sollte man zumindest bestimmte Fragen nicht stellen.

Solche Angstgefühle entstehen aber auch, wenn sich – wie in der Geschichte von Zenzi – ein oder mehrere Geister an einen heften. Man spricht hierbei auch von Umsessenheit. Dies kann sich darin äußern, dass jemand, ähnlich wie beim Channeling, Stimmen in seinem Kopf hört. Diese versuchen, den Menschen zu beherrschen, indem sie ihm sagen, was er tun soll. Im Extremfall kann dies dazu führen, dass jemandem durch die Stimme befohlen wird, ein Verbrechen zu begehen. Vor allem willensschwache Menschen sind gefährdet.

Vielleicht haben Sie auch schon einmal in der Zeitung gelesen, wie ein geisteskranker Mörder seine Tat dadurch gerechtfertigt hat, diese sei ihm durch Stimmen in seinem Kopf befohlen worden.

Als extreme Folge von spiritistischen Techniken kann auch Besessenheit auftreten.

„Eine der weitaus unterschätzten Gefahren des Brettes (gemeint ist das Oujja-Brett, d. V.) sind die gerufenen Geister selbst. So sind nicht alle erscheinenden Geister gut und freundlich. Oftmals erscheinen bösartige Geister, welche wilde Beschimpfungen aussprechen und sich in seltenen Fällen nicht mehr vertreiben lassen. So soll es mehrfach geschehen sein, dass bösartige herbeigerufene Geister sich als wahre Poltergeister erwiesen und bestimmte Personen oder Fragesteller über Jahre hinaus tyrannisierten.“[4]

Zusammenfassend möchte ich sagen, dass man von Okkultismus oder Spiritismus aus zweierlei Gründen Abstand nehmen sollte:

Zum einen setzen Sie sich *unnötig* Gefahren aus und zum zweiten schwächt es die eigene Willens- und Entscheidungskraft, so dass es soweit kommen kann, dass Sie für jede Entscheidung jenseitige Hilfe in Anspruch nehmen müssen. Sollten Sie in einer schwierigen Lebenssituation einmal wirklich nicht mehr weiter wissen, ist es sicherer, sich mit lebenden Personen zu besprechen, denen sie vertrauen.

10. Kapitel

Raum und Zeit

Leerer Raum – Nichts – Quantenfeld

„Und wenn der Wein, den du trinkst, der Mund, den du küsst,
wie alle Dinge im Nichts entschwinden, dann sieh:
Nichts anderes bist du, als was du sein wirst, das heißt:
ein Nichts, du wirst nie weniger sein."
(Omar Chajjam, islamischer Wissenschaftler und Mystiker)[1],

Stellen Sie sich vor, in der Wüste Sahara wäre ein Raumschiff vom Mars gelandet. Die kleinen grünen Männchen steigen aus und sehen, soweit das Auge reicht, nichts als Sand. Natürlich sind sie enttäuscht. Einer mosert herum: „Das ist ja auch nicht anders als bei uns. Da hätten wir auch zuhause bleiben können. Schade um den vielen Sprit." Wie sie so ratlos herumstehen, geschieht etwas, das dort nur alle paar Jahre einmal passiert, Wolken ziehen auf und es gießt wie aus Eimern. Staunend stehen sie da und können sich das nicht erklären. Noch weniger können sich die grünen Männchen erklären, was ein paar Stunden später geschieht. Überall regt sich Leben. Aus den im Wüstensand verborgenen Samen sprießt frisches Grün hervor. So etwas konnten sie auf dem Mars noch nie beobachten. Es ist für sie unvorstellbar, wie aus toter Erde lebende Pflanzen hervorgehen können. Die Reise hat sich gelohnt. Aber wie sollen sie es nach ihrer Rückkehr den anderen Marsbewohnern erklären? Wie sollen die so etwas begreifen?

Genauso schwer begreifbar ist für uns, wie aus dem Nichts die belebte und unbelebte Materie entstehen kann.

Die Erde wird manchmal als „Mutter Erde" bezeichnet, da aus ihr alles Leben entspringt. Genauso können wir das „Nichts", das physikalische absolute Vakuum, als Mutter alles Existierenden bezeichnen. Wie in der Erde alles enthalten ist, um pflanzliches Leben hervor sprießen zu lassen und zu erhalten, ist das Nichts die Grundlage und die Erhalterin allen Seins.

Was ist nun dieses „Nichts“?

In unserem Universum gibt es nichts, wo nichts ist. Anders ausgedrückt, überall spielt sich etwas ab, auch im absolut leeren Raum. Vor allem dort!

Wie wir bereits in dem Kapitel „Entstehung und Entwicklung des Universums“ gesehen haben, enthält das absolute Vakuum – also dieses Nichts – Energie und Gesetzmäßigkeiten.

Aber nicht nur das von Atomen und Elementarteilchen entleerte Vakuum ist leerer Raum. Wie wir im ersten Kapitel gesehen haben, ist das Atom zu 99,999999999999 % leer. Und auch zwischen den Atomen befindet sich leerer Raum.

Wenn man die Elektronen und Atomkerne eines Menschen nebeneinander packen würde, würde etwa ein 500-tausendstel Millimeter großes Päckchen verbleiben. Dies wäre nicht einmal mehr mit einem Elektronenmikroskop zu erkennen.

Wenn Sie jemanden als „aufgeblasenes Nichts“ bezeichneten, und er würde Sie dafür vor Gericht zerren, hätten sie ein starkes Argument zu Ihrer Verteidigung.

Wir sehen also, dass das, was wir als Materie bezeichnen, gegenüber dem leeren Raum nur einen verschwindend geringen Platz einnimmt.

Die Forschungen über das Nichts oder das Vakuum, auch Quantenfeld oder Nullpunktfeld genannt, befinden sich in vielen Bereichen noch im Anfangsstadium. Es ist physikalisch schwer zu erfassen.

So geht die Wissenschaft davon aus, dass das Vakuum Energie enthält. Diese existiert jedoch nur in virtueller oder potentieller Form, solange sie nicht mit einem Teilchen interagiert.

Dies kann man sich genauso vorstellen wie die in den Kapitel „Welt der Quantenobjekte“ beschriebenen Elementarteilchen, die so lange nur als Möglichkeit existieren, wie sie nicht gemessen werden oder mit anderen Teilchen in Verbindung treten. So entstehen durch die Energie im leeren Raum ständig virtuelle Teilchenpaare. Das sind Teilchen-Antiteilchen-Paare, auch Materie- und Antimaterieteilchen genannt. Diese bestehen nur einen winzigen Moment und löschen sich aufgrund ihrer gegensätzlichen Ladungen (plus – minus) wieder aus. Dabei zerstrahlen sie wieder zu Energie.

In der Physik wurden die theoretischen Berechnungen sehr oft von den späteren experimentellen Nachweisen bestätigt. Beim Energiegehalt des Vakuums klaffen jedoch Berechnung und Beobachtung extrem weit auseinander. John Archibald Wheeler errechnete eine Energiedichte des Vakuums von 10^{94} g/cm^3, das sind 10^{88} t pro cm^3.

Zum Vergleich: Unser sichtbares Universum enthält etwa 10^{78} Atome. Das sind 10^{48} Tonnen Masse. Dann hätte 1 cm^3 Vakuum eine Energiedichte, die um 10^{40} Tonnen größer wäre, als die des ganzen Universums. Ein Wahnsinnswert…!

Erläuternd ist noch zu sagen, dass hier die Energie gemeint ist, die in dieser Masse enthalten ist, also die Energie, die entsteht, wenn diese Masse zerstrahlt. Sie berechnet sich nach der Einsteinschen Formel: $E=mc^2$. Auf diese Formel werde ich noch zurückkommen. Aber keine Sorge, sie ist sehr einfach zu begreifen.

Der tatsächlich beobachtete Wert der Vakuumsenergie liegt allerdings um 10^{120} niedriger. Das sind nur ein 10^{26}stel eines Gramms. Es ist hier wohl noch einige Forschungsarbeit zu leisten, bis Theorie und Praxis übereinstimmen.

Im Nichts ist, wie wir gesehen haben, nicht nur Energie, sondern auch alles andere enthalten. Dies sind die Naturgesetze sowie alle der Materie zu Grunde liegende Information, elektromagnetische Kraftfelder, unsere Gedanken, andere Zeit- und Raumdimensionen.

So entwickelte der bekannte britische Biologe Rupert Sheldrake die Hypothese eines morphogenetischen oder auch morphischen Feldes. Man könnte es auch ein geistiges Internet nennen. Darin sollen alle Informationen über die Grundlagen des Universums (z. B. Naturgesetze), sowie alles, was auf der Welt jemals geschehen ist und gedacht wurde, gespeichert sein. Diese Informationen sind bewusst oder unbewusst abrufbar und beeinflussen als „formbildende Verursachung“ die Entwicklung aller materiellen und geistigen Strukturen. D. h. alles, was geschieht, wird von diesem Feld beeinflusst. In anderen Theorien wird dies auch als „riesiger Informationsspeicher“ bezeichnet.

Als Kind spielte ich oft mit dem Magneten aus einem zerlegten Fahrraddynamo und war davon fasziniert, wie er die Eisenstückchen hin und her bewegte, ohne eine sichtbare Verbindung zwischen beiden. Damals dachte ich immer: „Wenn ich mal in die Schule gehe, werde ich lernen, wieso das so ist.“

Als wir dann aber im Physikunterricht den Magnetismus durchnahmen, wurde ich enttäuscht. Wir sahen zwar anhand der Eisenspänchen, wie das Kraftfeld des Magneten aufgebaut ist, das Kraftfeld selbst wurde aber nicht “greifbar“. Es war und blieb unsichtbar und unbegreifbar.

Ebenso wie diese elektromagnetischen Felder, die nicht nur um Magneten, sondern um alle Materieteilchen mit elektrischer Ladung existieren, sind auch Gravitationsfelder, also die Anziehungskräfte der Himmelskörper Teil des absoluten Vakuums.

Natürlich können wir die Materie nicht vom leeren Raum oder Quantenfeld trennen. Nach der berühmten Einstein`schen Formel – E=mc2 – ist Materie nur eine andere Erscheinungsform von Energie. Man könnte auch sagen, sie ist gefrorene Energie. Aus Energie kann Materie entstehen und Materie kann zu Energie zerstrahlen.

Materie, in diesem Sinne, ist daher die Manifestation von Eigenschaften, die im Nichts latent vorhanden sind. Es gibt nichts, das im Vakuum nicht potenziell – als Möglichkeit – enthalten wäre.

Aus all dem Gesagten, kommen wir zwingend zu dem Schluss, dass nicht die Materie, sondern das Nichts – die Leere – das Wesentliche, das Bestimmende unseres Universums ist.

Der amerikanische Quantenphysiker David Bohm drückte es wie folgt aus:

„Heute gilt in der theoretischen Physik die Aussage, daß der leere Raum all diese Energie trägt, die durch die Materie selbst nur unwesentlich erhöht wird. Materie bildet daher nur ein winziges Tröpfchen jenes Ozeans an Energie, in welchem sie relativ stabil und manifestiert ist. Meine Schlußfolgerung ist daher, der impliziten Ordnung eine Realität zuzuschreiben, die jene der Materie bei weitem übersteigt. Materie macht vor jenem gewaltigen Hintergrund nur ein Tröpfchen aus.“[2]

Rufen wir uns vor diesem Hintergrund nochmals die Aussagen von Quantenphysikern, wie Hawking oder Fritzsch, in Erinnerung. Bei diesen erzeugt sich Materie *selbst* spontan und zufällig aus dem „Nichts“.

Meines Erachtens sind hier die Akzente verschoben. Nicht die Materie hat sich selbst aus dem Vakuum gebildet. Die Materie, ein winziger Teil des „Nichts“ wurde von diesem nach seiner Vorstellung oder seinem Plan und durch Umwandlung seiner Energie gebildet. Sie wurde nicht nur davon gebildet. Die Materie wird auch unmittelbar aus diesen Nichts heraus erhalten. Ohne den Hintergrund des „Nichts“ könnte die Materie keine Sekunde existieren. Sie ist davon abhängig, wie ein Baby von seiner Mutter.

Wie, um Himmels willen, soll das ohne Intelligenz, nur durch Zufall, funktionieren? Können Sie sich vorstellen, wie lange ein Baby lebt, wenn es von seiner Mutter nach dem System Zufall gestillt, schlafen gelegt und gewickelt wird?

Das Ziel aller Bemühungen im Buddhismus, das „Nirwana“, wird oft als Auflösung des Seins gedeutet. So einfach ist es jedoch nicht. Nirwana wird auch umschrieben als „Erfüllte Leere oder leeres Erfülltsein“, oder „Form ist Leere, und Leere ist Form“.

Hat dies etwas mit dem physikalischen Nichts zu tun? Es hört sich verdächtig ähnlich an! Ich werde im letzten Kapitel eine Lösung vorstellen.

Raum ohne Entfernung – Verschränkung

„So geht das nicht weiter! Da muss etwas geschehen!“ Wütend stürmte er die Himmelsleiter empor, bis er endlich am Himmelstor stand. Durch sein Pochen schrak Petrus aus seinen Mittagsschlaf hoch. Er rieb sich verwundert die Augen: „Es ist doch gar niemand angesagt um diese Zeit.“

Schon wieder ertönte das ungeduldige Pochen.

„Ja ja, ich komm ja schon!“

Als er das schwere Himmelstor öffnete, stand draußen ein aufgeregter

Mann mit Haaren, die ungekämmt in alle Richtungen standen. Sein Pullover war auch nicht von der Art, wie man ihn zu einem wichtigen Ereignis trägt, von der ausgebeulten Hose ganz zu schweigen.

„Wer bist du denn?"

„Einstein."

„Und der Vorname?"

„Albert."

„Doch nicht der berühmte Einstein?"

„Doch, derselbe!"

„Und was willst du hier? Du bist doch erst in 20 Jahren an der Reihe!"

„Ich muss dringend den Alten sprechen!"

Petrus war etwas indigniert. So viel Respektlosigkeit war ihm schon lange nicht mehr vorgekommen. Aber da ihm schon einige Aussprüche Einsteins zu Ohren gekommen waren, hielt sich seine Empörung in Grenzen.

„Du meinst wohl Gott, den Herrn der Herrlichkeit."

„Ja, aber wenn es geht, heute noch!"

„Ein bisschen mehr Geduld, wenn ich bitten darf! Was willst du denn von ihm?"

„Er soll sich endlich mehr um seinen Kram kümmern! Meine wissenschaftlichen Kollegen, diese Banausen, meinen, sie könnten mit der Quantenphysik nachweisen, dass alles nur zufällig geschieht und kein Gott gebraucht wird. Ich kann mich abmühen und dagegen angehen, wie ich will, sie kommen immer wieder mit neuen Argumenten. Ich schaffe das alleine nicht mehr! Ich habe schon oft gesagt, dass der Alte nicht würfelt, aber mir fehlen die Beweise. Er soll sich jetzt endlich selber mit einschalten, sonst geht die ganze Sache den Bach hinunter. Sein Stuhl wackelt ohnehin schon. Irgendwann werden sie ihn vom Thron stürzen."

Petrus konnte sich, als einfacher Fischer, der er in seinem Erdenleben gewesen war, keinen Reim darauf machen, was Einstein meinte. Die Sache schien aber wichtig zu sein und so führte er den ungeduldigen Eindringling in das Allerheiligste des Himmels. Was Einstein hier allerdings sah, machte ihn fassungslos. Am liebsten wäre er vor Enttäuschung im

Boden versunken, was aber nicht ging, da er auf einer Wolke stand.

Vor ihm, auf einem großen Thron, saß Gott, mit einem Würfelbecher in der Hand. Ständig, ohne Pause, schüttelte er diesen und kippte die Würfel auf ein kleines Tischchen vor sich. Sie waren aus Edelsteinen gefertigt und sandten, je nachdem, wie sie zum Liegen kamen, verschiedenfarbige Strahlen zur Erde hinunter. Auf diese Weise steuerten sie das Leben dort.

Das war zu viel ... ! Mit langen Sätzen stürmte er aus dem Allerheiligsten, am verdutzten Petrus vorbei, zum Himmelstor hinaus. Auf dem Weg zur Leiter stolperte er über einen Wolkenfetzen und stürzte über den Rand der Wolke zur Erde.

Der Aufprall war hart. Als er sich gesammelt hatte und wieder wusste, wo er war, lag er schweißgebadet, mit fliegendem Atem, neben seinem Bett auf dem Boden. Erleichtert stellte er fest, dass er unverletzt und alles nur ein Traum gewesen war. Insgeheim musste er lachen über dieses realistische Theaterstück.

Aber der Kämpfertyp in ihm gab nicht auf. Er murmelte in sich hinein: „Nicht mal von dort bekommt man Hilfe! Muss ich es wieder mal alleine machen." Dann schlief er erschöpft ein.

Am Morgen kam ihm während des Aufwachens blitzartig eine Idee. „So müsste es gehen, so müsste man es beweisen können!" Dann holte er zu seinem letzten großen Schlag gegen die Quantentheorie aus.

Und so wollen wir uns wieder den tatsächlichen Ereignissen zuwenden.

Einstein wollte 1935 endlich beweisen, dass die Atome und Elementarteilchen auch ohne Beobachtung oder Messung real existieren und nicht nur als Möglichkeit, wie im Kapitel „Welt der Quantenobjekte" beschrieben. Er wollte diese Theorie, die von führenden Physikern wie z. B. Erwin Schrödinger vertreten wurde, anhand eines Gedankenexperimentes ad absurdum führen.

Dieses Experiment, das er zusammen mit seinen Mitarbeitern Boris Podolsky und Nathan Rosen erdachte, ging als das Einstein-Podolsky-Rosen- Experiment (EPR-Experiment) in die Geschichte ein.

Wenn ein Lichtphoton, oder Lichtteilchen, durch einen bestimmten

Kristall geschickt wird, entsteht ein Paar von Photonen (Zwillingsteilchen) mit jeweils der halben Energie des Ursprungsphotons. Diese beiden Teilchen fliegen in gegensätzlicher Richtung auseinander. Zunächst sind ihre Eigenschaften – Polarisation oder auch Spin genannt – unbestimmt. Wird *ein* Photon gemessen, nimmt es eine bestimmte, vorher nicht festgelegte Polarisation an. Im selben Moment erhält sein Zwillingsteilchen die gegensätzliche Polarisation. Das geschieht, egal wie weit die beiden voneinander entfernt sind. Auch wenn sie sich an den entgegengesetzten Enden des Universums befinden würden.

Einstein dachte nun, dass dies völlig unmöglich wäre, da das gemessene Photon seinem Partner mit Überlichtgeschwindigkeit den eingenommenen Zustand mitteilen müsste. Weil das aber ausgeschlossen ist – nach der Relativitätstheorie könnte die Nachrichtenübermittlung höchstens mit Lichtgeschwindigkeit erfolgen –, folgerten die drei Theoretiker, dass der Zustand der Teilchen schon vor der Messung feststünde. Also nicht unbestimmt sei, wie in der Quantentheorie behauptet. Bei dem Problem könne es sich nur um einen Fehler in der Messtechnik oder um einen sonstigen noch unbekannten Vorgang handeln. Für Einstein war diese unerklärbare Nachrichtenübermittlung eine „spukhafte Fernwirkung".

Er erlebte die Klärung dieses Problems nicht mehr. So blieb es ihm erspart, mit anzusehen, wie der Schuss nach hinten losging. Erst in den achtziger Jahren – Einstein starb 1955 – wurde dieses Quantenphänomen experimentell bestätigt.

Man schickte die Zwillingsteilchen über eine Strecke von jeweils mehreren Kilometern, an deren Ende die Polarisation von beiden gemessen wurde. Das Ergebnis bestätigte die theoretischen Vorhersagen, nämlich dass sich beide augenblicklich, ohne Zeitverzögerung, mit dem anderen abstimmen. Des Weiteren ergab sich, wie wir auch beim Doppelspaltexperiment gesehen haben, dass ein Teilchen augenblicklich auch *rückwirkend* auf die Veränderung der Messapparatur reagiert, sogar wenn es schon Lichtjahre davon entfernt wäre.

Die Annahme Einsteins, dass der Zustand der Teilchen von vorneherein festgelegt wäre, war widerlegt. Die Lichtteilchen sind, solange sie nicht gemessen werden, in einem unbestimmten Zustand.

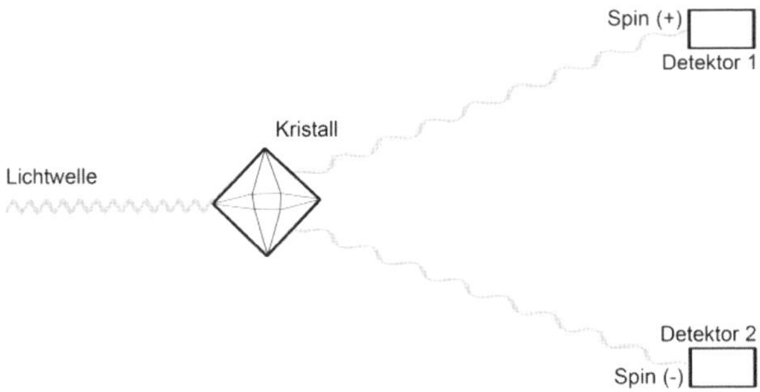

Zwillingsteilchen-Experiment

Wie aber lässt sich das Verhalten der Teilchen erklären, wenn eine augenblickliche Nachrichtenübermittlung ausgeschlossen ist, wie Einstein zu Recht annahm?

Die Antwort ist verblüffend: Es wird zwischen beiden Teilchen gar keine Nachricht übertragen. Die Zwillingsteilchen sind, egal wie weit voneinander entfernt, eine Einheit. Sie sind, wie Erwin Schrödinger es genannt hat, „verschränkt". D. h., sie „wissen" ständig um ihren jeweiligen Zustand und hängen in ihrem Verhalten untrennbar zusammen. Raum und Zeit bestehen zwischen ihnen nicht.

Was sagt nun dieses Experiment, dieses Teilchenverhalten, über unsere Welt aus? Zunächst ist es dasselbe Phänomen, das schon in dem Kapitel „Welt der Quantenobjekte" unter der Überschrift „Geist und Materie" beschrieben ist. Bevor ein Elementarteilchen oder Atom gemessen wird oder mit anderen Objekten interagiert, besteht es nur als Möglichkeit, als Schwingung. Erst durch die Messung manifestiert es sich infolge der Dekohärenz als Materieteilchen.

Wie kann es aber sein, dass diese Teilchen trotz unendlich weiter Entfernung immer eine Einheit darstellen?

Die Quantenmechanik stellt einmal mehr unsere herkömmliche Weltsicht infrage. Besagt dieses „spukhafte“ Verhalten der Teilchen, dass es, anders als es uns unsere Sinne glauben machen, keinen Raum und keine Zeit gibt? Wir werden dieser Frage im Folgenden noch näher nachgehen!

Relativitätstheorie

Im Jahre 1905 wurde ein 26-jähriger junger Physiker mit einem Schlag zum berühmtesten aller Wissenschaftler. Albert Einstein veröffentlichte in einer wissenschaftlichen Zeitung einen Artikel mit dem Titel: „Zur Elektrodynamik bewegter Körper“. Dies war der Kern der „speziellen Relativitätstheorie“, wie sie später genannt wurde. Diese Theorie stieß die Tür zu einem neuen Weltbild auf.

Das mechanistische Weltbild, das seit Isaak Newton gegolten hatte, war damit zwar nicht ungültig geworden. Im makroskopischen Bereich ist es nach wie vor gültig. Phänomene jedoch, die an den Grenzen unserer Wahrnehmung liegen, wie die Konstanz der Lichtgeschwindigkeit oder die Relativität von Zeit und Raum, konnten mit Newtons Theorien nicht zufriedenstellend erklärt werden. Diese Lücke füllte Einsteins Relativitätstheorie, die heute vielfach experimentell überprüft und in der Wissenschaft nicht mehr umstritten ist.

Grundlagen der Relativitätstheorie sind die Konstanz der Lichtgeschwindigkeit, die Gleichartigkeit der physikalischen Gesetze für alle Beobachter, die sich mit konstanter Geschwindigkeit bewegen, sowie als Folgerung daraus die Äquivalenz — Gleichwertigkeit – von Energie und Masse.

Im Jahre 1916 erweiterte Einstein seine Theorie um die Gesetze der Gravitation bzw. Raumkrümmung zur *allgemeinen* Relativitätstheorie.

Was bedeutet nun „Konstanz der Lichtgeschwindigkeit“?

Lichtgeschwindigkeit

Die Lichtgeschwindigkeit bleibt im Verhältnis zum Beobachter mit 300.000 km/s immer gleich, egal ob dieser sich auf die Lichtquelle zubewegt oder sich von ihr entfernt.

Wenn wir uns im Gegensatz dazu eine Geschosskugel ansehen, so erhöht oder vermindert sich deren Geschwindigkeit im Verhältnis zur Bewegung des Beobachters. Nehmen wir an, die Geschosskugel hat eine Geschwindigkeit von 2000 km/h und wird von einem Flugzeug abgeschossen, das 1000 km/h fliegt, so addiert sich die tatsächliche Geschwindigkeit des Geschosses auf 3000 km/h. Wenn es nun ein Objekt treffen soll, das sich mit 2000 km/h von ihr wegbewegt, trifft es mit einer relativen Geschwindigkeit – von diesem Objekt aus gesehen – von 1000 km/h dort auf. Würde sich dieses Objekt ebenfalls mit einer Geschwindigkeit von 3000 km/h bewegen, würde das Geschoss – zumindest eine Zeitlang – in einem gleichbleibenden Abstand hinter ihm her fliegen, ohne es zu erreichen.

Die Lichtgeschwindigkeit verhält sich völlig anders. Zur Verdeutlichung stellen wir uns ein Raumschiff vor, das von der Erde aus zu einem fernen Planeten fliegt, und zwar mit einer Geschwindigkeit von 100.000 km/s. Während des Fluges erhält es von der Erde ein Lichtsignal, das es an den anderen Planeten weiterleitet.

Dieses Signal verlässt die Erde mit Lichtgeschwindigkeit, also 300.000 km/s. Da das Raumschiff mit 100.000 km/s fliegt, müsste das Signal, wie im Fall der Rakete, nach Adam Riese, mit (300.000 minus Eigengeschwindigkeit 100.000 =) 200.000 km/s vom Raumschiff aus gesehen, ankommen. Dort müsste es mit (300.000 km/s zuzüglich Eigengeschwindigkeit des Raumschiffes 100.000 km/s =) 400.000 km/s tatsächlicher Geschwindigkeit abgehen und auf dem Planeten mit dieser Geschwindigkeit ankommen.

Was macht es aber? Das Licht hat anscheinend im Mathematik- und Physikunterricht geschlafen. Es interessiert sich überhaupt nicht für Logik. Es ist stur, es zeigt sich dem Beobachter immer nur mit der Geschwindigkeit von 300.000 km/s. Es ignoriert dessen Eigenbewegung.

Allerdings gilt diese Größe nur für das Vakuum. In anderen Medien, wie zum Beispiel im Wasser, bewegt es sich langsamer. Hier sind es etwa 225.000 km/s. Dies ist der Grund für die Lichtbrechung im Wasser oder auch in optischen Linsen.

Ein Beobachter misst also immer dieselbe Geschwindigkeit, egal ob er sich zum Lichtstrahl hin bewegt oder von ihm weg. Das verdeutlicht dieses Beispiel. Ob er sich auf der Erde im Raumschiff oder auf dem fernen Planeten befindet, er wird immer nur dieselbe Geschwindigkeit von 300.000 km/s feststellen können.

Mathematisch-logische Lichtgeschwindigkeit
(wenn das Licht sich wie ein Geschoss verhalten würde)

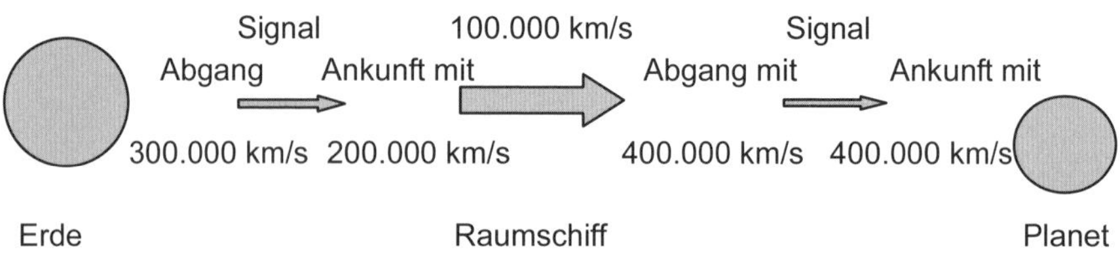

Tatsächlich gemessene Lichtgeschwindigkeit
(wie es auch aus der Relativitätstheorie hervorgeht)

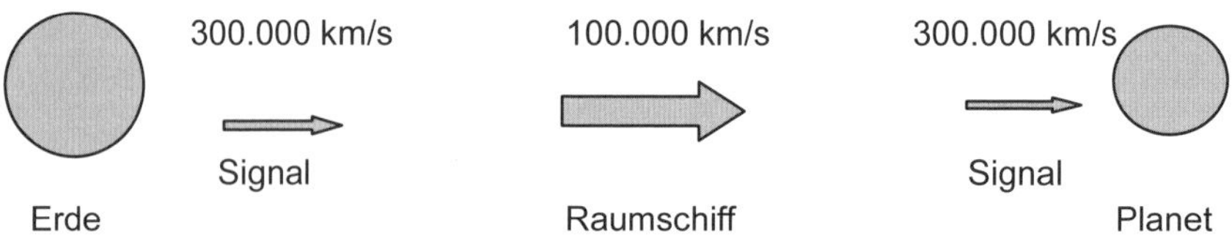

Dehnung der Zeit (Zeitdilatation)

Diese eigenartige Sache mit der Lichtgeschwindigkeit hat außerdem Auswirkung auf die Zeit. Von der Erde aus gesehen vergeht die Zeit, gegenüber derjenigen im Raumschiff, langsamer. Und zwar umso langsamer, je schneller sich das Raumschiff bewegt. Mit einer mathematischen Formel kann man diese Zeitdehnung (Dilatation) genau berechnen

Bekannt ist das gedankliche Beispiel der Zwillinge, von denen einer mit einem schnell fliegenden Raumschiff weg fliegt und, von der Erde aus gesehen, nach 50 Jahren zurückgekehrt. Wenn beide zum Zeitpunkt des

Abschieds 30 Jahre alt waren, ist der auf der Erde verbliebene nun 80 Jahre alt. Je nach Geschwindigkeit des Raumschiffs könnten für den anderen vielleicht nur 20 Jahre vergangen sein, so dass er erst 50 wäre.

Für solche Differenzen müsste die Geschwindigkeit des Raumschiffs aber nahe an der Lichtgeschwindigkeit liegen. In der Praxis wird dies kaum zu erreichen sein.

Aber es gibt tatsächlich praktische Probleme mit diesem Phänomen. So müssen die Zeitmessgeräte in den GPS-Satelliten, die in 36.000 km Höhe mit hoher Geschwindigkeit um die Erde kreisen und für Ihr Navigationssystem im Auto zuständig sind, diese Zeitdilatation automatisch berücksichtigen. Würden sie dies nicht, hätten Sie im Laufe der Jahre in Ihrem Navi eine Ungenauigkeit von einigen Kilometern.

Hierbei muss nicht nur wegen der Geschwindigkeit der Satelliten korrigiert werden. Auch die verminderte Gravitation oder Erdanziehung in dieser Höhe wirkt sich auf die Zeit aus. Je stärker das Gravitationsfeld, desto langsamer läuft die Zeit. Daher verläuft die Zeit auf der Erde langsamer als im Weltraum.

Zwar sind diese Effekte minimal und für unser normales Leben nicht zu spüren. Wenn man aber etwas tiefer darüber nachdenkt, stellt man fest, dass jedes Lebewesen, sogar jedes Materieteilchen, in seiner eigenen Zeit existiert. Dies muss so sein, da sich nichts im Verhältnis zum anderen gleichmäßig bewegt oder sich ständig im gleichen Gravitationsfeld aufhält. Normalerweise liegen die Unterschiede höchstens in Milliardstel von Sekunden. Sogar wenn ein Astronaut von der Raumstation ISS nach einigen Monaten zur Erde zurückkehrt, ist er nur den winzigen Bruchteil einer Sekunde jünger, als wenn er auf der Erde geblieben wäre.

Absolutheit der Lichtgeschwindigkeit

Nach einer anderen Aussage der Relativitätstheorie ist die Lichtgeschwindigkeit eine absolute Grenze. Teilchen, die Masse haben, wie zum Beispiel Elektronen oder Atome, können sich niemals schneller bewegen. Teilchen ohne Masse – zum Beispiel Lichtphotone – können nur mit Lichtgeschwindigkeit existieren. Für Teilchen, wie die bisher noch nicht nachgewiesenen Tachyonen, die sich schneller als die Lichtgeschwindigkeit bewegen sollen, wäre diese die Untergrenze. Sie können sich nicht langsamer bewegen

Auch können Teilchen mit Masse niemals ganz an die Lichtgeschwindigkeit herankommen. Deren Energieverbrauch erhöht sich überproportional, je mehr sie sich der Lichtgeschwindigkeit annähern. Um diese ganz zu erreichen, wäre unendlich viel Energie notwendig.

Im Teilchenbeschleuniger CERN, in der Schweiz, kann man das sehr gut an der Stromrechnung ablesen. Bei Experimenten, die die Teilchen nahe an die Lichtgeschwindigkeit heranbringen, steigt der Energieverbrauch immens an.

Äquivalenz von Energie und Masse

Wie wir schon gehört haben, besagt die Relativitätstheorie, dass Energie und Materie oder Masse äquivalent, d. h. gleichwertig sind. Sie sind nur Erscheinungsformen ein und derselben Sache. Materie kann aus Energie heraus entstehen und wieder zu Energie zerstrahlen.

Ich habe die Formel $E = mc^2$ bereits angesprochen. Wer diese Formel hört, denkt an Einstein und eventuell auch an die Atombombe. Ausgeschrieben besagt sie: Energie ist gleich Masse multipliziert mit dem Quadrat der Lichtgeschwindigkeit. Wir wollen uns dies anhand eines Beispiels klarmachen.

Die Energie in Kilojoule (kJ), die in der Masse eines Gramms Materie steckt, beträgt 300.000 × 300.000 derselben.

Ein Gramm Masse hat daher eine Energie, die (300.000 km/s × 300.000 km/s × 0,001 kg =) 90.000.000.000 kJ oder 25 Gigawattstunden entspricht. Das ist etwa die Energie, die ein Atomkraftwerk in 20 Stunden oder ein Windkraftrad in sechs Jahren liefert. Anhand dieser Größenordnung kann man sich vorstellen, woher die gewaltige Zerstörungskraft der Atombombe kommt.

Gravitation – Raumkrümmung

Haben Sie sich schon einmal überlegt, wieso wir auf einer Kugel, die die Erde ist, leben können, ohne herunterzufallen? Sogar die auf der südlichen Erdhalbkugel, die doch von uns aus gesehen mit dem Kopf nach unten stehen, bleiben auf der Kugel kleben bzw. werden von ihr angezogen. Grund ist die Anziehungskraft der Erde, auch Gravitation genannt. Das Ganze funktioniert ähnlich wie ein Magnet. Soweit ist das sicher nichts Neues.

Was aber ist der eigentliche Grund für die Anziehungskraft?

Einstein fand hier in seiner „allgemeinen Relativitätstheorie“ eine verblüffende Erklärung, die aber, wie das meiste, was er entdeckt hat, nur schwer zu verstehen ist. Wie wir gesehen haben, hat er selbst einiges nicht wahrhaben wollen.

Einstein meinte aufgrund seiner Berechnungen, dass die Gravitation eine Krümmung der Raumzeit wäre. Der besseren Verständlichkeit halber beschränken wir uns aber auf die Krümmung des Raumes.

Wenn wir z.B. die Anziehungskraft der Erde auf den Mond veranschaulichen wollen, können wir uns dies im zweidimensionalen Modell so vorstellen, als ob die Erde auf einer Gummiplane liegen würde. Dadurch ergäbe sich, wo die Erde aufliegt, eine Delle. Der Mond würde nun vom Rande der Haut auf die Erde zurollen und letztlich mit ihr kollidieren. Die Geschwindigkeit, mit der er die Erde umkreist, verhindert dies jedoch. Die dadurch erzeugte Fliehkraft wirkt der Gravitation entgegen. Hierdurch entsteht ein Gleichgewicht zwischen Gravitation und Fliehkraft. Es kommt zu einer stabilen Umlaufbahn.

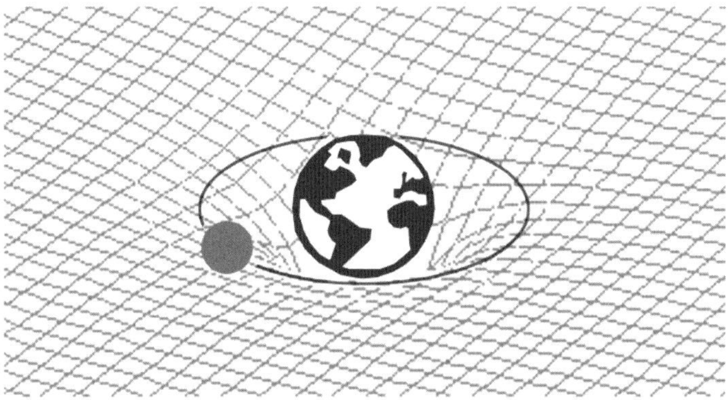

Gekrümmter Raum

Da anfangs an der Theorie Einsteins große Zweifel bestanden – wer kann sich schon einen gekrümmten Raum vorstellen –, dachte man sich Szenarien aus, wie man diese Theorie beweisen oder auch widerlegen könne.

Wenn Lichtstrahlen, die nahe an der Sonne vorbei gehen, von dieser abgelenkt würden, wäre der Beweis erbracht. Die Forscher dachten sich nun eine Möglichkeit aus, die Ablenkung von Lichtstrahlen durch die Sonne, von Sternen, die hinter dieser stehen und nahe an ihr vorbei zur Erde laufen, zu beobachten. Normalerweise kann man diese nicht sehen, da die Sonne zu stark leuchtet. Im Jahre 1919 war jedoch eine Sonnenfinsternis zu erwarten, die Gelegenheit für dieses Experiment bot.

Mit Spannung erwarteten die Wissenschaftler mit ihren Messgeräten die Verdunkelung der Sonne. Die Auswertung der Fotoplatten bestätigte die theoretischen Vorhersagen Einsteins. Auf den Fotos waren Sterne zu sehen, die hinter der Sonne standen und normalerweise von dieser verdeckt gewesen wären. Die Lichtstrahlen, die von diesen Sternen ausgingen und an der Sonne vorbeiliefen, wurden durch die starke Raumkrümmung, die um die Sonne herrscht, abgelenkt. Von der Erde aus gesehen sah es daher so aus, als stünden die Sterne seitlich von der Sonne.

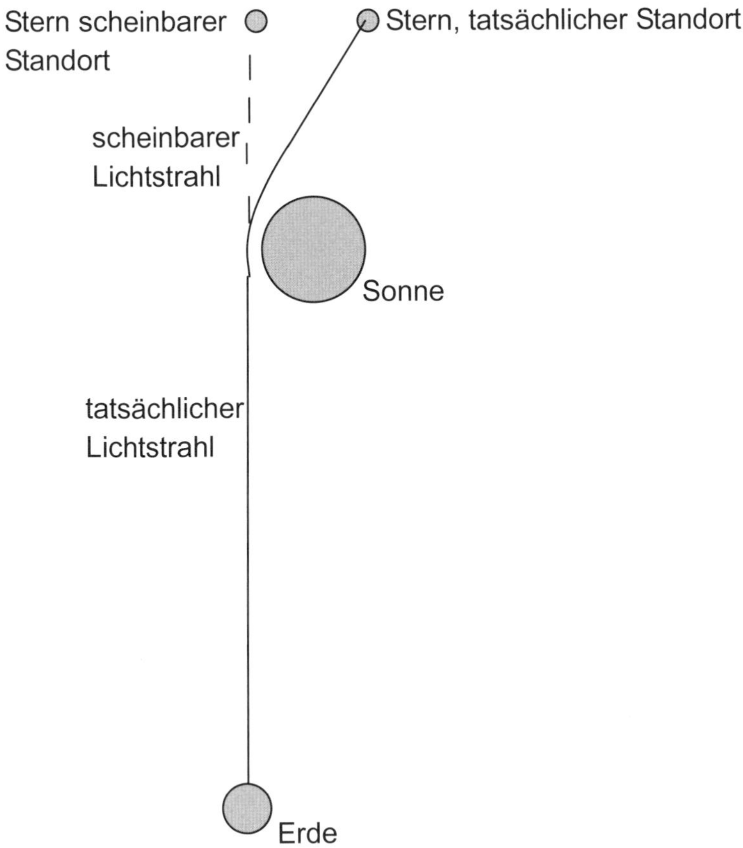

Quantelung von Raum und Zeit

Im Jahre 1899 stellte Max Planck seine Arbeiten zum Planck'schen Wirkungsquantum vor. Daraus ergab sich, dass nicht nur die Energie – wie wir schon im Kapitel über die Welt der Quantenobjekte gesehen haben – sondern auch Raum und Zeit jeweils gequantelt sind.

So wie Ihre zweidimensionalen Digital-Fotos aus vielen kleinen Punkten (Pixel) zusammengesetzt sind, besteht unser dreidimensionaler Raum aus vielen winzigen Körnchen. Die Größe dieser Körnchen, die sogenannte Planck-Länge, beträgt 10^{-35} Meter.

Auch die Zeit läuft nicht kontinuierlich ab, sondern springt in kleinsten Intervallen, wie der Sekundenzeiger einer Uhr, der sich von Sekunde zu Sekunde weiterbewegt. Die Planck-Zeit beträgt 10^{-43} Sekunden. Dies ist die Zeit, die das Licht benötigt, um eine Strecke von der Größe der Planck-Länge zurückzulegen.

Diese Einheiten sind derart winzig, dass sie zwar theoretisch berechnet wurden, aber bis heute noch nicht experimentell bestätigt werden konnten.

Das Ganze kann man sich am besten anhand eines Kinofilmes erklären. Nehmen wir an, Sie sitzen im Kino und sehen einen Film, in dem ein Cowboy über die Prärie galoppiert. Die Kamera folgt diesem Reiter. Das Filmbild, das unseren Raum versinnbildlicht, ist aus vielen kleinen Punkten zusammengesetzt. Diese symbolisieren die Planck-Länge.

Die Bewegung des Films, die der Zeit entspricht, ergibt sich aus der schnellen Abfolge von einzelnen Bildern der Filmrolle, was die Planck-Zeit versinnbildlicht. Wenn man den Film ganz langsam ablaufen ließe, würden sie viele Einzelbilder des Cowboys sehen, der immer ein kleines Stückchen weiter galoppiert ist.

Die Welt, die wir wahrnehmen, müsste demnach, ähnlich wie ein Film, in einzelnen Bildern auf die Leinwand unseres Geistes projiziert sein. Das sprengt einmal mehr die Grenzen unserer Vorstellungskraft.

Wir Menschen geben uns nicht damit zufrieden, etwas nur auf dem Papier darzustellen. Wir möchten es auch selbst erfahren. Selbst am Steuer zu sitzen ist etwas ganz anderes, als nur die Beschreibung eines Autos in der Hand zu halten.

Gibt es eine Möglichkeit, die Scheinwirklichkeit, die uns umgibt, zu überwinden und die tatsächliche Wirklichkeit zu erfahren? Wie wir gesehen haben, kann es unser Verstand nur berechnen oder logisch nachvollziehen. Aber wie können wir es *erfahren*?

Vielleicht ginge es, wenn wir von außerhalb, von einem geistigen

Standpunkt aus, auf unsere Welt herunterblicken könnten. Dies ist unter anderem Thema des folgenden Kapitels.

11. Kapitel

Sinn des Lebens

In seinem Buch„ Wer bin ich und wenn ja, wie viele?“ schreibt Richard David Precht in dem Kapitel „Hat das Leben einen Sinn?“:

„Die Frage nach dem Sinn des Lebens kann heute nur noch subjektiv beantwortet werden: Welchen Sinn sehe ich in meinem Leben? Der Grund dafür ist einfach. Sinn ist keine Eigenschaft der Welt oder der Natur, sondern eine typisch menschliche Konstruktion. ‚Sinn‘ ist ein Bedürfnis und eine Idee unserer Wirbeltiergehirne. So gesehen kann es nicht darum gehen, einen Sinn in der Welt zu finden, sondern wir müssen ihn uns geben. Diese Frage ist also eine menschliche Frage. (…) Die Frage nach dem Sinn ist also eine Frage unter speziellen, allein menschlichen Vorzeichen. Deshalb finden wir eben auch nur maximal unseren *eigenen* Lebenssinn. (…) Dabei geht es eigentlich weniger um "Sehen" als um Erfüllung: Habe ich aus meinem Leben etwas gemacht, das mich erfreut hat und immer noch erfreut?“.

Und zum Schluss: „Und wenn Sie mich fragen: Bleiben Sie neugierig, realisieren Sie Ihre guten Ideen, und füllen Sie Ihre Tage mit Leben und nicht ihr Leben mit Tagen.“[1]

Ich frage mich, ob dieser Rat Prechts auch Menschen, die vom Leben geschlagen sind, vielleicht behindert auf die Welt kamen und ihr Leben lang mit seelischen oder körperlichen Schmerzen kämpfen, wirklich weiterhilft?

Die Welt, das Universum hat für Precht keinen Sinn, da nach seiner Meinung alles aus dem Zufall heraus entstanden ist. Für ihn gibt es daher keinen *objektiven* Sinn des Lebens.

Was wäre die Konsequenz daraus?

Das Repertoire der Lebensentwürfe reicht von Menschen, die sich selbstlos für andere aufopfern, in der Familie oder in Hilfsprojekten, über solche die sich nur den eigenen Wünschen widmen, bis hin zu Menschen, die ihre Triebe ausleben, ohne Rücksicht auf andere.

Wenn die Welt objektiv sinnlos wäre, würde dies logischerweise bedeuten, dass alle diese Lebenswege gleichwertig wären. Niemand könnte zur Rechenschaft gezogen werden, wenn er andere schädigt. Niemand wäre des Lobes wert, wenn er anderen Gutes tut.

Alles was getan würde, wäre von der Mechanik unserer (Wirbeltier-) Gehirne vorgegeben (Determinismus). Es gäbe niemanden, der für das, was er tut verantwortlich wäre. Polizei, Gerichte und Gefängnisse müssten konsequenterweise abgeschafft werden

Zudem, was wäre das für ein Sinn, den wir nach Precht unserem Leben selber geben sollen, wenn wir in dem Bewusstsein leben würden, dass letztendlich doch alles sinnlos ist. Es wäre eine Art geistiger Selbstbefriedigung.

Es kann keinen *persönlichen* Sinn in einer *allgemeinen* Sinnlosigkeit geben!

Geben sie sich mit einer solchen Lebensperspektive zufrieden, oder haben Sie das unbestimmte Gefühl, damit stimmt etwas nicht, da müsste doch mehr sein?

Jesus war völlig anderer Meinung als Precht. Hören wir, was er seinerzeit dazu sagte!

„Ein Mann hatte zwei Söhne. Der jüngere von ihnen sagte zum Vater: ‚Vater, gib mir den Anteil am Vermögen, der mir zukommt.‘ Er verteilte also das Vermögen unter sie. Wenige Tage später packte der jüngere Sohn alles zusammen und zog in ein fernes Land. Dort verschwendete er sein Vermögen durch ein ausschweifendes Leben. Als er alles durchgebracht hatte, entstand in jenem Lande eine große Hungersnot, und er fing an zu darben. Da ging er hin und verdingte sich bei einem Bürger jenes Landes. Dieser schickte ihn auf seine Felder, die Schweine zu hüten. Gern hätte er seinen Hunger mit den Schoten gestillt, die die Schweine fraßen; aber niemand gab sie ihm. Da ging er in sich und sagte: ‚Wie viele Taglöhner meines Vaters haben Brot im Überfluss, und ich komme hier vor Hunger um! Ich will mich aufmachen, zu meinem Vater gehen und zu ihm sagen: „Vater, ich habe gesündigt wider den Himmel und vor dir, ich bin nicht mehr wert, dein Sohn zu heißen; behandle mich wie einen deiner Taglöhner'. Er machte sich also auf und ging zu seinem Vater.

Schon von weitem sah ihn sein Vater und ward von Erbarmen gerührt. Er eilte ihm entgegen, fiel ihm um den Hals und küsste ihn. Der Sohn aber sagte zu ihm: ‚Vater, ich habe gesündigt wider den Himmel und vor dir; ich bin nicht mehr wert, dein Sohn zu heißen'. Doch der Vater befahl seinen Knechten: ‚Bringt schnell das beste Gewand und zieht es ihm an. Gebt ihm einen Ring an die Hand und Schuhe an die Füße. Dann holt das Mastkalb und schlachtet es. Wir wollen ein Freudenmahl halten und fröhlich sein. Denn dieser mein Sohn war tot und lebt wieder; er war verloren und ist wiedergefunden.'. Und sie fingen an, ein Freudenmahl zu halten." (Bibel, Lukas 15,11 – 24).

Bei der Deutung dieses Gleichnisses wird im Allgemeinen angenommen, dass mit „Verlorener Sohn" ein Mensch gemeint sei, der sich nur Vergnügungen hingibt und sich nicht um Gott kümmert. Der Gehalt dieser Geschichte ist jedoch viel tiefsinniger. Jesus meint damit nicht nur einen Typus von Mensch, sondern den Menschen an sich.

Woraus lässt sich das ersehen?

Zunächst wohnt der Junge beim Vater – Sinnbild für Gott – und lässt sich seinen Vermögensanteil ausbezahlen. Wenn wir, wie im Christentum oder Islam, davon ausgehen, dass der Mensch bei der Geburt erstmals entsteht, ergibt dies keinen Sinn, da er nach diesem Gleichnis ursprünglich im „Reich Gottes" gelebt hat. Dies ist aber in der christlichen oder islamischen Theologie nicht vorgesehen.

Durch egoistische Wünsche trennte er sich von seinem Vater und sank immer tiefer. Er verlor sein Vermögen, seine geistige Kraft.

Dieses Szenario entspricht der Vorstellung von der Präexistenz der Seele, die die Gnostiker im frühen Christentum hatten und die auch Origines lehrte. Wie wir gesehen haben, wurde diese Lehre im Jahre 543 in einem kaiserlichen Edikt verdammt.

Auch entspricht es der Reinkarnationslehre, wenn wir davon ausgehen, dass der Mensch über viele Leben hinweg einen geistigen Abstieg vollzogen hat.

Wenn Jesus nun den Menschen mit einem Schweinehirten vergleicht, ist das schon ein starkes Stück. Juden durften kein Schweinefleisch essen. Schweine wurden nur für die verhassten römischen Besatzungssoldaten gehalten, die von den Juden auch als „Schweine“ bezeichnet wurden. Ein Schweinehirt war somit auch ein Diener der „Römerschweine“.

Jesus vergleicht den Menschen also mit einem von der Gesellschaft Verachteten, der sich auf der untersten sozialen Stufe befindet. Zudem ist er noch halb verhungert.

Das Leben, das für uns normal ist, sieht Jesus als unerträglich an. Er stellt es in Kontrast zu einem Leben im – wie er es nennt – „Reich Gottes“ und möchte mit dieser Geschichte die Menschen auf ihr eigentliches Zuhause hinweisen.

Wir werden noch anhand von Erfahrungen, die Menschen mit Gott gemacht haben, sehen, dass die Ansicht Jesu begründet ist. Nach seiner Meinung kann es für den Menschen nicht mehr schlimmer kommen. Es gibt für diesen nur noch einen Weg, zu seiner ursprünglichen Existenz zurückzukehren: zu seinem Einssein mit dem Wesen Gottes.

Nach der Rückkehr des Sohnes zum Vater steckt ihm dieser einen Ring an den Finger. Gemeint ist damit der Siegelring, mit dem der Sohn in der Vollmacht des Vaters handeln kann. Er kann damit genauso agieren wie der Vater, wie Gott.

Sie sehen, Jesus hatte eine ganz andere Perspektive als Precht! Dieser gibt sich mit dem Leben, so wie es ist, zufrieden. Nach seinen Vorstellungen soll man es so angenehm und vernünftig wie möglich leben, da es ohnehin nichts Besseres gibt.

Jesus dagegen sagt: „Gib dir alle nur erdenkliche Mühe, aus diesem Leben, in dem du geistig Hunger leidest, wieder herauszukommen. Gehe dahin zurück, wo du wirklich zuhause bist. Dort wartet ein Leben in Geborgenheit, Freude und Fülle auf dich!“ Johannes zitiert ihn mit den Worten: „Ich bin gekommen, dass sie Leben haben, und es in Fülle haben.“(Bibel, Joh.10,11)

Mit diesem Gleichnis zeigt uns Jesus, dass das Leben im „Reich Gottes“ das Normale ist. Er gibt uns drastisch zu verstehen, wie unakzeptabel die Identifikation mit unserer materiellen Existenz ist.

Wenn die Sicht Jesu nun aber nur eine Illusion wäre und Precht, der hier stellvertretend für die atheistische Anssicht steht, recht hätte, was dann? Wären dann unsere Bemühungen umsonst gewesen?

Yogananda erzählt hierzu folgende Episode: „Einmal kam ein Atheist zu mir, um mit mir zu sprechen. Er behauptete, er glaube nicht an ein Leben nach dem Tode; er sei überzeugt davon, dass der Tod das Ende unseres Daseins bedeutet. Ich sagte ihm: ‚Sind Sie sich da so sicher? Angenommen, es gäbe ein Leben nach dem Tod. Wäre es dann nicht praktischer, jetzt richtig zu leben? Dann würden sie, falls es doch ein Jenseits gibt, für Ihre guten Handlungen belohnt werden. Und selbst wenn es kein Jenseits gäbe, würden Sie jetzt, wenn Sie ein gutes Leben führen, inneren Frieden und Glück finden.‘“[2]

Da nun eine Welt ohne Gott und Weiterleben nach dem Tode nicht nur äußerst unwahrscheinlich, sondern laut allen Fakten, die ich aufgeführt habe, meiner bescheidenen Meinung nach sogar unmöglich ist, laufen Sie kaum Gefahr, sich unnötig um ihre geistige Entwicklung zu bemühen. Und selbst wenn, hätten sie doch noch Gewinn davon.

Aber wie können wir uns nun diesen Gott, den Jesus Vater nennt, vorstellen?

Gott, Mensch, Schöpfung

„Alle Formen und Kräfte im Universum
werden allein vom Geist Gottes belebt
und aufrechterhalten; dennoch befindet
Er sich in der glückseligen, unerschaffenen
Leere jenseits der vibrierenden Welt der
Erscheinungen, wo er uns fern und
transzendent scheint.“
(Sri Yukteswar, geistiger Meister von Paramahansa Yogananda).

„Gott ist die Liebe; und wer in der Liebe bleibt, der bleibt in Gott und Gott in ihm.“
(Bibel, 1. Joh 4,16).

„Gott ist Sein“
(Eckhart Tolle)

„Viele meiner Freunde haben sich schon lange von der Kirche abgewendet. Sie wirkt auf sie unglaubwürdig, veraltet, vergilbt, festgefahren, unbeweglich, geradezu unmenschlich und somit haben die meisten sich auch von Gott abgewendet. Wenn sein Bodenpersonal so drauf ist, wie muss es selbst dann erst sein ... wenn es ihn überhaupt gibt! Geh mir weg mit Gott, sagen leider die meisten. Ich sehe das anders.
Egal ob Gott eine Person, eine Wesenheit, ein Prinzip, eine Idee, ein Licht, ein Plan oder was auch immer ist, ich glaube, es gibt ihn!“[3]
(Hape Kerkeling).

Eine interessante, wenn auch sehr spekulative und von Wissenschaftlern teils belächelte Theorie von Gott hat der amerikanische Physiker Frank Tipler aufgestellt. In seinem vieldiskutierten Buch „Die Physik der Unsterblichkeit“[4] stellt er die Entwicklung des materiellen Universums zu immer größerer Vollkommenheit bis hin zur Vollendung dar. Er nennt dies den „Omegapunkt“. Die Feinabstimmung des Universums sieht er als Hinweis darauf, dass der Kosmos auf den Menschen hin orientiert ist. Er beruft sich dabei auf rein physikalische Argumente. Nach seiner „Omegapunkt-Theorie“ ist „Ewiges Leben“ Ziel der Evolution des Universums.

Der Mensch ist für Tipler allerdings nur ein hoch komplexes Computerprogramm, das auch in einem leistungsfähigen Rechner simuliert werden kann. Er geht davon aus, in Zukunft würden intelligente Computer gebaut werden, die in der Lage sind, sich selbst zu reproduzieren und ständig zu verbessern. Durch immer größere Speicherkapazität und immer intelligentere Anwendungen würde schließlich im „Omegapunkt" ein Computer mit unendlichen Möglichkeiten entstehen. Damit könnten dann alle Lebewesen, die einmal gelebt haben, exakt simuliert werden, ähnlich wie in dem im ersten Kapitel geschilderten Film „Welt am Draht" von Rainer Werner Fassbinder. Das wäre nach seiner Vorstellung die „Auferstehung" auch von uns Menschen. Dieser finale Computer, in dem wir dann auf der Basis von elektromagnetischen Wellen leben, ist für ihn Gott.

Ich möchte hier nicht die näheren Details erörtern, da ich der Meinung bin, dass diese Utopie ohnehin nicht möglich ist. Wie schon ausgeführt, sind wir geistige Wesen. Unser Gehirn ist nur das Medium unseres Geistes. Wir „funktionieren" zwar als geistiges und materielles Wesen im „Computer Gottes"; ein materieller Computer kann aber Geist nicht simulieren.

Geist, Bewusstsein, besteht, wie wir gesehen haben, an sich und nicht als Produkt des Gehirns oder eines technischen Ablaufs. Der Vergleich Gottes mit einem Computer kann nur der Veranschaulichung dienen.

Interessant ist an dieser Idee jedoch, dass ein Wissenschaftler, vom atheistischen Standpunkt ausgehend, zur Überzeugung gelangt, dass das Universum auf evolutionäre Höherentwicklung angelegt ist, bis hin zur Unendlichkeit und Vollkommenheit. Mir scheint, die Sehnsucht nach Gott und einem Weiterleben des Menschen nach dem Tode war hier der Vater des Gedankens – eine Sehnsucht, die offenbar tief im Menschen verankert ist. Tipler geht nach dem Motto vor: „Wenn es Gott nicht gibt, müssen wir ihn eben selbst machen!"

Wenn ich das Wort „Gott" verwende, ist dies nur ein unvollkommener, hilfloser Ausdruck für etwas, das wir nicht benennen können. Unser Verstand kann es nicht erfassen. Benennen kann man nur, was man intellektuell begreifen kann.

Zu allen Zeiten haben sich die Menschen Vorstellungen von Gott oder verschiedenen Göttern gemacht. Die Gottesvorstellung entwickelte sich im Laufe der Jahrtausende weiter, wie auch die Menschen einem Entwicklungsprozess unterworfen sind.

Im Alten Testament, der jüdischen Thora, lesen wir von der Versuchung Adams und Evas im Paradies durch die Schlange: „… ihr werdet sein wie Gott!“ (Bibel, Genesis 3.5). Nach anderer Übersetzung: „Ihr werdet sein wie Götter!“

Als sie dann die Frucht vom Baum der Erkenntnis aßen, kam die Katastrophe. Gott vertrieb sie aus dem Paradies.

„Dann sprach Jahwe Gott: ‚Siehe, der Mensch ist geworden wie einer von uns, so dass er Gutes und Böses erkennt. Dass er nun aber nicht seine Hand ausstrecke und auch von dem Baum des Lebens nehme und esse und ewig lebe!‘ Darum entfernte ihn Jahwe Gott aus dem Garten Eden, damit er den Erdboden bebaue, von dem er genommen ist.“ (Bibel, Genesis 3, 22,23)

Seither ist der göttliche Zustand im Christentum ausschließlich für Gott selbst reserviert. Der Mensch lässt seine Finger davon. Eine Katastrophe genügt.

Aber ist diese Aussage der Bibel wirklich universal? Ist sie nicht vielmehr aus den Vorstellungen der damaligen Zeit entstanden?

Der jüdische Philosoph Erich Fromm (1900 – 1980) schreibt darüber: „Der biblische Bericht spricht nicht nur davon, dass der Mensch als Abbild Gottes geschaffen wurde – er bringt kurz danach Gottes Furcht zum Ausdruck, dass der Mensch selbst Gott werden könnte. Diese Besorgnis kommt in Gen 3, 22 f. klar zum Ausdruck. Der Mensch hat vom Baum der Erkenntnis gegessen; er ist nicht daran gestorben, wie ihm die Schlange richtig vorausgesagt hat; er ist *wie* Gott geworden. Nur seine Sterblichkeit unterscheidet ihn von Gott. Als Abbild Gottes geschaffen, ist er *wie* Gott, aber er ist *nicht* Gott. Um das zu verhindern, vertreibt Gott Adam und Eva aus dem Paradies. (…) Dass der Mensch wie Gott werden könnte und dass Gott ihn daran hindert, dieses Ziel zu erreichen, ist vermutlich ein archaischer Bestandteil des Textes.“[5]

Und weiter: „Die Frucht vom Baum der Erkenntnis gibt dem Menschen Gottes Weisheit; die Frucht vom Baum des Lebens würde ihm die Unsterblichkeit Gottes verleihen. Von der Schlange ermutigt, essen Adam und Eva vom Baum der Erkenntnis und vollziehen damit den ersten der beiden Schritte. Gott fühlt sich in seiner Vormachtstellung bedroht. Er sagt: ‚Seht, der Mensch ist geworden wie wir; er erkennt Gut und Böse. Dass er jetzt nicht die Hand ausstrecke, auch vom Baum des Lebens nimmt, davon isst und ewig lebt' (Gen 3,22). Um sich vor dieser Gefahr zu schützen, vertreibt Gott den Menschen aus dem Paradies und beschränkt sein Leben auf 120 Jahre."[6]

Die Menschen damals wussten nichts von einem Leben nach dem Tode. Die Sehnsucht nach einer immerwährenden Existenz war aber da. Dies zeigt der Wunsch, vom Baum des (ewigen) Lebens zu essen. Sie hatten zwar, im Gegensatz zu den Tieren, Vernunft, die sie als eine Eigenschaft Gottes ansahen, unsterblich war jedoch nach ihrer Sicht nur dieser. Sie konnten sich nicht vorstellen, dass er ihnen Unsterblichkeit zugestehen würde, da sie ihm dann ebenbürtig wären.

Fromm schreibt weiter: „Die christliche Interpretation der Geschichte vom Ungehorsam des Menschen als seinem ‚Sündenfall' hat die augenfällige Bedeutung dieser Geschichte verdunkelt. Im biblischen Text kommt das Wort ‚Sünde' überhaupt nicht vor; der Mensch fordert vielmehr Gott in seiner Vormachtstellung heraus, und er ist dazu befähigt, weil er selbst potentiell Gott ist. (…) Gott muss… seine Vormachtstellung durch einen Gewaltakt schützen, indem er Adam und Eva aus dem Garten Eden vertreibt und sie so daran hindert, den zweiten Schritt zu Gott hin zu tun – nämlich vom Baum des Lebens zu essen. Nach seiner Vertreibung aus dem Garten Eden beginnt er sein unabhängiges Leben; sein erster Akt des Ungehorsams ist der Beginn der menschlichen Geschichte, denn es ist der Anfang der menschlichen Freiheit."[6]

In diesen archaischen Zeiten hatte der Stammesgott der Juden, Jahwe, genug zu tun, sich der Konkurrenz durch Götter anderer Völker zu erwehren. Da konnte er kein Interesse daran haben, dass ihm auch noch der Mensch, sein Geschöpf, ebenbürtig wird.

Wir müssen uns klarmachen, dass die „Vertreibung aus dem Paradies" aus den Vorstellungen eines Nomadenvolkes vor etwa 4000 Jahren hervorgegangen ist. Sie basiert auf den Zuständen der damaligen Zeit. Wenn es um Macht ging, kam es auch zwischen Vätern und Söhnen zu Gewaltakten. Beispielsweise trachtete Absalom nach dem Leben seines Vaters, des Königs David, um an dessen Stelle den Thron zu besteigen. Er bezahlte dies letztlich mit seinem eigenen Leben. Das Gottesbild dürfte demjenigen der Griechen und Römer ähnlich gewesen sein. Deren Götter waren voller menschlicher Schwächen, sie waren eifersüchtig, intrigierten und drangsalierten die Menschen und sich gegenseitig.

Entsprechend der gesellschaftlichen Entwicklung, infolge der die Staatsoberhäupter nicht mehr willkürlich handeln, sondern sich an Gesetze halten mussten, wandelte sich auch das Bild vom willkürlichen zu einem gerechten Gott. Jesus ging noch weiter und lehrte einen dem Menschen in Liebe zugewandten Gott. Seine Vorstellung vom Verhältnis des Menschen zu Gott drückt er wie folgt aus: „Darum sollt ihr vollkommen sein, gleich wie euer Vater im Himmel vollkommen ist." (Bibel, Matthäus 5,48).

Betrachten wir z. B. das Gottesbild bei Meister Eckhart! Er predigt im 13. oder 14. Jahrhundert:

„Unser Herr spricht zu einer jeglichen liebenden Seele: ‚Ich bin euch Mensch gewesen, wenn ihr mir nicht Götter seid, so tut ihr mir unrecht. Mit meiner göttlichen Natur wohnte ich in eurer menschlichen Natur, so dass niemand meine göttliche Gewalt kannte und man mich wandeln sah wie einen anderen Menschen. So sollt ihr euch mit eurer menschlichen Natur in meiner göttlichen Natur bergen, dass niemand eure menschliche Schwäche an euch erkenne und dass euer Leben zumal göttlich sei, dass man an euch nichts erkenne als Gott.' "[8]

Wenn wir vollkommen wie Gott sind – wie uns Jesus ermutigt – besitzen wir das Wesen Gottes. Vollkommenheit ist Gottverwirklichung.

Nach den Vorstellungen Jesu, Meister Eckharts und anderer sehnt sich Gott danach, den Menschen auf gleicher Höhe zu erleben. Ähnlich, wie Eltern nicht wollen, dass ihre Töchter und Söhne auf kindlicher Stufe stehen bleiben. Sie möchten, dass diese erwachsen und selbständig werden.

Sinnbildlich sieht Meister Eckhardt Gott wie einen Vater, der seinen Kindern Erziehung und Bildung angedeihen lässt, damit sie einmal in seine Fußstapfen treten können.

Im Alten Testament dagegen hat Gott Bedenken, dass ihn seine Kinder einmal vom Thron stoßen. Daher hält er sie auf einem niedrigen Bildungsstand. Nachdem Adam und Eva gegen seinen Willen Erkenntnis erlangten, vertreibt er sie aus ihrem sorglosen Dasein im Paradies.

Des Weiteren möchte ich eine Gottesvorstellung beschreiben, deren Nähe zum wissenschaftlichen Weltbild augenfällig ist: Der Hinduismus, die älteste Religion der Welt, kennt ähnlich wie das Christentum den Glauben an die Dreieinigkeit. Im Christentum sind es Vater, Sohn und Heiliger Geist. Im Hinduismus ist die Rede von Sat, Tat und Om.

Yogananda bietet dafür folgende Erklärung: „Man kann sagen, dass Gott (SAT = Sein) – der sich in der schwingungslosen Leere jenseits aller Erscheinungen befindet – das Kapital ist, von dem die Schöpfung lebt.

Der Gott (TAT = Bewusstheit) – das intelligente Christusbewusstsein, das den ganzen Kosmos durchdringt – ist die Betriebsleitung.

Und der Hl. Geist (Om = Glückseligkeit …) – die unsichtbare göttliche Schwingungskraft, die alle Erscheinungen im Kosmos hervorbringt – ist die Arbeiterschaft.“[9]

Sat, das ewige Sein, ist also das, was außerhalb von Raum und Zeit, schwingungslos und ohne jegliche Form existiert. Aus ihm entstand die Idee der Erschaffung unseres Universums.

Tat ist die Bewusstheit, Intelligenz oder auch Information, wie die Physiker sagen. Sie lieferte den Bauplan.

Aus der Quantenphysik wissen wir, dass im „Nichts“ Energie enthalten ist. Diese entspricht, wie bereits im Kapitel über die Entstehung des Universums beschrieben, dem Om, das auch als göttliche Schwingung bezeichnet wird. Das Universum entstand demnach durch Schwingung und wird durch diese am Leben erhalten.

Somit ist diese Erklärung Gottes sowie der Entstehung und Erhaltung des Universums, voll vereinbar mit wissenschaftlichen Vorstellungen.

Die US-Amerikanerin Bernadette Roberts, eine ehemalige katholische

Nonne, die das Kloster verließ, vier Kinder bekam, wobei sie jedoch ihr spirituelles Leben neben ihren weltlichen Pflichten weiterführte, sieht das ebenso und geht in ihrem Buch „Jenseits von Ego und Selbst" auch auf die Differenzen mit der Theologie ein:

„Wie ich es sehe, liegt die Wurzel des Problems in einem spätbiblischen Ausspruch…, dass Gott alle Dinge aus dem Nichts erschuf. Die Krux der Uneinigkeit zwischen Theologie und Mystik ist die Interpretation dieses Nichts. Da absolutes Nichts nicht fassbar ist, gehört es wie die Essenz Gottes in den Bereich des Unbekannten. Nun besteht insbesondere der Theologe darauf, dass das unbekannte Nichts nicht Gott ist. Die Erfahrung des Mystikers hingegen gipfelt in der Erkenntnis, dass das unerkennbare Nichts Gott *ist*. Mit anderen Worten, was aus Gott im Schöpfungsakt (oder mit der Schöpfung) ausfloss, war ein unerkennbarer Aspekt seiner Selbst. Wenn wir also aus dem Nichts erschaffen wurden, kann das nur aus "nicht dem Verstand erkennbaren" bedeuten, und das ist die Wahrheit, denn Gottes Essenz kann intellektuell nicht gekannt werden. Dennoch ist ein *erfahrungsmäßiges* Verstehen möglich, wie es geschieht, wenn das Selbst einmal weggefallen ist."[11]

Wir sehen, es gibt nichts anderes als Gott oder physikalisch gesprochen, das „Nichts". Alles, was existiert, das ganze Universum, der Mensch, ist aus ihm entstanden und existiert in ihm, ist also Teil von ihm. Alles ist miteinander verbunden, alles ist eine Einheit im Wesen Gottes.

Sie werden vielleicht sagen: „Wieso merke ich davon nichts? Ich bin mir nur meiner selbst, meiner Gedanken meines Körpers bewusst. Ich müsste doch spüren, wenn ich ein Teil Gottes wäre!"

Ein Sinnbild für Gott und die Schöpfung ist das Meer. Die unbewegte Tiefe darin ist Gott in seinem schwingungs- und zeitlosen Zustand (Sat, das ewige Sein, oder auch kosmisches Bewusstsein). Der Wind, die Luftschwingung (Om), die über das Meer streicht, ist die Energie, die das Universum erzeugt und am Leben erhält. Die Wellen, die von der Energie des Windes erzeugt werden, entsprechen der Schöpfung, dem Universum, das dem Bauplan Gottes (Tat) folgt.

Die Wellen haben unterschiedliche Strukturen. Es gibt Wellen, die sich über mehrere Kilometer hinziehen. Auf diesen bewegen sich kleinere von vielleicht 100 m Länge. Darauf tanzen wiederum kleinere bis hin zur Größe von einigen Millimetern. Jede Welle entspricht einem eigenen Bewusstsein. So entsprechen die kleinsten Wellen dem Bewusstsein einer Mikrobe, die größeren dem eines Menschen. Die einzelnen oben tanzenden Wellen sind sich nur ihrer eigenen Identität bewusst. Die verbundenen Wellen entsprechen Paaren oder Familien, die eine starke Seelenverbindung haben. Durch die Verantwortung für andere hat sich ihr Bewusstsein erweitert. Größere Wellen versinnbildlichen beispielsweise Religionsgemeinschaften oder auch ganzen Nationen.

Das unbewegte Meer darunter stellt Gott, oder das kosmische Bewusstsein dar, das alles umfasst. Wenn nun unsere kleine menschliche Welle ins Meer zurücksinkt, wird sie wieder Teil des kosmischen Bewusstseins. Die Trennung ist aufgehoben.

„Viele Gedankenwellen tanzen in den Wogen des Bewusstseins, aber dahinter liegt der große endlose Ozean der Wahrheit. Für den Menschen, der seine inneren Augen geöffnet hat, ist alles eins. Im inneren Heiligtum eures Herzens muss eine Kraft sein, eine Freude, ein Frieden – -und das ist Gott.“
(Paramahansa Yogananda)

Das Meer, Sinnbild für Gott und die Schöpfung

Wenn Sie Probleme damit haben und einwenden, dass sich die kleine Welle im Ozean auflöst und verliert, hilft ein Blick auf ein Gleichnis Jesu weiter, das die *Erweiterung* zum kosmischen Bewusstsein aus einer anderen Sicht beschreibt.

„Ein anderes Gleichnis legte er ihnen vor und sprach: Das Reich der Himmel ist gleich einem Senfkorn, das ein Mensch nahm und auf seinen Acker säte, das zwar kleiner ist als alle Samenkörner, aber wenn es gewachsen ist, ist es größer als die Kräuter und wird ein Baum, so dass die Vögel des Himmels kommen und sich niederlassen in seinen Zweigen." (Bibel, Mt 13,31-32):

Ein weiteres Beispiel ist die menschliche Zelle. In jeder Zelle ist der ganze Mensch angelegt. Ob es die Eizelle der Frau ist, oder eine sonstige Körperzelle, jede kann sich zu einem Menschen entwickeln. Bei Letzterer allerdings nur durch Klonen, welches technische und moralische Probleme aufwirft.

Die selbstständige Entwicklung des Samenkorns zu einem großen Baum bzw. der menschlichen Zelle zum Menschen, symbolisiert die Erweiterung unseres begrenzten Bewusstseins hin zu einem allumfassenden Bewusstsein.

Bernadette Roberts beschreibt die Universalität des kosmischen Bewusstseins, das sie mit „Gott" bezeichnet, wie folgt:

„Die Vorstellungen und Erfahrungen Gottes als persönliche im Innern oder unpersönliche im Äußeren sind rein relativ und gehören zum Selbst und seiner typischen Art von Bewusstsein. Gott aber ist jenseits der Relativität unserer Vorstellungen und Erfahrungen. Er ist uns tatsächlich so nahe, dass er nicht lokalisierbar ist. Diese Nähe zu begreifen, sie zu sehen, ist die Entdeckung der Definition Gottes als ‚Überall'. Gott IST tatsächlich überall, ist alles, was wahrhaft existiert, denn wohin wir auch blicken, gibt es nichts anderes. In Wahrheit ist Gott somit weder persönlich noch unpersönlich, weder innen noch außen, sondern grundsätzlich überall und nirgends im Besonderen. Gott ist alles, was wirklich existiert – alles natürlich außer dem Selbst."[10]

Gott ist das eine Leben hinter allen Leben.

Suche nach dem Endgültigen

Vor einiger Zeit besichtigte ich als Mitglied einer kleinen Gruppe die Benediktinerabtei Tholey im Saarland. Auf die Frage, wieso er ins Kloster gegangen sei, meinte der freundliche Pater, der uns führte: „Alles, was wir haben verdanken wir Gott. Er hat uns erschaffen, er erhält uns und irgendwann gehen wir wieder in ihn ein. Aus diesem Grunde ist es doch selbstverständlich, dass es für uns das Wichtigste sein muss, ihn zu suchen und mit ihm wieder in Verbindung zu kommen!"

„Und glauben Sie nicht denen, die sagen, Gott könne man in seinem Inneren finden. Gott können Sie nur in der sozialen Tat, im Dienst am Nächsten finden!"

Ich saß im katholischen Gottesdienst und hörte der Predigt zu. Bei diesen Worten traute ich meinen Ohren nicht. Der Priester predigte gerade gegen den Lieblingsfeind der Kirche, die Esoterik. Dabei ließ er sich zu Worten hinreißen, mit denen er seinem obersten Chef, Jesus Christus, widersprach.

Hierzu einige Zitate aus dem Neuen Testament: „Gott ist Liebe. Wer in der Liebe lebt, der lebt in Gott, und Gott lebt in ihm." (Bibel, 1 Joh. 4,8). „Wann wird denn das Reich Gottes kommen?" wollten die Pharisäer von Jesus wissen. Er antwortete ihnen: „Das Reich Gottes kann man nicht sehen, wie man ein irdisches Reich sieht. Niemand wird euch sagen können: ‚Hier ist es!' oder ‚Dort ist es!' Das Reich Gottes ist schon jetzt da – mitten unter euch." (Bibel, Lukas 17, 20)

„Jesus sprach: ‚Wenn eure Anführer euch sagen: Seht, das Königreich ist im Himmel, dann werden die Vögel des Himmels euch zuvorkommen (…). Aber das Königreich ist inwendig in euch, um euch und außerhalb von euch.'"[12]

Für Jesus war das Reich Gottes kein weltliches Reich. Er verstand darunter offenbar das Reich des Geistes Gottes. Es bereitet keine Schwierigkeiten, dies mit der Vorstellung des oben geschilderten Geistes Gottes oder des allumfassenden physikalischen „Nichts" zu vereinbaren. Auch dieses „ist mitten unter uns", ohne dass wir es sehen.

„Meister Eckhart fasst die „Nähe“ des Reiches Gottes nicht zeitlich auf. Der Mensch erkenne durch die von Jesus geforderte Umkehr von außen nach innen das Reich Gottes ‚in‘ sich:

‚Gott ist mir näher, als ich mir selber bin [...] In welcher Seele „Gottes Reich“ sichtbar wird und welche „Gottes Reich“ als ihr „nahe“ erkennt, der braucht man nicht zu predigen noch Belehrung zu geben: sie wird *dadurch* belehrt und des ewigen Lebens versichert. Wer *weiß* und erkennt, *wie* „nahe“ ihm „Gottes Reich“ ist, der kann mit Jakob sagen: „Gott ist an dieser Stätte und ich wußte es nicht‘ (1Mos. 28, 16); nun aber weiß ich's.“[13]

Zu allen Zeiten und in allen Religionen, gab es Menschen, die eine große Sehnsucht nach einer persönlichen Verbindung zu Gott hatten. Sie nahmen alle erdenkliche Mühe auf sich, um ihm näher zu kommen, um ihn zu erfahren. Gründe hierfür waren entweder Liebe zu ihm, oder Einsicht aus innerer Not, wie im Gleichnis vom verlorenen Sohn. Ein Leben „wie allgemein üblich“ war ihnen nicht möglich.

Durch Hingabe und Versenkung strebten sie danach eine unmittelbare persönliche Vereinigung mit Gott zu erreichen. Im Christentum wird diese Vereinigung als Unio Mystica (mystische Vereinigung) bezeichnet.

Bei den Schriftreligionen (Judentum, Christentum, Islam) stehen diese mystischen Gruppierungen eher am Rande und werden von der etablierten Geistlichkeit oft misstrauisch beobachtet. Dagegen bildet die persönliche Gotteserfahrung in den östlichen Religionen (Hinduismus, Buddhismus, Taoismus) die Grundlage der Lehre.

Christliche Mystik

Die höchste Blüte erlebte die christliche Mystik im Mittelalter. Mönche und Nonnen widmeten sich der Kontemplation und tauschten ihre Erfahrungen schriftlich oder mündlich aus. Kontemplation im christlichen Sinne meint dasselbe wie der heute übliche Begriff Meditation. Bekannte Mystiker des Mittelalters waren zum Beispiel:

Hildegard von Bingen (1098 – 1179), eine Äbtissin, die in der damaligen Zeit großes Ansehen genoss. Als erste Frau predigte sie öffentlich und gab in vielen Schriften Lebens- und auch Gesundheitsratschläge. Ihr Buch über Entstehung und Behandlung von Krankheiten ist bis heute von Bedeutung (Hildegard-Medizin). Vieles von ihrem Wissen erhielt sie durch Visionen.

Franz von Assisi (1182 – 1226), der Begründer des Franziskanerordens lebte in äußerster Besitzlosigkeit. Zwei Jahre vor seinem Tod zeigten sich bei ihm die Wundmale Christi.

Meister Eckhart (1260 – 1328), den ich öfter zitiere, ist gerade heute wieder mit seinen Predigten und Schriften aktuell. Seine Gedanken entsprechen im Prinzip denen der östlichen Meister. Der Papst verurteilte auf eine Anzeige hin Teile seiner Lehre. Eckhart starb aber, bevor es ihm an den Kragen gehen konnte.

Nikolaus von der Flüe (1417 – 1487), Nationalheiliger der Schweiz, verließ im Alter von 50 Jahren Frau und Kinder mit deren Einverständnis, um als Einsiedler zu leben. Er erlebte viele Visionen. Nach der Überlieferung soll er 19 Jahre lang, bis zu seinem Tod, nur die Hostie zu sich genommen und Quellwasser getrunken haben.

Nikolaus war trotz intensiven Gebetslebens weiterhin am weltlichen und politischen Leben beteiligt. Er war ein gefragter Berater von in- und ausländischen Politikern. Mehrere innerschweizerische Streitigkeiten wurden von ihm geschlichtet. Mit seinem Rat an die Eidgenossenschaft: „Mischt Euch nicht in fremde Händel“ war er einer der Begründer der schweizerischen Neutralitätspolitik.

Weitere bekannte Mystiker waren *Johannes Tauler* (ca. 1300 – 1361), *Heinrich Seuse* (1295 – 1366) und *Thomas von Kempen* (1380 – 1471), die bedeutendsten Mystiker der Neuzeit *Theresia von Avila* (1515 – 1582) und *Johannes vom Kreuz* (1542 – 1591).

Die Spanierin Theresia von Avila war in ihrer Jugend infolge einer Krankheit dem Tode nahe. Durch Gebet wurde sie geheilt und trat in den Orden der Karmelitinnen ein. Später eröffnete sie selber viele Klöster, die dem von ihr gegründeten Orden der „unbeschuhten Karmeliten“ angehörten. Hierbei arbeitete sie mit Johannes vom Kreuz zusammen. In ihren zahlreichen Schriften berichtete sie von ihren tiefen inneren Visionen und gab Anleitung für ein religiöses Leben.

Johannes vom Kreuz war ebenfalls Spanier und Karmelit wie Theresia. In dem neuen Orden der unbeschuhten Karmeliten wurde er Novizenmeister und Beichtvater. Bei Auseinandersetzungen mit dem Stammorden der Karmeliten wurde er entführt, eingekerkert und von seinen früheren Mitbrüdern verprügelt. In dieser Zeit, in der er sehr litt, hatte er wesentliche Gotteserfahrungen, die sich später in seiner mystischen Dichtung niederschlugen. Er konnte fliehen und wurde dann Prior bei den unbeschuhten Karmeliten, die ihn wieder aufnahmen.

Sowohl Theresia von Avila als auch Johannes vom Kreuz hatten Zeit ihres Lebens Probleme mit der kirchlichen Obrigkeit, die ihr Tun misstrauisch beobachtete.

Die Neuzeit brachte aber noch andere große Mystiker hervor, wie *Ignatius von Loyola* (1491 – 1556), den Begründer des Jesuitenordens, sowie *Angelus Silesius* (1624 – 1677), der wegen der Ablehnung der Mystik in der evangelischen Kirche zum katholischen Glauben übertrat, sich jedoch wegen seiner anschließenden militanten Bekämpfung der Protestanten viele Feinde machte. Auch Mystiker behalten ihre menschlichen Schwächen.

Franz von Sales (1567 – 1622), der Fürstbischof von Genf verfasste in seinem Leben über 20.000 Briefe, in denen er Lebensratschläge gab. Durch sein theologisches Hauptwerk „Abhandlung über die Gottesliebe" reihte er sich in die Reihe der bedeutendsten christlichen Mystiker des 17. Jahrhunderts ein.

Auch in der heutigen Zeit gibt oder gab es Menschen, die um persönliche Gotteserfahrung ringen.

Dag Hammarskjöld (1905 – 1961), war von 1953 bis 1961 UN-Generalsekretär und Friedensnobelpreisträger. Sein Tagebuch, das nach seinem Tode veröffentlicht wurde, offenbarte seine mystische Lebensanschauung. Sein Grabstein trägt den Spruch (übersetzt): „Nicht ich, sondern Gott in mir."

Dietrich Bonhoeffer (1906 – 1945) war ein lutherischer Theologe und Vertreter der Bekennenden Kirche. Er gehörte dem Widerstand gegen den Nationalsozialismus an und wurde im April 1945 hingerichtet. Sein in der Todeszelle verfasstes Gedicht „Von guten Mächten wunderbar geborgen“ ist heute ein bekanntes Kirchenlied und wird sogar von Katholiken gesungen.

Als Bonhoeffer zur Hinrichtung geführt wurde, sagte er einem englischen Mitgefangenen: „Das ist das Ende, für mich ist es der Beginn des Lebens!“

Hugo Makibi Enomiya-Lassalle (1898 – 1990) war ein deutscher Jesuit, der schon 1929 in die Mission nach Japan ging. Dort lernte er die Zen-Meditation kennen, praktizierte diese in buddhistischen Klöstern und wurde schließlich Zen-Meister. Er lebte etwa 60 Jahre in Japan und wirkte vor allem auf sozialem Gebiet. In dieser Zeit wurde er japanischer Staatsbürger. 1945 erlebte und überlebte er mit drei jesuitischen Mitbrüdern nahe am Explosionszentrum den Atombombenabwurf auf Hiroshima. Alle vier hatten keine wesentlichen Verletzungen und starben erst im hohen Alter. Dies war unerklärlich, da rings um sie alles zerstört und die Menschen verstrahlt waren.

Lassalle verbreitete bis Ende der Achtzigerjahre des letzten Jahrhunderts die Zen-Meditation im Westen. Immer wieder war sein Ansatz, christliche Mystik mit buddhistischen Meditationspraktiken zu verbinden, bei christlichen Theologen heftig umstritten, da diese „Vermischung“ des christlichen Glaubens mit buddhistischen Elementen nicht erwünscht war

Lassalle war aufgrund seiner intimen Kenntnis des östlichen Weges ein Pionier der Verständigung zwischen Zen-Buddhismus und Christentum. Mittlerweile gibt es einen Austausch und gegenseitige Besuche von Mönchen katholischer Klöster und japanischer Zen-Klöster.

Bei Interviews hierüber wird von den Mönchen immer wieder das konfessionell Trennende zwischen den beiden Gruppen betont. Wieso eigentlich? Vielleicht, um die Obrigkeit zu beruhigen. Im Letzten sind wir doch alle eins. Und um nichts anderes geht es bei der Meditation – die Einheit zu erfahren.

Anselm Grün (*1945), Benediktiner der Abtei Münsterschwarzach, dürfte der derzeit bekannteste katholische Mystiker sein. Er schrieb etwa

200 sehr erfolgreiche spirituelle Bücher. Zusammen mit seinen Mitbrüdern geht er neue Wege in der Spiritualität. So widmet er sich östlichen Meditationspraktiken und steht der Psychologie von C. G. Jung nahe. Er spricht vom „inneren Raum der Stille, in dem Gott in uns geboren wird."

Willigis Jäger (*1925) ist ebenfalls, wie dieser, Benediktinerpater der Abtei Münsterschwarzach. Seit 1969 übte er buddhistische Zen-Meditation in Japan, wo er sechs Jahre lebte und zeitweise Schüler von Enomiya Lasalle war. Er verband diese Meditationsart mit christlichem Gedankengut. Natürlich kam es, wie es kommen musste.

„Unter Leitung des damaligen Kardinals Joseph Ratzinger warf ihm 2001 die Glaubenskongregation vor, Glaubenswahrheiten der persönlichen Erfahrung unterzuordnen und erteilte ihm Rede-, Schreib- und Auftrittsverbot. Im Januar 2002 untersagte ihm das Bischöfliche Ordinariat in Würzburg deshalb die Ausübung jeder öffentlichen Tätigkeit. (…) Er ist aber nach wie vor Mitglied seiner Klostergemeinschaft. Deren Abt und Gemeinschaft standen zu ihm."[14]

Wir sehen hier den Unterschied der westlichen Schriftreligionen zu den östlichen Erfahrungsreligionen. Während im Hinduismus oder Buddhismus die persönliche Gotteserfahrung die Glaubenslehre prägt, hat sich in den Schriftreligionen die persönliche Erfahrung der Glaubenslehre unterzuordnen. Auch dann, wenn man klar erkennen kann, dass Teile der Lehre nur die Ansichten früherer Zeiten wiedergeben, und heute durch den Wissensfortschritt überholt sind.

Dies war nur eine kleine Auswahl von christlichen Mystikern im Westen, die durch ihre Schriften und Lehren bekannt geworden sind. Viel zahlreicher noch sind solche, die Gott in ihrem Inneren verwirklicht haben, ohne dass dies für ihre Mitmenschen erkennbar ist.

Orthodoxe Mystik

Die Starzen waren und sind die Mystiker im orthodoxen Christentum. Ein Zentrum der mönchischen Kontemplation ist das Kloster auf dem Berg Athos in Griechenland.

Der orthodoxe Mönch *Rafail Karelin,* schreibt: „Wodurch unterscheidet sich die Mystik von der Religion? Die Mystik repräsentiert die Erfahrung der Ewigkeit, die Wahrnehmung einer höheren Realität und das Gefühl, daß es ein geheimnisvolles Wesen jenseits dem Fluß der Zeit gibt. Ein Wesen, das sich hinter den Grenzen der materiellen Welt befindet und doch gleichzeitig die Materie durchdringt und erhellt.“[15]

Die in der östlichen Mystik verbreitetste Frömmigkeitsübung ist das Jesusgebet, auch Herzensgebet oder immerwährendes Gebet genannt. Hierbei wird ununterbrochen eine kurze Gebetsformel ständig innerlich wiederholt.

Einer der bedeutendsten Mystiker der russisch-orthodoxen Kirche war der Heilige *Seraphim von Sarow* (1759 – 1833). Er führte lange Zeit ein ausgesprochen asketisches Leben. So soll er 1000 Nächte stehend auf einem Stein verbracht haben. Auch sind viele von ihm bewirkte Wunder und Weissagungen verbürgt. Eine außergewöhnliche Voraussage betraf den russischen Zaren:

„1903 begab sich dann der Zar mit seiner Gattin nach Sarow zu den Feierlichkeiten der Heiligsprechung. Dem Zaren wurde ein Brief übergeben, den der Heilige vor über 70 Jahren geschrieben hatte. Der Brief trug die Aufschrift: ‚An den Zaren, der nach Sarow kommen wird‘. In ihm beschrieb der hl. Seraphim das Lebensende des Zaren und er prophezeite, dass Russland am Ende desselben Jahrhunderts wieder frei sein würde.“[16]

Gotteserfahrung im Islam

„Welche Herrlichkeit!
Ein Garten inmitten der Flammen!
Mein Herz hat sich für jegliche Form geöffnet:
Es ist eine Weide für Gazellen, und ein Kloster für christliche Mönche,
und ein Tempel für Götzenbilder, und die Kaaba der Pilgernden,
und die Tafeln der Thora, und das Buch des Korans.
Ich folge der Religion der Liebe:
Welchen Weg die Kamele der Liebe auch einschlagen,
das ist meine Religion und mein Glaube.“ (Muhyiddin Ibn Arabi)[17]

Bei einer Unterhaltung mit Hossam, unserem ägyptischen Reiseleiter auf der schon erwähnten Nilkreuzfahrt sagte dieser zu mir: „Wissen Sie, was für mich der Himmel wäre? Eine kleine Hütte in der Wüste, in der ich ungestört meditieren könnte!“

Auch im Islam wird die persönliche Beziehung zu Gott bzw. Allah gesucht. Dieser Zweig des Islam wird Sufismus genannt. Tauhid entspricht hier der christlichen Unio Mystika.

Dr. K.-P. Jabir Dostal beschreibt in der Abhandlung „Der universale Sufismus" dessen Selbstverständnis:

„Der Sufismus beruht auf den unmittelbaren Gotteserfahrungen der Mystiker. Man kann ihn als eine Art religiöse Philosophie bezeichnen, die sich aber nicht nur an den Verstand, sondern auch an das Herz wendet; vor allem ist er ein individueller Übungsweg zu geistigem Wachstum und innerer Freiheit. Sein Wesenskern ist die Vorstellung von der Einheit alles Seienden, d. h. von einem einzigen sowohl transzendenten wie immanenten Göttlichen, das sich in allem, was es in der Welt gibt, manifestiert und sich gleichzeitig dahinter verbirgt... Der universale Sufismus betont den gemeinsamen Ursprung und die einheitliche Essenz der Religionen, womit die Achtung aller ihrer Meister, Heiligen und Propheten und ihrer heiligen Schriften verbunden ist... Und deshalb ist in diesem Sufismus die Ökumene in einem sehr weiten Sinne vollkommen verwirklicht, was Fanatismus oder Fundamentalismus völlig ausschließt. ... Der Anhänger des Sufismus sieht in jedem Geschöpf etwas Göttliches, deshalb entwickelt er ein enges und ehrfürchtiges, behutsames Verhältnis zur Natur. Dies bezieht sich in mehrfacher Hinsicht auch auf den Menschen, denn der Sufismus verkündet die göttliche Bestimmung der Menschheit, die Göttlichkeit jeder menschlichen Seele, die Einmaligkeit und den Wert jedes einzelnen Menschenlebens.“[18]

Nach muslimischer Überlieferung soll es die ersten Sufis schon zu Lebzeiten des Propheten Mohammed im siebten Jahrhundert gegeben haben. Möglicherweise bestand der Sufismus aber auch schon vor dem Islam. Er wird auch mit den christlichen Gnostikern, die in den ersten Jahrhunderten n. Chr. verschwanden, in Verbindung gebracht. Die frühen Sufis lebten oft als einzelne Asketen. Aus der Vielzahl bedeutender Sufis möchte ich zwei herausgreifen:

Muhiyuddin Muhammad ibn Arabi (1165 – 1240) „Ibn Arabi hat während seiner Reisen und in den letzten Jahren seines Lebens eine fast unübersehbare Menge von Werken verfasst, die fast alle islamischen Mystiker nach ihm mehr oder weniger stark beeinflusst haben. Man sagt, es gebe keine größere Liebeslyrik als die seine, und kein Sufi habe mit dem inneren Sinn seines Lebens und seines Werkes die orthodoxen Theologen mehr beeindruckt als er.“[19]

Aus dem obigen Gedicht ist seine Universalität und Toleranz gegenüber anderen Religionen zu ersehen.

Omar Khayyam (auch Chajjam) (um 1048 – 1131) war ein bedeutender persischer Mathematiker und Astronom. Seine Arbeiten waren über Jahrhunderte prägend, auch für die abendländische Mathematik. In seiner Rubaijat (Vierzeiler-Gedichte) teilt er in symbolhafter Sprache seine mystischen Erfahrungen mit.

Nachstehend eines seiner Gedichte, das die Unwirklichkeit unseres Daseins als Schattenwelt beschreibt:

„Denn ein und aus, rundherum und hoch oder tief,
es ist nichts als ein Schattenspiel, von Zauberhand
aus einem Kasten gelockt. Da dient die Sonne
als Licht, das Schattenbilder erzeugt.“ [20]

Buddhismus

Buddhismus in seiner ursprünglichen Form dürfte die rationalste aller Religionen sein.

Siddhartha Gautama, der später den Ehrentitel Buddha (Erwachter) bekam, lebte etwa im fünften Jahrhundert vor Christus. Er war adeliger Abstammung und verließ im Alter von 29 Jahren Frau und Kind, da ihm bewusst geworden war, dass Glück nicht in Reichtum und Luxus zu finden ist. Er erkundete verschiedene Religionslehren um die Grundlagen des Daseins zu finden. Nach Jahren der Askese hatte er nach der Überlieferung unter einer Pappel-Feige in Nordindien ein Erleuchtungserlebnis, das für sein weiteres Leben bestimmend war.[21]

Buddha ließ alle religiösen Vorstellungen von Gott, Göttern oder Heiligen hinter sich. Zielpunkt seiner Lehre war nicht Gottesverehrung oder intellektuelle Theologie. Für ihn kam es nur auf das Erreichen eines Zustandes an, in dem der Mensch durch meditative Schau ein Verständnis des eigenen Wesens und der Natur aller Dinge erlangt. Er nannte diesen Zustand, durch den der Mensch aus dem Kreislauf der Wiedergeburten befreit wird, „Nirvana".

Im Unterschied zu einem Buddha, der den vollkommenen Zustand für sich erreicht hat, gibt es noch den Begriff des Bodhisattva. Dies ist ein Mensch, der nicht allein für sich in das Nirvana eingehen möchte. Er hat den Wunsch, zuvor allen anderen Wesenheiten zu helfen, sich aus dem Kreislauf der Wiedergeburten zu befreien.

Ein Beispiel dafür ist nach tibetischem Verständnis der Dalai Lama. Bevor er stirbt, teilt er seinem engsten Umkreis mit, in welcher Gegend er wiedergeboren werden wird. Ein paar Jahre nach seinem Tod wird die Wiedergeburt, ein kleiner Junge, von den Mönchen nach traditionellen Regeln gesucht und erkannt.

Manchmal hört oder liest man, Nirvana sei die Auslöschung des menschlichen Wesens, wie es sich auch ein Atheist vorstellt. Wie bereits in dem Kapitel über das „Nichts" erwähnt, ist Nirvana kein Auslöschen, sondern ein intellektuell nicht vorstellbarer Zustand. Ein Mensch kann schon zeitlebens in das Nirvana eingehen und existiert trotzdem weiter.

Daisetz Teitaro Suzuki, japanischer Zen-Philosoph, schreibt darüber: „Nichtvorhandensein, Erloschensein, leerer Raum – all das hat nichts mit dem buddhistischen Begriff ‚Leere' zu tun. Die buddhistische ‚Leere'… liegt nicht auf der Ebene des Relativen. Sie ist absolute, vollkommene Leere, die alle Formen… übersteigt. In der Leere… der Buddhisten gibt es weder Zeit noch Raum, noch Werden noch Nicht-Sein. Sie ist das, was all diese Dinge möglich macht. Sie ist ein Nichts voll unbegrenzter Möglichkeiten, eine Leere voll unerschöpflicher Inhalte."[22]

Wenn Sie nun die Definition von Suzuki mit der Beschreibung des physikalischen „Nichts" vergleichen, sehen sie wieder einmal die Übereinstimmung von beiden. Auch das physikalische „Nichts" ist eine „Leere voll unerschöpflicher Inhalte", die „all diese Dinge – Form, Materie – möglich macht".

Beispielhaft möchte ich auf den japanischen Zen-Buddhismus eingehen, der einer derjenigen buddhistischen Zweige ist, der den Weg zur Erleuchtung am konsequentesten begeht. Wobei gesagt wird, Zen sei „der weglose Weg" oder „das torlose Tor". Ziel ist die fortgesetzte, vollständige und bewusste Wahrnehmung des gegenwärtigen Augenblicks. Das kann nur erreicht werden, indem die ständige Gedankentätigkeit, die sich in unserem Gehirn abspielt, zur Ruhe gebracht wird. Nur wenn der Verstand leer wird, also das Ego verschwindet, entsteht Platz für etwas Neues. So kann sich die Erkenntnis der absoluten Realität einstellen.

„Wenn unser Geist die Ruhe findet, verschwindet er von selbst", sagt Meister Sengcan.

In diesem ruhigen, absichtslosen Zustand kann es bei dem Schüler plötzlich zu einem Erleben universeller Einheit mit allem Bestehenden kommen. Dieser Zustand braucht nicht gesucht zu werden; er ist im Menschen schon vorhanden. Er muss nur „freigelegt" werden.

Zu den gebräuchlichsten Übungsmethoden gehört Zazen (Sitzmeditation). Dies hat der Schüler in sein tägliches Leben zu integrieren. Während des Übens soll die Flut der Gedanken zur Ruhe kommen. So wird das Erleben von Stille und Leere möglich. Im Zen wird nicht auf Vorstellungen vom Wesen der Welt, Gottes oder des Jenseits eingegangen. Diese würden nur den Gedankenfluss anregen und damit stören.

Sie sehen hier übrigens sehr deutlich den grundlegenden Unterschied zur Philosophie, die sich allein auf intensives Denken gründet.

Zazen wird auch mehrtägig in der Gruppe mit einem oder mehreren Leitern geübt, Sesshin genannt. Überspitzt gesagt, werden hierbei die Teilnehmer mit japanischer Disziplin und Strenge „zur Erleuchtung geprügelt". Sie sitzen den ganzen Tag mit einigen Unterbrechungen, um zu essen und sich zu erholen, mit dem Gesicht zu einer weißen Wand. Hinter ihnen patrouillieren Mönche mit Bambusstöcken, die dem Schüler hin und wieder einen Schlag auf einen bestimmten Muskel in der Schulter versetzen, wenn dieser durch das lange Sitzen verspannt ist. Anschließend bedankt sich der Schüler mit gefalteten Händen und einer Verbeugung.

Es soll allerdings schon vorgekommen sein, dass westliche Schüler durch einen unvermuteten Schlag so in Rage gerieten, dass sie dem Mönch eine Ohrfeige verpassen wollten.

Ein wichtiger Teil der Sesshins sind Gespräche mit dem Meister, in denen die Schüler über ihre Fortschritte befragt werden und teils mit harten Worten zu mehr Anstrengung und Konzentration gedrängt werden.

Hinduismus

„Du aber such für deine Zwecke nichts.
Tu, was Du willst, und wolle, was Du sollst.
Das Werk allein soll deine Sorge sein,
und nicht der Vorteil, der daraus entspringt;
Nicht nach der Werke Früchte sollst du trachten,
Doch sei nicht müßig, sondern handle. Tu,
Was du zu tun hast, weil's geschehen muss,
Und sorg dich nicht dabei um den Gewinn,
Der für dich abfällt. Lass den Selbstwahn zieh'n
Glück oder Unglück sei dir gleich viel wert.
Gleichmuth ist Yoga.“[23]
(Die Bhagavad Gita oder Das Hohe Lied)

Diese hehren Worte sind der Bhagavad Gita entnommen. Diese hat im Hinduismus denselben Stellenwert wie die Bibel im Christentum. Gandhi schätzte sie sehr. Er sagte:

„In der Bhagavadgita finde ich einen Trost, den ich selbst in der Bergpredigt vermisse. Wenn mir manchmal die Enttäuschung ins Antlitz starrt, wenn ich, verlassen, keinen Lichtstrahl erblicke, greife ich zur Bhagavadgita. Dann finde ich hier und dort eine Strophe und beginne zu lächeln, inmitten aller Tragödien, und mein Leben ist voll von Tragödien gewesen.“[24]

Bei der Gita, wie sie in Indien kurz genannt wird, handelt es sich um ein spirituelles Gedicht mit 700 Strophen. Sie ist Teil des etwa 100.000 Strophen umfassenden Epos Mahabharata und vermutlich zwischen dem fünften und dem zweiten Jahrhundert v. Chr. entstanden.

Sie stellt ein Zwiegespräch zwischen Krishna und dem Krieger Arjuna auf einem Streitwagen vor der Schlacht von Kurukshetra dar, wobei sich die beiden auf dem Niemandsland zwischen den beiden kampfbereiten Heeren befinden. Arjuna kämpft für die Pandavas, die Guten, gegen die ungerechten Kauravas.

Da er auf der Gegenseite zahlreiche Verwandte und hoch geschätzte Menschen sieht, fühlt er sich außer Stande, gegen diese zu kämpfen. Sein Freund und Wagenlenker Krishna offenbart sich ihm in einer Vision als höchster Gott und überzeugt ihn in diesem Gespräch, seine Pflicht zu tun, zu kämpfen.

Der Text ist tief symbolisch. Die guten und die bösen Kriegshelden stehen für positive und negative Eigenschaften des Menschen, die ständig miteinander in Konflikt sind. Daneben ist auch der Yoga-Weg beschrieben mit praktischen Anleitungen auf dem Weg zur Erleuchtung.

Für Leser, die sich näher dafür interessieren, ist der umfassende Kommentar von Paramahansa Yogananda zu empfehlen: Die Bhagavad-Gita, Realization Fellowship, ISBN 0-87612-032-X.

„Gemüt und Herz auf den Einen richtend,
Ein Meister seiner Sinne und Gedanken,
In seinem Sitze ruhend, sorgenfrei.
So soll er Yoga üben um die Reinheit
Der gottergeb'nen Seele zu erlangen.
Sein Körper, Kopf und Hals sei unbewegt.
Und fest auf seiner Nasenspitze soll*
Sein Auge haften. Abgeschieden muss
Er völlig sein und sich um nichts bekümmern.“[25]
(Die Bhagavad Gita oder Das Hohe Lied).

(*In anderen Übersetzungen steht hier „Nasenwurzel“. Dies ist auch sinnvoller, da offensichtlich das geistige Auge gemeint ist. Das ist die

Stelle zwischen den Augenbrauen, die indische Frauen mit einem roten Punkt kennzeichnen, der Verfasser).

Bei dem Begriff Hinduismus denken wir Menschen im Westen zunächst an einen Mehrgötterglauben. Obwohl es auf den ersten Blick nicht so aussieht, sind die religiösen Vorstellungen des Hinduismus jedoch denen des Buddhismus sehr ähnlich. Wie im Buddhismus als Omega-Punkt der Zustand des Nirvana angestrebt wird, geht es im Hinduismus um Moksha oder Mukti (Befreiung, Freiheit). Alle diese Zustände bezeichnen die Einheit in Gott.

Hinduismus hat grundsätzlich die Vorstellung von einem Gott mit mehreren Aspekten. Dabei handelt es sich um Sat, Tat, Om, wie schon erläutert. Die vielen Götter stehen für die verschiedenen Eigenschaften des einen Gottes. Infolge der regen Fantasie der Inder ist dieses Gebiet jedoch mittlerweile nur noch von Spezialisten zu durchschauen. Zudem wechseln die Charaktere und Namen der Götter und werden auch von verschiedenen Glaubensrichtungen jeweils anders gesehen.

Wie der fromme Chist zu einem besonders verehrten Heiligen betet, so der Hindu zu einem der Götter, der für sein Anliegen zuständig ist.

Nach indischen Vorstellungen kann es viele Jahrtausende der Entwicklung dauern, bis der Mensch auf dem natürlichen Weg der Wiedergeburten zur Erleuchtung gelangt. Daher wurden Methoden entwickelt, mit denen man dieses Ziel schneller erreichen kann. Dies sind vor allem die verschiedenen Wege des Yoga-Systems.

Die wesentlichen Grundzüge des Yoga ergeben sich aus dem Yoga-Sutra des Patanjali. Dieser bedeutende Heilige lebte etwa im Zeitraum von 200 v. Chr. bis 200 n. Chr. Er beschreibt vier Yogawege:

1. Raja Yoga (Meditation, Askese)
2. Jnana Yoga (Yoga der intellektuellen Erkenntnis, ähnlich der Philosophie)
3. Karma-Yoga (Yoga der Tat, des selbstlosen Handelns)
4. Bhakti Yoga (Yoga der Verehrung und Hingabe an Gott).

Diese Gliederung bildet nur ein grobes Grundgerüst. Es gibt noch viele verschiedene Unterarten. So ist zum Beispiel das bei uns sehr bekannte, vor allem in Volkshochschulen praktizierte Hatha-Yoga mit seinen verschiedenen Körperstellungen eine Vorstufe des Raja-Yoga. Es soll zu mehr Ausgeglichenheit in einer nachfolgenden Meditation führen.

Im Westen wird Yoga der Gesundheit und inneren Ausgeglichenheit wegen praktiziert. Im Hinduismus ist es der Weg, zur Erleuchtung.

Der im Westen zeitweise in Misskredit geratene Begriff des „Guru“ bezeichnet den geistigen Meister eines Schülers. Für einige Hindu-Glaubensgemeinschaften ist das persönliche Verhältnis zu einem Guru notwendig, um Moksha zu erreichen. Dies kann auch ein verstorbener Meister sein, der den Schüler aus dem Jenseits betreut. So wird dies beispielsweise auch von den Jüngern des 1952 verstorbenen Yogameisters Paramahansa Yogananda gesehen, dessen Lehre sich auch nach seinem Tode weltweit verbreitete.

Eine beliebte Frömmigkeitsübung im Hinduismus ist „Darshan“, der Segen eines religiösen Meisters. Zu diesem Zweck unternehmen Gläubige Pilgerfahrten zu verehrten Heiligen. Diese segnen sie oder legen ihnen die Hände auf. Auch allein der Anblick eines Heiligen bewirkt schon Segen.

Einige haben auch im Westen großen Anklang gefunden, wie zum Beispiel *Amma.* Sie umarmt jeden Einzelnen der zu ihr kommt. Mittlerweile soll sie über 24 Millionen Menschen umarmt haben. In „Der Spiegel“ erschien einmal ein Artikel über sie mit der Überschrift: „Seid umschlungen, Millionen!“ Im Jahre 2002 erhielt sie in den Gebäuden der UNO in Genf den Gandhi-King-Preis für Gewaltlosigkeit.

Auch *Mutter Meera*, die seit den 80er Jahren des letzten Jahrhunderts in Deutschland wohnt und an der Schaumburg (Gemeinde Balduinstein), nicht weit von Limburg, Besucher aus aller Welt anzieht, kann sich über mangelnden Zuspruch nicht beklagen. Sie gibt an vier Abenden in der Woche Darshan. Dies dauert jeweils etwa zwei Stunden. Dabei legt sie jedem der 200-300 Teilnehmer die Hände auf. Alles geht in völligem Schweigen vor sich. Sie verbreitet keine Lehre. Nach ihrer Aussage möchte sie durch ihre Tätigkeit geistiges Licht in die Welt bringen.

Mutter Meera ließ mich einmal für kurze Zeit hinter den Vorhang blicken, der das wahre Wesen geistiger Meister normalerweise verdeckt.

Vor ein paar Jahren saß ich mit ihr und der ihr am nächsten stehenden Jüngerin Adilakshmi zusammen, um auf ihren Wunsch hin eine bestimmte Angelegenheit zu erörtern. Als unsere Besprechung sich dem Ende zuneigte und ich nur noch einige Details erläuterte, schaute ich von meinen Unterlagen auf. Etwas irritiert sah ich, dass mich die beiden Damen, die mir am Tisch gegenüber saßen, voller Bewunderung anlächelten. Eigenartig war auch, dass beide, wie kopiert, denselben Gesichtsausdruck hatten. Obwohl Adilakshmi viel älter als Mutter Meera ist und auch eine dunklere Gesichtsfarbe hat, sah sie, wie Mutter Meera, auf einmal sehr jugendlich aus.

Etwas geschmeichelt, aber doch eher verwundert, vertiefte ich mich wieder in meine Unterlagen, um noch einige Erklärungen anzufügen.

Als ich wieder aufblickte, sah ich ein völlig anderes Bild. Beide hatten nun eine Haltung angenommen, die wohl am ehesten mit „Erhabenheit" zu umschreiben ist. Wieder hatten ihre Gesichter und deren Ausdruck zu einer Einheit zusammengefunden. Ihre Haltung war ähnlich der, wie man sie von Abbildungen oder Figuren eines meditierenden Buddhas kennt: unbeeindruckt von den äußerlichen Ereignissen, in sich ruhend, unzerstörbar.

Bei dem Gespräch, das sich im weiteren Verlauf ergab, antworteten beide einige Male gleichzeitig wie aus einem Munde. Sie sprachen wie eine einzige Person.

Erst Wochen später ging mir auf, was sie mir mit dieser außergewöhnlichen Vorstellung sagen wollten. Persönliche Bewunderung zielt auf das Ego ab, das anfällig für Schmeicheleien ist und sich dadurch großartig fühlt. Ein Großteil der menschlichen Bemühungen ist darauf gerichtet, vor den Mitmenschen untadelig dazustehen, von ihnen geachtet oder, besser noch, bewundert zu werden.

Der Zustand, den ich mit Erhabenheit bezeichnet habe, hat die kleinen, letztendlich bedeutungslosen Wünsche und Sehnsüchte des Egos hinter sich gelassen. Es ist der Zustand, in dem sich der Mensch seiner ewigen, unzerstörbaren Seele bewusst ist; das Ziel des geistig strebenden Menschen.

Da beide unmittelbar dieselbe Haltung annahmen und wie aus einem Munde sprachen, mussten auch ihre Gedanken einheitlich sein. Zwischen ihnen besteht offenbar eine tiefe innere Verbindung. Menschen, die Einheit mit Gott gefunden haben, sind auch untereinander in dieser Weise eins.

„…auf dass sie alle eins seien, gleich wie du, Vater, in mir und ich in dir; dass auch sie in uns eins seien…“ (Bibel, Galater 3.28).

Obwohl Mutter Meera meist heiter und fröhlich ist, redet sie sehr wenig, oft nur das Nötigste. Hier brachten sie und Adilakshmi das Kunststück fertig, mir ohne erklärende Worte das grundlegende Prinzip des menschlichen Lebens darzustellen.

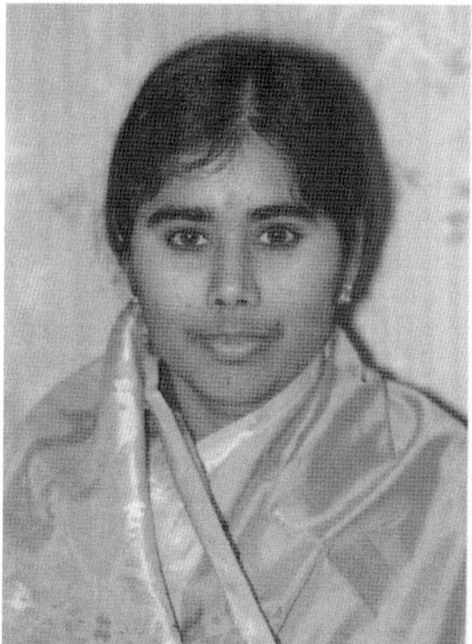

Mutter Meera[25a]

Taoismus

„Ohne das Tor zu verlassen,
Kannst du das Erdreich erfassen;
Ohne durchs Fenster zu spähn,
Den Weg des Himmels sehn.
Je weiter wir hinausgegangen,
Desto geringer wird unser Verstehn.

Deshalb der Heilige Mensch:
Ohne zu wandeln, versteht er;
Ohne zu sehn, benennt er;
Ohne zu tun, vollendet er.“ [26]
(Lao-Tse)

Der Taoismus oder Daoismus geht auf den legendären chinesischen Philosophen Lao-Tse zurück. Dieser soll etwa 600 v. Chr. gelebt haben. Seine Weisheit wurde im Tao-Te-King – nach neuerer Schreibweise auch Dàodéjīng – niedergeschrieben. Der Taoismus (chinesisch „Lehre des Weges“) ist neben dem Konfuzianismus und Buddhismus eine der „Drei Lehren“, die China maßgeblich geprägt haben.

Erleuchtung außerhalb der Religionsgemeinschaften

Nicht nur religiöse Menschen können zu dieser Einsicht gelangen. Wenn Gott universell für alle Menschen gleichermaßen da ist, muss dieses „Reich Gottes“ allen Menschen offen stehen. Der Philosoph Erich Fromm bezeichnet in seinem Buch „Ihr werdet sein wie Gott“ diesen Erleuchtungszustand als „X-Erfahrung“. Er beschreibt diese aus – wie er sagt – nicht theistischer Sicht, also ohne Gottesvorstellung, wie folgt:

„Das erste charakteristische Element ist, dass man das Leben als ein Problem erfährt... *(...)* Ein Mensch ohne diese X-Erfahrung empfindet keine Tiefe oder doch jedenfalls keine bewusste Unruhe über die existenziellen Dichotomien *(*Zweiteilungen, der Verfasser) des Lebens. Das

Leben als solches ist ihm kein Problem, das Bedürfnis nach einer Lösung quält ihn nicht. (…) Für ihn hat das irdische Leben seinen Sinn, und er leidet nicht unter einer Absonderung von Mensch und Natur und unter dem leidenschaftlichen Wunsch, diese Absonderung zu überwinden und zum Eins-Werden… zu gelangen. (…).

… kann man die X-Einstellung auch folgendermaßen beschreiben: als ein Loslassen des eigenen ‚Ich', der eigenen Gier und damit der eigenen Angst, als das Aufgeben des Wunsches, sich an das ‚Ich' zu klammern, als ob dieses ein unzerstörbares separates Gebilde wäre; als ein Leerwerden, um sich mit ‚Welt' füllen zu können, um auf sie zu reagieren, mit ihr eins zu werden, sie zu lieben. Leerwerden ist kein Ausdruck von Passivität, sondern von Offenheit. Wenn man nicht leer werden kann, wie kann man dann auf die Welt reagieren? Wie kann man sehen, hören, fühlen, lieben, wenn man ganz vom eigenen Ich erfüllt ist, wenn man von Gier angetrieben wird?"[27]

Eckhart Tolle (*1948), ein in Kanada lebender Deutscher, wurde nach einem Erleuchtungserlebnis, das ich im weiteren Verlauf noch schildere, ein im Westen, vor allem in den USA, weithin bekannter spiritueller Lehrer. Er ist religiös und konfessionell unabhängig. Sein Buch „Jetzt! Die Kraft der Gegenwart", das als Nummer Eins auf der Bestsellerliste der New York Times zu finden war, wurde in über 30 Sprachen übersetzt.

Ich zitiere aus einem Artikel auf Zeit-Online:

„Schrei nach Stille. (...) Begegnung mit den Lehrern einer neuen Innerlichkeit.

Eine Frau betritt die Bühne. ‚Guten Abend', sagt sie, ‚Eckhart bittet um ein paar Minuten Stille, bevor er kommt.' Sodann ist die Magie eines Massenschweigens zu erleben. Nicht einer räuspert sich. Die Stille steigert sich zu einer prämeditativen Andacht. Plötzlich schleicht ein mittelgroß gewachsener Mann auf die Bühne (...) Eckhart Tolle ist da. Ein unscheinbarer Mann von 56 Jahren. Sparsame Gestik. Lakonische Mimik. Er wirkt in sich ruhend, unaufgeregt, von einer fast verstörenden Gelassenheit. ‚Vergewissert euch, dass ihr hier seid', sagt dieser Antiguru, Antimotivator, Antientertainer, der auf den ersten Blick wirkt wie ein verschüchterter, durch einen nicht zu erklärenden Irrsinn des Schicksals auf die große Bühne gestoßener Theologiestudent im 20. Semester. (...) Am Ende des Abends wird es Ovationen geben, der Saal wird beben, Lehrer und Anwälte, Ärzte und Unternehmer, Techniker und Studenten werden nach Hause gehen, seine CDs hören und sich immer weiter auf das Abenteuer des spirituellen Erwachens einlassen."[28]

Nachdem wir nun so viele verschiedene Wege gesehen haben, die offensichtlich alle dasselbe Ziel haben, Erleuchtung oder Einssein mit Gott, wollen wir uns nun diesen Zustand näher betrachten.

Einheit des Seins

„Alles verharrt nur durch Liebe im Sein."
(Gertrud von Le Fort).
Allzu oft bestimmen die Bedürfnisse und Süchte unseres Körpers unser Tun. Was dabei herauskommt, brauche ich nicht besonders zu schildern: Bequemes zielloses Leben, Abhängigkeit von Nikotin, Alkohol, Missbrauch der Sexualität etc. Das sind normalerweise die Annehmlichkeiten, die unser Körper sucht.

Je mehr der Mensch aber in diesen äußeren Dingen aufgeht, desto mehr verkümmert seine Innerlichkeit. Der geistige Hunger wird umso größer, je mehr sich der Mensch dem äußeren Luxus hingibt. Dies ist in den westlichen Ländern deutlich zu sehen, in denen Depressionen, Burnout und sonstige psychische Erkrankungen rasant zugenommen haben. Der hungernde Schweinehirt im Gleichnis Jesu ist das Symbol für diesen geistig hungernden Menschen.

Wir haben uns über viele Leben hinweg – wenn wir es aus dem Blickwinkel der Reinkarnation betrachten – von der Einheit mit Gott entfernt. So können wir nicht erwarten, dass der Rückweg nur ein paar Schritte betragen würde.

Die ursprüngliche Quelle unseres Lebens ist mit unseren egoistischen Wünschen zugeschüttet worden. Je nachdem wie viel Schutt darauf liegt, werden wir wohl eine Zeitlang arbeiten müssen, um diese Quelle wieder freizulegen.

Wenn wir wieder zum Ursprung unseres Seins zurückkehren wollen, muss unser Geist den Körper beherrschen und nicht umgekehrt. Dies kann mitunter zu einem langen Ringen führen.

In der Bhagavad Gita wird dies, wie bereits erwähnt, symbolisch durch den Kampf zwischen den verwandten Familien der Kauravas und Pandavas auf dem Schlachtfeld von Kurukshetra dargestellt ist.

Was ist zu tun? Wie ein Bergsteiger trainieren muss, der einen hohen Berg bezwingen will, übt der Gottsucher Askese, damit der Geist gefestigt wird und der Körper ihm gehorcht.

Ich sehe schon, wie manche Leser die Augen verdrehen und sagen: „Jetzt kommt der noch mit diesem alten Kram! Der glaubt doch nicht, dass ich noch anfange mich zu geißeln!"

Tatsächlich wurden vor allem im Mittelalter von Mönchen und Nonnen extreme Methoden praktiziert, um den Körper zu unterwerfen. Selbstgeißelung, Tragen von Hemden, die ständig kratzten und piekten, Schlafentzug, Schlafen auf hartem Boden und was es alles noch für unangenehme Sachen gibt. Die Gefahr dabei ist, dass der Mensch selbst auch hart wird und die Liebe vergisst.

Askese meint jedoch ursprünglich etwas anderes. Es kommt aus dem Griechischen und bedeutet: „Übungspraxis im Rahmen seelischer Selbstschulung aus religiöser oder philosophischer Motivation"[29]

Buddha lehrte den mittleren Weg. Keine strenge Askese und keine Völlerei, also ein ausgeglichenes diszipliniertes Leben.

In der hinduistischen Bhagavad Gita wird dies ebenso gesehen.Krishna spricht zu Arjuna:

„Vereinigung wird jenen nicht zuteil,
Die übermäßig fasten, und auch nicht
Den Fressern oder Schläfern, noch auch dem,
Der durch zu vieles Wachen sich entnervt.
Sie wird, o Prinz von jenem nur erlangt,
Der mäßig ist im Essen und im Schlafen
Und im Vergnügen, der zur rechten Zeit

Der Ruhe pflegt, und, wenn es nötig, wacht.
Ein solcher, der im Innern selbstbeherrscht
Und selbstbewusst und frei von allem ist,
Was die Begierde reizen könnte, wird
Ein Yukta, ein ‚Begnadeter' genannt."[30]

Meister Eckhart lehrt die Überwindung des Körpers durch Liebe:

„Alles Bußleben ist… darum erfunden, sei es nun Fasten, Wachen, Beten, Geißeln, härende Hemden tragen, hart liegen oder was sonst immer,… weil der Leib und das Fleisch sich allezeit dem Geist entgegenstellt. Der Leib ist ihm viel zu stark, ein richtiger Kampf ist immerzu unter ihnen, ein ewiger Streit. (…) Um dem Geist zu Hilfe zu kommen… und das Fleisch etwas zu schwächen in diesem Streit,… darum tut man ihm den Zaum der Bußübungen an,… Da man ihm das tut, damit er ein Gefangener sei, so lege ihm, wenn du ihn tausendmal besser fangen und beladen willst, den Zaum der Liebe an. Mit der Liebe überwindest du ihn am allerschnellsten, und mit der Liebe belädst du ihn am stärksten. (…) Wer diese süße Bürde auf sich genommen hat, der erreicht damit mehr und kommt weiter damit als mit all der Buße und Strenge... (…) Und darum kannst du diesen Feind niemals besser überwinden, dass er dir nicht schade, als mit der Liebe."[31]

Zur Liebe gehört auch Geduld. Man braucht auf diesem Wege viel, viel Geduld mit sich. Aber auch mit anderen, die kein Verständnis dafür haben.

Wie wir schon gesehen haben, gibt es in allen Religionen Übungswege, wie Kontemplation, Yoga, Meditation, Jesusgebet etc., die alle zum selben Ziel führen. Für welchen Weg sich der Einzelne entscheidet, hängt sehr stark von dessen Psyche und Bewusstsein ab.

Wenn jemand durch jahrelange Übung – es kann sehr lange dauern – geistige Fortschritte macht, wird er ein immer stärkeres innerliches Glücksgefühl verspüren, vielleicht Visionen erleben. Die Liebe und innere Verbindung zu Gott wird zunehmen.

Nach vielen Berichten, vor allem der christlichen Mystiker, kann dies nun aber unerwartet ins Gegenteil umschlagen und all diese schönen Erfahrungen bleiben aus. Der Gottsucher kommt sich vor wie von Gott verlassen.

Dieser Zustand wird „die dunkle Nacht der Seele“ genannt. Er ist aber keine Schikane Gottes, sondern dient zur vollständigen Entleerung des Menschen.

Bevor der Geist Gottes in den Menschen einfließen kann, muss dieser leer werden. Wie ein Gefäß, das nicht gefüllt werden kann, wenn es voll ist.

Meister Eckhart beschreibt dies besonders eindringlich:

„Je mehr du ohne Bild bist, je mehr Du seines Einwirkens empfänglich bist und je mehr du in dich gekehrt und selbstvergessen bist, umso näher bist Du diesem.“[32]

„Ja gewiss, du wirst nie besser stehen können, als wenn du dich völlig in Dunkelheit und Unwissen setzest. ‚Ach, Herr, muss ich alles abtun, lässt sich das gar nicht wenden?‘ Nein wahrhaftig, das lässt sich wirklich nicht wenden. ‚Was ist aber diese Dunkelheit, wie heißt sie…?‘ Ihr Name ist lediglich: Möglichkeit des Empfangens (…). Sowie die Materie nicht ruhet, bis sie mit allen Formen erfüllt ist, so ruhet auch die Vernunft nimmer, bis sie erfüllt ist mit allem, was in ihr möglich ist.“[33]

„Gott, der Meister der Natur, leidet es durchaus nicht, dass irgendetwas leer sei.“[34]

„Er ist nicht entfernter als vor der Türe des Herzens, da steht er und harrt und wartet, wen er bereit findet, der ihm auftue und ihn einlasse. Du brauchst ihn nicht in der Ferne zu rufen: Ihn kommt das Warten, bis du auftust, härter an als dich. Er bedarf deiner tausendmal mehr als Du seiner: Das Auftun und das Hineingehen ist nur ein Moment.“[34]

Wie lange dieser Zustand, die dunkle Nacht der Seele, andauert, kommt, wie so oft, auf den Einzelfall an. Aus Berichten christlichen Mystiker ergibt sich eine Dauer von mehreren Monaten oder auch Jahren. Mutter Theresa aus Indien soll ein halbes Leben darunter gelitten haben.

Irgendwann geht auch dieser quälende Zustand zu Ende. Meist sehr überraschend, kommt es zu diesem „Einfließen Gottes“ oder „Vereinigung der Seele mit Gott“. Die Bezeichnungen hierfür sind zum Beispiel im Hinduismus „Samadhi“ und im Christentum, wie bereits erwähnt, „Unio Mystica“.

Aber da Gottes Gesetze für uns oft nicht durchschaubar sind, geschieht dieses „Einfließen„ mitunter völlig unerwartet, ohne dass der Mensch etwas dafür getan hat oder auch nur etwas darüber weiß.

So schildert es André Frossard in seinem Buch „Gott existiert, ich bin ihm begegnet“.

Frossard wuchs als Sohn des Generalsekretärs der kommunistischen Partei Frankreichs vollkommen atheistisch auf und hielt, wie er schreibt, die Nichtexistenz Gottes für so selbstverständlich, dass er sich nicht einmal die Mühe machte, ihn zu leugnen. Als zwanzigjähriger Student – im Jahre 1935 – ging er, während er auf einen Freund wartete, aus Langeweile in eine kleine Kapelle in Paris,. Was danach geschah, beschreibt er wie folgt:

„Mein Blick wandert… ohne irgendeinen Gedanken mitzubringen und bleibt dann,… an der zweiten Kerze haften, die links vom Kreuz brennt... In diesem Augenblick bricht jäh eine Welle von Wundern los, deren unerbittliche Gewalt in einem Nu von dem absurden Wesen, das ich bin, die Hülle reißen und das Kind, das ich nie gewesen bin, geblendet von dem Glanz, ans Tageslicht bringen wird.

Zuallererst werden mir die Worte ‚geistliches Leben‘ eingegeben. (…) Kaum hat die letzte Silbe dieses leisen Vorspiels die Schwelle meines Bewusstseins erreicht, da bricht von Neuen die Lawine los. Ich sage nicht: der Himmel öffnet sich; er öffnet sich nicht, er stürzt auf mich zu, schießt plötzlich wie ein stummes Wetterleuchten aus der Kapelle empor, wo er – wie hätte ich es ahnen können? – auf geheimnisvolle Weise eingeschlossen war. (…) Es ist ein unzerstörbarer Kristall, von einer unendlichen Durchsichtigkeit, einer beinahe unerträglichen Helle… einem eher blauen Licht, eine Welt, eine andere Welt, von einem Glanz und einer Dichte, dass unsere Welt vor ihr zu den verwehenden Schatten der nicht ausgeträumten Träume zurück sinkt. Es ist die Wirklichkeit… Es ist eine Ordnung im Universum, und an ihrer Spitze, jenseits dieses funkelnden Nebelschleiers, ist die Evidenz Gottes, die Evidenz, die Gegenwart ist,

Evidenz, die Person ist, die Person (…), dessen milde Güte ich an mir erfahre, eine Milde, die keiner anderen gleicht, die nicht die manchmal mit diesem Namen bezeichnete passive Eigenschaft ist, sondern eine aktive, durchdringende, eine Milde, die alle Gewalt übertrifft, die fähig ist, den härtesten Stein zu zerbrechen und was härter ist als der Stein – das menschliche Herz."[35]

Dieses Ereignis veränderte radikal seine Einstellung zum Leben.

„Ich war 20 Jahre, als ich eintrat. Als ich hinausging, war ich ein zur Taufe bereites Kind, das mit weit aufgerissenen Augen die Welt betrachtet, den bewohnten Himmel, die Stadt, die nicht ahnte, dass sie ihre Fundamente in die Luft gebaut hatte, die Menschen im prallen Sonnenlicht, die in der Dunkelheit zu gehen schienen, ohne den ungeheuren Riss zu sehen, der soeben den Vorhang dieser Welt geteilt hatte. Meine Gefühle, meine innere Welt, meine Gedankengebäude… waren… verschwunden, mein Geschmack verwandelt."[36]

Frossard führte danach ein erfolgreiches Berufsleben als Chefredakteur und Schriftsteller. Die Erinnerung an dieses Ereignis verblasste im Laufe der Zeit. „Es kam ein Karfreitag, es kam ein Karsamstag, es kam das Schweigen, in dem ein Schrei erstirbt."[37]

Ihm blieb Leid im Leben nicht erspart, doch er zweifelte niemals wieder an Gott und seiner Liebe.

Der bereits erwähnte Eckhart Tolle schreibt über sein Erleuchtungserlebnis:

„Bis zu meinem 30. Lebensjahr lebte ich in einem Zustand fast ununterbrochener Angstgefühle, unterbrochen von Phasen lebensmüder Depression. (…) Eines Nachts, nicht lange nach meinem neunundzwanzigsten Geburtstag, erwachte ich in den frühen Morgenstunden mit einem Gefühl absoluten Grauens. Ich war schon oft mit einem solchen Gefühl aufgewacht, aber diesmal war es intensiver als je zuvor. Die Stille der Nacht, die vagen Umrisse der Möbel im dunklen Zimmer, das entfernte Geräusch eines vorüberfahrenden Zuges – alles fühlte sich so fremd an, so feindselig und so absolut bedeutungslos, dass in mir ein tiefer Abscheu vor der Welt entstand. Und das Abscheulichste von allen war meine eigene Existenz. Welchen Sinn macht es mit dieser Elendslast weiterzuleben? Warum diesen ständigen Kampf weiterführen? Ich konnte fühlen, dass die tiefe Sehnsucht nach Auslöschung, nach Nicht-Existenz jetzt wesentlich stärker wurde als der instinktive Wille, weiterzuleben.

‚Ich kann mit mir selbst nicht weiterleben.' Dieser Gedanke kreiste endlos in meinem Verstand. Plötzlich wurde mir bewusst, was für ein sonderbarer Gedanke das war. ‚Bin ich einer oder zwei? Wenn ich nicht mit mir selbst leben kann, dann muss es zwei von mir geben: das ",Ich' und das ‚Selbst', mit dem ‚Ich' nicht mehr leben kann.' ‚Vielleicht', dachte ich, ‚ist nur eins von beiden wirklich.'

Ich war so fassungslos über diese seltsame Erkenntnis, dass mein Verstand anhielt. Ich war bei vollem Bewusstsein, aber es waren keine Gedanken mehr da. Dann fühlte ich mich in eine Art Energiewirbel hineingezogen. Zuerst war die Bewegung langsam, dann beschleunigte sie sich. Ich wurde von heftiger Angst ergriffen und mein Körper begann zu zittern. Wie aus dem Inneren meiner Brust hörte ich die Worte: ‚Wehre dich nicht.' Ich fühlte, wie ich in eine Leere hineingesaugt wurde. Es fühlte sich an, als sei die Leere in meinen Inneren, nicht außen. Plötzlich war keine Angst mehr da und ich ließ mich in diese Leere hineinfallen. Ich habe keine Erinnerung daran, was danach geschah.

Ich wurde vom Zwitschern eines Vogels draußen vor dem Fenster geweckt. Nie zuvor hatte ich einen solchen Klang gehört. (…) Ich öffnete meine Augen. Das erste Licht der Morgendämmerung sickerte durch die Vorhänge. Ohne jeden Gedanken wusste ich, fühlte ich, dass es über das Licht unendlich viel mehr zu erfahren gibt als wir ahnen. Diese weiche Helligkeit, die durch die Vorhänge sickerte, war Liebe selbst. (…)

An diesem Tag ging ich in der Stadt umher, voller Staunen über das Wunder des Lebens auf der Erde, so als wäre ich gerade erst in diese Welt hineingeboren worden.

Fünf Monate lang lebte ich ununterbrochen in einem Zustand tiefen Friedens und tiefer Glückseligkeit. Danach ließ die Intensität etwas nach, oder vielleicht schien es auch nur so, weil mir dieser Zustand so selbstverständlich geworden war. Ich konnte weiterhin in der Welt funktionieren, obwohl mir bewusst war, dass jegliches Tun nicht das Geringste zu dem hinzufügen konnte, was ich bereits hatte.

Ich wusste natürlich, dass etwas zutiefst Bedeutsames mit mir geschehen war, aber ich verstand es nicht. Erst einige Jahre später, nachdem ich spirituelle Texte gelesen und Zeit mit spirituellen Lehrern verbracht hatte, erkannte ich, dass das, wonach andere suchen, für mich bereits geschehen war. Ich verstand, dass der intensive Leidensdruck in jener Nacht mein Bewusstsein wohl dazu gezwungen hatte, sich aus der Identifikation mit dem unglücklichen und zutiefst ängstlichen Selbst zu lösen, welches ja letztendlich eine Einbildung des Verstandes ist. Der Rückzug muss so vollständig gewesen sein, dass das unechte, leidende Selbst sofort in sich zusammenbrach, so als wenn man den Stöpsel aus einem aufblasbaren Spielzeug herausgezogen hätte. Was zurück blieb, war meine wahre Natur – das stets gegenwärtige *Ich bin*: reines Bewusstsein, bevor es sich mit Form identifiziert. Später lernte ich auch bei vollem Bewusstsein, in dieses innere zeitlose und unsterbliche Reich, das ich ursprünglich als eine Leere wahrgenommen hatte, einzutreten.

(Tolle verwendet hier für diesen Zustand das Wort „Reich“ in demselben Sinne, wie Jesus, der es als „Reich Gottes“ bezeichnete. Der Verfasser). Ich befand mich in Zuständen von so unbeschreiblicher Glückseligkeit und Heiligkeit, dass im Vergleich damit sogar die ursprüngliche Erfahrung, welche ich gerade beschrieben habe, verblasste. Es kam dann eine Phase, wo mir auf der körperlichen und materiellen Ebene eine Zeit lang absolut nichts blieb. Ich hatte keine Beziehungen, keine Arbeit, kein Zuhause, keine sozial definierte Identität. Ich verbrachte fast zwei Jahre auf Parkbänken sitzend in einem Zustand intensivster Freude.“[38]

Carl Friedrich v. Weizsäcker, bedeutender Physiker des letzten Jahrhunderts und Bruder des ehemaligen Bundespräsidenten Richard von Weizsäcker hatte eine „Erleuchtung“ am Grab eines hinduistischen Meisters:

„Als ich die Schuhe ausgezogen hatte und im Ashram vor das Grab des Maharshi trat, wusste ich im Blitz: ‚Ja, das ist es.‘ ... Das Wissen war da, und in einer halben Stunde war alles geschehen. Ich nahm die Umwelt noch wahr, den harten Sitz, die surrenden Moskitos, das Licht auf den

Steinen. Aber im Flug waren die Schichten, die Zwiebelschalen durchstoßen, die durch Worte nur anzudeuten sind: ‚Du' – ‚Ich' – ‚Ja'. Tränen der Seligkeit. Seligkeit ohne Tränen. Ganz behutsam ließ die Erfahrung mich zur Erde zurück ... Ich war jetzt ein völlig anderer geworden: der, der ich immer gewesen war ... Mit unendlicher Sanftheit verließ mich langsam die Erfahrung in den kommenden Tagen und Wochen. Ihre Substanz ist immer bei mir."[39]

Obwohl ein Erleuchtungserlebnis sehr spektakulär ist, dauert es nicht immer so lange an wie bei Eckhart Tolle. Es soll ein Ansporn sein, Gott zu suchen, auf dem Weg weiter zu gehen. Wenn dies nicht geschieht, fällt der Mensch mit der Zeit wieder in seine alten Gewohnheiten zurück und hat nicht viel gewonnen.

Nur, wenn er den Weg zu Gott weitergeht, kann er den „Omegapunkt" erreichen. Auf dem Weg besteht immer noch Dualität, Zweiheit von Gott und Mensch. Der Omegapunkt ist erst erreicht, wenn nur noch „das Eine" existiert.

Das ist der Punkt, mit dem die offizielle christliche und auch islamische Glaubensvorstellung Probleme hat. Die Vorstellung im Christentum, dass der Mensch ein Geschöpf Gottes ist und nur Jesus, nicht wir normale Menschen, „eines Wesens mit dem Vater" ist,. rührt aus der jüdisch-christlichen Mythologie her, in der es heißt, dass der oberste Engel Luzifer sich gegen Gott auflehnte und ausrief: „Ich will sein wie Gott!" Daraufhin wurde er von Gott, zusammen mit anderen Engeln, die zu ihm hielten, aus dem Himmel vertrieben und in die Hölle gestürzt. Aus diesem Grunde werden von den Schriftreligionen alle Vorstellungen, die den Menschen in einer Einheit mit Gott sehen abgelehnt. In diesem Zusammenhang wird negativ von der „Vergottung" des Menschen gesprochen.

Dies jedoch ist ein Missverständnis, wie es größer nicht sein könnte. Luzifer, oder der Mensch, der sein möchte wie Gott, setzt seinen eigenen Willen über den Willen Gottes. Er sieht Gott als jemanden, der ihn bei der Durchsetzung seiner eigenen Vorstellungen stören könnte.

Mystiker, oder die östlichen Meister, erstreben das Gegenteil. Ihr Ziel ist die Vereinigung des eigenen Willens mit dem göttlichen Willen. Die völlige Angleichung an das Göttliche.

Es ist erstaunlich, wie man diese beiden Sachverhalte vermischen kann. Vielleicht wäre es allmählich an der Zeit, jahrtausendealte dogmatische Vorstellungen neu zu überdenken.

Auch das mittlerweile recht abgedroschene Negativ-Schlagwort von der „Selbsterlösung", das gegen verschiedene Meditationswege ins Feld geführt wird – weil es angeblich keine andere Erlösung als durch den Glauben an Jesus Christus gibt und eigene Bemühungen zum Scheitern verurteilt sind – impliziert, dass es unnötig oder sogar kontraproduktiv ist, eigene Anstrengungen zu unternehmen. Es reicht doch, wenn wir an Christus glauben, er macht den Rest alleine.

Hören wir doch einmal, was Jesus dazu gesagt hat:

„Was nennt ihr mich aber: Herr, Herr!, und tut nicht, was ich euch sage?" (Bibel, Lukas 6,46), *oder* „Nicht jeder, der zu mir sagt: Herr, Herr, wird in das Reich der Himmel hineinkommen, sondern wer den Willen meines Vaters tut, der in den Himmeln ist." (Bibel, Matthäus 7,21 *)*.

Es wird übersehen, dass Jesus selbst den Menschen erhöht: „Jesus antwortete ihnen: Steht nicht geschrieben in eurem Gesetz: ‚Ich habe gesagt: Ihr seid Götter?' (Bibel, Johannes 10:34). An anderer Stelle schreibt Johannes: „Wir heißen Kinder Gottes und sind es", (Bibel, 1 Johannes 3.1). Ein Kind hat immer dasselbe Wesen wie der Vater.

Im Thomas-Evangelium wird Jesus mit den Worten zitiert: „Jesus sprach: ‚Wer sucht, soll nicht aufhören zu suchen, bis er findet. Und wenn er findet, wird er bestürzt sein. Und wenn er bestürzt ist, wird er staunen. Und er wird König sein über das All.'"[40]

Das Thomas-Evangelium wird dem Apostel Thomas – nach manchen Quellen Zwillingsbruder Jesu – zugeschrieben und gehört zu den apokryphen – das heißt von der Kirche nicht anerkannten –Schriften.

Vielleicht kommt Ihnen die Formulierung „König sein über das All" etwas übertrieben vor. Es ist aber nichts anderes als die Erweiterung unseres Bewusstseins zum kosmischen Bewusstsein. Dieses Bewusstsein ist unsere eigentliche Heimat. Oder, nach Jesus, das „Reich Gottes".

Auch wenn Jesus im Gleichnis vom verlorenen Sohn davon spricht, dass der Vater dem Sohn den Siegelring anstecken lässt und ihm damit Macht über seinen Besitz verleiht, bedeutet dies dasselbe.

Gott - oder das kosmische Bewusstsein – kommt dem Menschen entgegen, wenn er sein geistiges Erbteil wieder annehmen will. Er oder es gibt ihm sein geistiges Erbteil wieder. Aber den Entschluss zurückzukehren muss er selbst fassen. Den Rückweg muss er selbst unter die Füße nehmen. Der erste Schritt kostet hierbei am meisten Überwindung. Er fällt uns am schwersten.

Den geistigen Weg, oder die Rückkehr zum Vater, wie Jesus im Gleichnis vom verlorenen Sohn lehrt, kann man mit dem Aufstieg auf einen hohen Berg vergleichen. Auf diesen Berg geht dummerweise keine Seilbahn hinauf, in die man sich bequem hineinsetzen könnte. Es gibt aber viele verschiedene Wege hinauf. Wir müssen uns den für uns gangbaren aussuchen. Wenn wir keine Kletterer sind, können wir nicht die Diretissima angehen. Wir suchen uns dann besser einen sicheren Serpentinenweg.

Ob wir wollen oder nicht, auf seelischer Ebene sind wir alle auf dem Weg zur Vollkommenheit. Es ist besser, wir gehen bewusst darauf zu. Wählen wir die Bequemlichkeit, werden wir durch Krankheiten und Schwierigkeiten geschoben.

Wir müssen den Weg aber nicht alleine gehen.

„Aus eigener Kraft können wir die Grenze ins Unbekannte nicht überqueren. Gott allein weiß, ob wir zu einem solchen Schritt bereit sind. Er allein kann uns hinüber und hindurch bringen.“[43]

Wenn sich das Bewusstsein des Menschen zum kosmischen Bewusstsein erweitert, existiert nur noch eines: Gott. Dies wird sehr deutlich geschildert von der bereits mehrfach zitierten Bernadette Roberts. Sie schreibt hierzu:

„... dass es zwei verschiedene Bewegungen sind, zwei verschiedene spirituelle Erfahrungen. Die Erstere gipfelt in der Vereinigung des Selbst mit Gott (Unio mystica, hier sind noch „zwei“ vorhanden. Der Verfasser), die zweite dagegen im Nicht-Eins-Sein – ohne Selbst und ohne Gott für das Selbst. Das ist so, weil Gott, wie Er in Sich Selbst ist – und nicht in uns selbst, nur gefunden werden kann, wenn es kein Selbst gibt. Einen anderen Weg gibt es nicht.“[41]

Mit dem Ausdruck „Nicht- Eins-Sein“ meint sie, dass es hier keine Vereinigung mehr gibt, da eine solche nur durch zwei geschehen kann. Da ihr „Selbst“ aber nicht mehr vorhanden war, gab es nur noch „Eines“, Gott.

Auf ihrer spirituellen Reise verliert sie nach und nach das Gefühl für ihr Selbst, bis auch nicht mehr der kleinste Rest davon vorhanden ist. Die Reise geht immer wieder durch schwere seelische Phasen, sie nennt es „Durchgänge“, nach denen sie zu immer neuen Erfahrungen der Erkenntnis gelangt. Schließlich gelangt sie am Endpunkt an. Hören wir was Sie über den Wegfall des Selbst schreibt:

„… was ich sah, ließ mich still stehen. Wo sonst meine eigene raumlose Mitte war, war nichts. Es war leer. In dem Moment, als ich das sah, durchströmte mich eine stille Freude und ich wusste, wusste endlich, was fehlte – mein ‚Selbst‘ war weg.“[42]

Mit der Zeit gewöhnte sie sich an diesen Zustand, und er brachte sie zu einer neuen Sicht über das „normale“ Leben.

„Das existenzielle Nichts wird zunächst erträglich, später zum gewohnten Anblick und schließlich so selbstverständlich, dass es nicht mehr bemerkt wird. Wenn nichts an seine Stelle tritt, wird das Nichts alles, was ist. Hier wurde deutlich, dass all das Suchen, Spekulieren und die Erfahrungen eines ganzen Lebens eine gigantische Verschwendung waren, ein Kopftrip solchen Ausmaßes, dass nur die Mentalität eines Kleinkindes eine solche Wahrheit ertragen kann. Das Ende ist wie der Anfang, und alles dazwischen ist reinster Trug.“[44]

„Zugleich wird es aber eine andere Art des Denkens sein. So ist jetzt alles, was es zu wissen gibt, spontan vorhanden. Was gewusst wird, entsteht im jetzigen Moment und befasst sich ausschließlich mit der unmittelbaren Gegenwart… Zweifellos ist das ein eingeschränkter Geisteszustand, doch welch gesegnete Eingrenzung! Die ständige Betriebsamkeit (der Gedanken)… ist ein erschöpfender Zustand. Er verbraucht Unmengen von Energien, die frei bleiben, wenn der Geist auf den gegenwärtigen Moment eingeschränkt ist."[45]

Interessant ist, wenn sie ihre Erfahrungen mit außerchristlichen Vorstellungen vergleicht: Sie selbst ging den christlichen Weg, mit Jesus als geistigem Vorbild.

„Wenn das Selbst jedoch für immer in der Großen Leere verschwindet, begegnet uns die buddhistische Erkenntnis eines Seins frei vom Selbst. Wir entdecken ein Leben ohne irgendetwas, was man noch als Selbst bezeichnen könnte, und ohne Bezugsrahmen. Uns begegnet die essenzielle Einheit von allem, was ist. Dann erklimmen wir den höchsten Gipfel hinduistischer Weisheit: das Wesen des Einen Höchsten Seins, das alles umfasst, was Ist – alles natürlich außer dem Selbst."[46]

Und weiter: „Ich möchte dem noch hinzufügen, dass er (der Mensch. Der Verfasser), indem er zum Nichts wird, nicht nur erkennt, wer er ist, sondern „was" er ist, denn in Gott ist das nicht zu trennen. *Dass* er ist, *was* er ist, *wo* er ist – in Gott sind diese Eines, und außer diesem Einen ist nichts."[47]

Sie weist darauf hin, dass diese Erfahrung weder mit Worten vermittelt noch mit dem Intellekt begriffen werden kann.

„Der relative Geist kann diese Wahrheit nicht erfassen, er kann weder begreifen noch vermitteln – oder auch nur glauben – was sich offenbart hat. Diese Identität kann niemals mitgeteilt werden, weil sie das Eine Existierende ist, das sich niemals wieder zum Objekt noch zum Subjekt machen lässt."[48]

Der persische Wissenschaftler und Mystiker Omar Chajjam (auch Kayyam) bringt diese Erfahrung auf den Punkt:

„Da war eine Tür, doch fand ich den Schlüssel nicht.
Da war ein Schleier, doch ach, ich sah nicht hindurch.
Ich sprach von Dir und von mir, so schien es zuerst;
doch dann entschwand das Du und das Ich."[49]

Eine parallele Erfahrung haben wir auch bei Lao-Tse, zweieinhalb Jahrtausende vor Bernadette Roberts:

„Deshalb der Heilige Mensch:
Er setzt zurück sein Selbst –
Und es wird vorne sein;
Er treibt hinaus sein Selbst –
Und sein Selbst tritt ein.
Ist das nicht, weil er ohne Eigennutz?
Darum vermag er, sein Eigen zu vollenden.“[50]

Das Wort „Selbst“ hat hier zwei Bedeutungen. Einmal steht es für das persönliche Ego und dann für das göttliche Selbst.

Anschließend möchte ich noch Stimmen aus verschiedenen Religionen zu Wort kommen lassen, in denen Gotteserfahrungen geschildert werden.

„Hältst du das Große Bild in Händen,
Wird sich das Erdreich zu dir wenden.
Sich zu dir wenden und frei sein von Leid –
Friede, Gleichheit, All-Einigkeit!
Klang von Musik und Wohlgeruch der Speisen:
Die Fremden hält es, die vorüberreisen.
Doch was der Weg an Worten bietet dar,
Ist ohne Duft und Köstlichkeit dem Munde.
Wer es erblickt, den dünkt des unscheinbar;
Wer es vernimmt, nimmt's nur mit Mühe wahr;
Wer es gebraucht, kommt aber nie zum Grunde.“
(Lao-Tse)[52]
Es bereitet keine Schwierigkeit, den „Weg“ oder das „Dao“ des Lao-Tse mit Jesu „Reich Gottes" in Übereinstimmung zu bringen.

„Unser ursprüngliches Buddha-Wesen ist, vom Standpunkt der höchsten Wahrheit, ohne das geringste Teilchen von Gegenständlichkeit. Es ist leer, allgegenwärtig, still und rein. Es ist herrliche und geheimnisvoll friedvolle Freude – nichts anderes.“ (Huang-Po)[53]

„Im Nirvikalpa-Samadhi, d. h. dem Zustand vollkommener Vereinigung, erfreut sich der Yogi gleichzeitig der transzendentalen Glückseligkeit des Absoluten jenseits der Schöpfung als auch der glückseligen Allgegenwart des Geistes in allen Manifestationen des Universums – des unmanifestierten Meeres des Geistes und Seiner manifestierten Wellen der Schöpfung. In diesem Zustand steht der Gottsucher bewusst – mit geschlossenen oder offenen Augen, beim Gehen, Sprechen, Schlafen, Meditieren – mit der alles erfüllenden Glückseligkeit in Verbindung… . (…). Ich lausche der verlockenden Musik der Glückseligkeit. Ich rieche, schmeckte, denke und fühle die Freuden der Glückseligkeit, die alle Sinnenfreuden übersteigen. Ich schaue überall, in allen Dingen, nur Glückseligkeit. Aus der Glückseligkeit bin ich gekommen, in der Glückseligkeit lebe ich, und in die Glückseligkeit gehe ich wieder ein."
(Paramahansa Yogananda).[54]

Dieses Leben im Reich Gottes, im Nirvana, oder was es sonst noch für Bezeichnungen dafür gibt, ist für uns von Gott vorgesehen. Das Leben, das wir führen, ist daher weitab unserer Möglichkeiten.

Für die meisten von uns dürfte dieses Ziel trotzdem nicht von heute auf morgen zu erreichen sein. Aber wenn wir einmal, wie der verlorene Sohn, einsehen, dass dort unsere eigentliche Heimat ist, gibt es keine andere Alternative, als dorthin zurückzukehren.

In der Bhagavad Gita sagt Krishna zu Arjuna:
„Doch höre nun die tief're Yogalehre,*
Die wenn du sie begreift und festhältst, dir
Die Ketten deines Schicksals lösen wird:
Da wird kein Ziel verfehlt und keine Hoffnung
Bleibt unerfüllt. Nichts geht verloren. Selbst
Ein kleiner Glaube schützt vor großer Furcht."[55]

Paramahansa Yogananda erläutert diesen Vers in seinem Kommentar zur Bhagavad Gita:

„Auf diesem Weg (...) sind keine Bemühungen um Verwirklichung verloren, selbst wenn man noch nicht ans Ziel gelangt, noch hat dies irgendwelche nachteiligen Wirkungen. Selbst die kleinste Anstrengung auf diesem wichtigen geistigen Weg bewahrt vor großer Furcht."[56]

Nach dieser Anregung möchte ich nun mit den Worten Jesu beenden (Bibel, Matthäus 19,12):

„Wer es fassen kann, der fasse es!"

Schlusswort

Der königliche Weg

„Dieser ewig beschrittene Weg,
Auf dem alle irdischen Reisenden
In freudiger Hast
Oder trauriger Trägheit
Sich vorwärts bewegen –
Den geh' ich, nach Wahrheit suchend,
Manchmal auch stolpernd.

Der Weg verzweigt sich –
Nach rechts und nach links,
Nach vorn und nach hinten.
So viele Wege find' ich,
Dass ich, von Rätsel umgeben,
Das Labyrinth in tiefer Verwirrung betrachte.

Und dennoch, so heißt es,
Gibt's einen königlichen Weg
Für alle die Rechtschaffenen
Und die dem Irrtum Verfallenen,
Einen untergründ'gen, rubinroten Weg,
Der tief im Verborgenen liegt
Und den das eifrige Auge des Suchers erspäht.
Er führt sie unmittelbar dorthin,
Wo alle Wege sich treffen."[1]
(Paramahansa Yogananda).

Wenn Sie das Buch bis hierhin geschafft haben und es Sie überzeugt hat, werden Sie vielleicht sagen:
„Wie soll ich da jemals hinkommen? Ich kann nicht als Eremit leben,

wie die meisten der aufgeführten Mystiker. Ich habe einen Beruf, der mich fordert. Ich muss Geld verdienen für meinen Lebensunterhalt. Ich habe eine Familie und bin für sie verantwortlich. Ich kann mein Leben nicht so radikal ändern."

Es hätte keinen Sinn, wenn wir andere kopieren würden, die auf dem geistigen Weg sehr weit fortgeschritten sind. Wir müssen und können auch nur der werden, der wir sind. Allerdings können wir an den fortgeschrittenen Meistern erkennen, worauf es ankommt und wohin die Reise geht.

Bernadette Roberts meint: „Ob wir… früh oder spät an unser Ziel gelangen, ist auf lange Sicht gar nicht so wichtig. Die meisten von uns wären sich jedoch darin einig, dass das Leben besser wird, je eher wir dorthin gelangen."[2]

Wir müssen uns von der Vorstellung des alten Mannes mit Bart – wie er noch in vielen Kirchen zu sehen ist und der stets so agiert, wie es die kirchliche Obrigkeit gerne hätte – verabschieden. Gott ist Geist und wir sind aus ihm, diesem gewaltigen „Nichts", wie es die Physiker nennen, entstanden. Es gibt nichts anderes als Gott oder dieses „Nichts". Daher sind wir – wie auch alle Schöpfung – zwingend *das*, was die christlichen Kirchen nur Jesus zugestehen – „eines Wesens mit dem Vater".

In den östlichen Religionen, wie Hinduismus oder Buddhismus, ist dies kein Problem. Dort geht man auf dem Weg der geistigen Erfahrung ohne Begrenzung immer weiter. Dort steht keine Glaubenskongregation mit einem Stop-Schild.

Dieses Buches soll Ihnen nahebringen, worum es im Leben geht. Es soll Sie anregen, die Suche nach Gott, nach der Wahrheit, nach dem Sinn unserer Existenz, wieder in den Mittelpunkt Ihres Lebens zu rücken. Es gibt nichts Wichtigeres, denn Karriere, Besitz, Ruhm, ein bequemes Leben, nichts bleibt, wenn wir einmal diese Erde verlassen müssen. Das Einzige, was wir mitnehmen, ist unser Inneres. Was wir darin angesammelt haben, ist für unsere weitere Existenz von entscheidender Bedeutung.

Wir können das Leben mit einem Theaterstück vergleichen. Jeder spielt seine Rolle. Aber wir dürfen das Leben nicht ernster nehmen als ein Theaterspiel. Wenn wir es zu ernst nehmen, wäre das genauso töricht, wie wenn ein Schauspieler, der auf der Bühne mit einem Schreckschussrevolver erschossen wird, vor lauter Schreck tot umfallen würde.

Es ist wichtig, dass wir unsere Rolle spielen und gut spielen, aber wir müssen wissen, dass es nur ein vergängliches Spiel ist. Dies geht so lange, bis wir innerlich erfahren haben, dass das Leben nur eine Vorstellung, eine Täuschung ist.

Während der Erstellung dieses Buches ist mir verschiedentlich vorgehalten worden, ich würde den Leser am Schluss alleine stehen lassen bzw. ich solle Vorschläge machen welchen Weg der Leser gehen kann, um sich geistig weiterzuentwickeln. Leider ist dies nicht möglich, da zum einen jeder Mensch andere Voraussetzungen mitbringt und es zum anderen viele verschiedene Wege mit unterschiedlichen Schwierigkeitsgraden gibt. Ich kann jedoch auf einige, mir bekannte Organisationen oder Personen hinweisen.

So gibt die von Paramahansa Yogananda gegründete Self Realization Fellowship – in Deutschland Gemeinschaft der Selbstverwirklichung – Lehrbriefe heraus, die eine gut fundierte Einführung in die Meditationspraxis bis hin zum Kriya Yoga beinhalten. (www.yogananda-srf.org). Wenn Sie das bereits erwähnte Buch „Autobiografie eines Yogi" lesen, können Sie prüfen, ob ihnen dieser Weg zusagt.

Auf die Möglichkeiten des Darshan und die geistige Führung durch Mutter Meera – Adresse und Kontaktmöglichkeit im Internet – habe ich bereits hingewiesen.

Wer den christlichen Weg gehen will hat die Möglichkeit Meditationswochen in Klöstern zu besuchen.

Der erwähnte Benediktinermönch Willigis Jäger gibt Meditationskurse mit christlichem und buddhistischem Hintergrund.

Ein im Westen weithin bekannter buddhistischer Meister ist der vietnamesische Mönch Thich Nhat Hanh. Er legt den Schwerpunkt auf Achtsamkeit im gegenwärtigen Augenblick. Dazu sollen Meditation und

Achtsamkeitsübungen im Alltag führen. Zentren sind „Plum Village“ im Département Dordogne in Südfrankreich und das "Europäische Institut für angewandten Buddhismus“ in Waldbröl, eine Stunde von Köln entfernt. In beiden Zentren geben Nonnen und Mönche Kurse zu einem achtsamen Leben. (http://www.eiab-maincampus.org)

Das Kurs- und Seminarangebot der Neumühle in Tünsdorf im Saarland umfasst vielfältige Übungen im Bereich Meditation und Kontemplation, Zen und Yoga, Eutonie, Qi Gong, Musik, Tanz u.a, sowie therapeutische Verfahren (Maltherapie, Beziehungstraining, Heilmethoden). Sie finden das Programm unter www.meditation-saar.de.

Seien Sie vorsichtig, wenn von ihnen viel Geld verlangt wird . Es gibt Organisationen, die es mehr auf die eigene Bereicherung, als auf die geistige Entwicklung ihrer Mitglieder abgesehen haben. Vorsicht ist auch geboten, wenn psychische Abhängigkeit droht. Ein wahrer geistiger Meister führt seine Jünger zur Selbstständigkeit.

Viele Bücher zeigen den Weg zu einer geistigen Lebensführung. Besser ist aber, man schließt sich einer Gemeinschaft an. Wenn man eine Übungspraxis nach einem Buch alleine für sich verfolgt, versandet dies sehr oft nach einiger Zeit. In einer Gemeinschaft wird man mehr motiviert, und auch in schwierigen Zeiten mitgezogen.

„Solange wir uns von unseren Vorstellungen, was Leben sei, nicht lösen können, werden wir nie erkennen, wie völlig geborgen wir eigentlich sind und dass der Kampf ums eigene Überleben und persönliche Sicherheit reine Energieverschwendung ist.“[3]
(Bernadette Roberts)

„Wir alle möchten der Welt helfen, aber wir beginnen nie bei uns selbst. Wir möchten die Welt umgestalten, aber die grundlegende Veränderung muss in uns selbst zuerst stattfinden. Beginnen Sie also, Verstand und Herz von der Besitzgier zu befreien. Dies erfordert nicht bloßen Verzicht, sondern Scharfsinn und Intelligenz.“
(Jiddu Krishnamurti Philosoph und spiritueller Lehrer 1895-1986)

Halt an, wo läufst du hin,
der Himmel ist in dir:
Suchst du Gott anderswo,
du fehlst ihn für und für.
(Angelus Silesius)

„Wer suchet, der findet!" So heißt es schon im Sprichwort. In Indien ist man überzeugt, dass der Schüler seinen geistigen Meister findet, sobald er dafür reif ist.

Die Wege sind unterschiedlich, das Ziel ist dasselbe. Auch Sie werden Ihren Weg finden, wenn Sie sich auf den Weg machen!

Gute Reise!

Literaturverzeichnis

Einleitung

1 Erich, Fromm, Ihr werdet sein wie Gott, Deutsche Verlagsanstalt, 1982 (Seite 21, 22).

Kapitel 1 Ist die Welt so wie wir sie wahrnehmen?

1 Mutter Meera - Antworten, Teil I

Kapitel 2 Welt der Quantenobjekte

1 Wikipedia „Schrödingers Katze"18.07.2011
2 Starkmuth, Jörg. Die Entstehung der Realität, Verlag J. Starkmuth,. Bonn, 2009, Seite 119.
3 Ebd., Seite 119
4 Ebd., Seite 119
5 Wikipedia: Teilhard de Chardin.18.07.2011
6 Hawking, Stephen und Mlodinow, Alexander, Der große Entwurf, Rowohlt Verlag, Reinbek bei Hamburg, 2010, Seite 50.
7 Froböse, Rolf, Die geheime Physik des Zufalls. Quantenphänomene und Schicksal, Norderstedt 2010, Books on Demand.
8 www.denkbar.info/index.php?article_id=75,. (22.12.2011).
9 Roberts, Bernadette, Jenseits von Ego und Selbst, Arbor Verlag, Freiamt im Schwarzwald, 1997, Seite 49
10 Archiv zur Geschichte der Max-Planck-Gesellschaft, Abt. Va, Rep. 11 Planck, Nr. 1797

Kapitel 3 Wunder

1 Hawking, Stephen und Mlodinow, Alexander, Der große Entwurf, Rowohlt Verlag, Reinbek bei Hamburg, 2010, Seite 32.

2 Ebd., Seite 36
3 http://www.lebensformen.diealternativen.de/Menschheitsgeschichte-Kapitel8-T18.htm, (22.12.2011).
4 Ebd. (20.07.2011).
5 Tharoor, Shashi, Indien - Zwischen Mythos und Realität, Insel Verlag, Frankfurt am Main – Leipzig 2000; Quelle: http://www.diewunderseite.de/milchwunder/index.htm, (22.12.2011).
6 http://www.diewunderseite.de/milchwunder/index.htm, (23.08.2011).
7 Dawkins, Richard, Der Gotteswahn, Ullstein Buchverlage GmbH, Berlin, 2007, Seite 129
8 Ebd., Seite 129
9 Nigg, Walter, Der einfältige Charismatiker: Josef von Cupertino, in Große Heilige, Artemis Verlag Zürich und Stuttgart 1962.
9a Photo: Andreas Praefcke wikipedia 24.10.2011.
10 Holz, Leonard, Joseph von Copertino, Johannes-Verlag, Leutesdorf, 1993, Seite 57
11 www.bild.de/news/2010,(07.10.2011).
12 www.indian-skeptic.org (Konnersreuth als Testfall) und www.josef-hanauer.de (Der Schwindel von Konnersreuth), (07.10.2011).
13 www.josef-hanauer.de (Der Schwindel von Konnersreuth) (07.10.2011).
14 Sacharow, Boris, Das große Geheimnis, Die verborgene Seite der Yoga-Übungen, Drei Eichen Verlag, München, 1954, Seite 194

Kapitel 4 Warum lässt Gott das Leid in der Welt zu?

1 entnommen aus Manfred Böckl, Propheten, Seher und Auguren, 1998 Goldmann Verlag München
2 aus Wikipedia, 26.10.2011: Kernwaffe
3 Der Prophet von Khalil Gibran Patmos, Düsseldorf 2005
4 Meister Eckhart, Mystische Schriften, Insel Taschenbuch 1302, 1991, Seite 46.

Kapitel 5 Entstehung und Entwicklung des Universums

1 Lao-Tse, Tao-Te-King, , Reclam Ditzingen, 2009, Seite 69.

2 Die fünf Bücher der Weisung, Buber-Rosenzweig-Übersetzung, Deutsche Bibelgesellschaft 1992, Verlag Lambert Schneider GmbH, Gerlingen, Seite 9.

3 http://galerie-elender.de/Mythen.htm (22.12.2011).

4 Fritzsch, Harald, Vom Urknall zum Zerfall, Piper-Verlag, München, 1983, Seite 223.

5 Ebd., Seite 226

6 Ebd., Seite 227

6a aus Wikipedia, Urknall (gemeinfrei da von der NASA erstellt).

7 Davies, Paul, Gott und die moderne Physik, Bertelsmann Verlag, München 1986, Seite 54.

7a Hawking, Stephen und Mlodinow, Alexander, Der große Entwurf, Rowohlt Verlag, Reinbek bei Hamburg 2010, Seite 142.

7b aus Wikipedia Supernova, 26.10.2011, (gemeinfrei, da von der NASA erstellt).

8 Hawking, Stephen und Mlodinow, Alexander, Der große Entwurf, Rowohlt Verlag, Reinbek bei Hamburg 2010, Seite 155

9 Ebd., Seite 157

10 Ebd., Seite 158 ff

11 Davies, Paul, Gott und die moderne Physik, Bertelsmann Verlag, München, 1986, Seite 234.

12 Ebd., Seite 219

13 Guitton, Jean und Bogdanov, Grichka und Igor, Gott und die Wissenschaft, Deutscher Taschenbuch Verlag, München, 1998, Seite 76.

14 Hawking, Stephen und Mlodinow, Alexander, Der große Entwurf, Rowohlt Verlag, Reinbek bei Hamburg, 2010, Seite 11.

15 Ebd., Seite 177

16 Wikipedia: Schöpfung(27.02.2011).

17 Kaeser Eduard in „Die Zeit“ vom 30.12.2010, Physik aus der Gottesperspektive.

18 http://www.weltderphysik.de/de/938.php (27.02.2011).
19 Böckl, Manfred, Propheten, Seher und Auguren, Arkana Goldmann, München, 1998, Seite 196, 197.
20 Hawking, Stephen und Mlodinow, Alexander, Der große Entwurf, Rowohlt Verlag, Reinbek bei Hamburg, 2010, Seite 133
21 Ebd, Seite 135
22 Davies, Paul, Gott und die moderne Physik, Bertelsmann Verlag, München, 1986, Seite 280
23 Ebd., Seite 286
24 http://www.youtube.com/watch?v=aultFgae44c, (03.03.2011).

Kapitel 6 Leben nach dem Tode, Jenseits

1 entnommen aus Islamreligion.com , Der Gläubige im Grab, co-author Abdurrahman Mahdi, (28.07.2011).
2 entnommen aus Sohbet für Muslime von Halid im Auftrag des Ansar-Service 1998, Das Leben nach dem Tod im Grab
3 Moody Dr. Raymond, Leben nach dem Tod, Weltbild Verlag Augsburg,1997, Seite 28
4 Unter www.nderf.org/German/index.htm finden Sie die deutsche Seite. Beim Anklicken der Rubrik „Kompletter Seiteninhalt (Index)“ auf der deutschsprachigen Unterseite www.nderf.org/ German/index.htm erhalten Sie einen Überblick über Berichte aus aller Welt, in verschiedenen Sprachen, auch in Deutsch.
5 www.Welt.de/wissenschaft/article 1938328/die Seele existiert. (28.07.2011). Der Text enthält Auszüge aus dem Buch „Die geheime Physik des Zufalls. Quantenphänomene und Schicksal“,Von Rolf Froböse, Verlag BoD, Norderstedt.
6 Wickland Dr. Carl, Dreissig Jahre unter den Toten, Otto Reichl Verlag, Büschhoven, 1957, Seite 50, 51
7 Ebd., Seite 50
8 Ebd., Seite 56
9 http://de.wikipedia.org/wiki/Elektrokrampftherapie, (28.07.2011).

10 Roberts, Bernadette, Jenseits von Ego und Selbst, Arbor Verlag, Freiamt im Schwarzwald, 1997, Seite 178

Kapitel 7 Reinkarnation und Karma

1 unbesetzt
2 http://www.jenseits-von-allem.de/Zitate.htm, (24.05.2011).
3 Yogananda, Paramahansa, Im Zauber des Göttlichen, Bd. 2,Self-Realization Fellowship Publishers, Taschenbuch, 2006: Seite 329.
4 www.puramaryam.de (20.05.2011).
5 Wikipedia:Albigenserkreuzzug (20.05.2011).
6 Stevenson, Ian, Reinkarnation, Der Mensch im Wandel von Tod und Wiedergeburt, Aurum Verlag, Freiburg, 1986, Seite 32
7 Ebd., Seite 169
8 Ebd., Seite 170
9 Ebd., Seite 169,170
10 Wikipedia: Reinkarnationsforschung (22.05.2011).
11 Yogananda, Paramahansa, Im Zauber des Göttlichen, Bd. 2,Self-Realization Fellowship Publishers, Taschenbuch, 2006, Seite 330
12 Kerkeling, Hape, Ich bin dann mal weg, Piper Verlag GmbH, München 2006, Seite 193
13 Yogananda, Paramahansa, Im Zauber des Göttlichen, Bd. 2,Self-Realization Fellowship Publishers, Taschenbuch, 2006, Seite 329, 330
14 Wilhelm Busch,Spruchweisheiten und Gedichte
15 Christian Morgenstern, Aphorismensammlung "Stufen":

Kapitel 8 Dawkins` Gotteswahn

1 Dawkins, Richard, Der Gotteswahn, Ullstein Buchverlage GmbH, Berlin, 2007
2 Wikipedia, Der Gotteswahn (18.08.2011).
3 Richard, Dawkins, Der Gotteswahn, Ullstein Buchverlage GmbH, Berlin, 2007, Seite 379.

Kapitel 9 Spiritismus, Okkultismus

1 .http://de.wikipedia.org/wiki/Medium (30.7.2011).
2 http://de.wikipedia.org/wiki/Séance (30. 7. 2011).
3 http://de.wikipedia.org/wiki/Medium_(Person). (31. 7. 2011).
4 www.lonlygunmen.de/paranormal (31. 7. 2011).

Kapitel 10 Raum und Zeit

1 Yogananda, Paramahansa, Der Wein des Mystikers, Self Realization Fellowship, USA, 1996, Seite 140.
2 Weber, Renée, Wissenschaftler und Weise, Rowohlt, Reinbek bei Hamburg 1992, S. 59.

Kapitel 11 Sinn des Lebens

1 Precht, Richard David, Wer bin ich und wenn ja, wie viele?, Goldmann, München 2007, Seiten 374-376
2 Yogananda, Paramahansa, Im Zauber des Göttlichen, Bd. 2, Self-Realization Fellowship Publishers, Taschenbuch, 2006, Seite 331.
3 Kerkeling, Hape, Ich bin dann mal weg, Piper Verlag GmbH, München 2006, Seite 186.
4 Tipler, Frank, Die Physik der Unsterblichkeit, Piper Verlag, München,1994
5 Fromm, Erich, Ihr werdet sein wie Gott, Deutsche Verlags-Anstalt, Stuttgart, 1982, Seite 59.
6 Ebd., Seite 23
7 Ebd., Seite 56
8 Meister Eckhart, mystische Schriften, Insel Verlag, Frankfurt a.M. und Leipzig, 1991, Seite 70.
9 www.paranormal.de
10 Roberts, Bernadette, Jenseits von Ego und Selbst, Arbor Verlag, Freiamt im Schwarzwald, 1997, Seite 28.
11 Ebd., Seite 177

12 www.timediver.de, Thomas Evangelium, Logion 3 (8.8.2011).
13 wikipedia.org/wiki/Reich_Gottes: Meister Eckhart, Predigt 36 (8.8.2011).
14 Wikipedia: Willigis Jäger (9.8.2011).
15 www.edition-hagia-sophia.de (9.8.2011).
16 Wikipedia: Seraphim von Sarow (11.8.2011).
17 www.sufismus.de (12.8.2011).
18 www.sufiorden.de (12.8.2011).
19 Wikipedia: Muhiyuddin Muhammad ibn Arabi (14.8.2011).
20 Yogananda, Paramahansa, Der Wein des Mystikers, Self Realization Fellowship, USA, 1996, Seite 136.
21 Entnommen aus Wikipedia: Buddhismus (16.8.2011).
22 D. T. Suzuki, *Der westliche und der östliche Weg*, Ullstein Verlag, Frankfurt am Main, 1982, S. 35.
23 Die Bhagavad Gita oder Das Hohe Lied, Übersetzung von Dr. Franz Hartmann, Schatzkammer Verlag Hans Fändrich, München, Seite 24.
24 Zitiert nach der deutschen Übersetzung der Bhagavadgita des S. Radhakrishnan aus dem Verlag R. Löwit. (http://de.wikipedia.org/wiki/Bhagavad_Gita, 18.5.2011).
25 Die Bhagavad Gita oder Das Hohe Lied, Übersetzung von Dr. Franz Hartmann, Schatzkammer Verlag Hans Fändrich, München, Seite 55.
25a Abdruck mit freundlicher Genehmigung von Mutter Meera
26 Lao-tse, Tao-Te-King, Reclam Ditzingen, 2009, Seite 76.
27 Fromm, Erich, Ihr werdet sein wie Gott, Deutsche Verlags-Anstalt, Stuttgart, 1982, Seite 53,54.
28 www.Zeit.de vom 24.6.2004 Esoterik (20.8.2011).
29 Wikipedia, Askese (20.5.2011).
30 Die Bhagavad Gita oder Das Hohe Lied, Schatzkammer-Verlag Hans Fändrich, München, Seite 56.
31 Meister Eckhart, mystische Schriften, Insel Verlag, Frankfurt a. M. und Leipzig, 1991, Seite 38 - 40.
32 Ebd., Seite 22
33 Ebd., Seite 34, 35
34 Ebd., Seite 37, 38

35 Frossard, André, Gott existiert, ich bin ihm begegnet, Herder Verlag, Freiburg, 1973, Seite 135 - 137.

36 Ebd., Seite 137

37 Ebd., Seite 142

38 Tolle, Eckhart, Jetzt! Die Kraft der Gegenwart, Kamphausen Verlag, Bielefeld, 2001, Seite 15 - 17.

39 v. Weizsäcker Carl Friedrich, Der Garten des Menschlichen, Hanser Verlag, München, 2008, S. 594 ff.

40 www.timediver.de, Das Thomas-Evangelium, Logion 002 (8.8.2011).

41 Roberts, Bernadette, Jenseits von Ego und Selbst, Arbor Verlag, Freiamt im Schwarzwald, 1997, Seite 180.

42 Ebd., Seite 18 ebd.

43 Ebd., Seite 179,180.44 Ebd., Seite 78 ebd.

44 unbesetzt

45 Ebd., Seite 82,83 ebd.

46 Ebd., Seite 104 ebd.

47 Ebd., Seite 181 ebd.

48 Ebd., Seite 79 ebd.

49 Yogananda, Paramahansa, Der Wein des Mystikers, Self Realization Fellowship, USA, 1996, Seite 100).

50 Lao-tse, Tao-Te-King, Reclam Ditzingen, 2009, Seite 31.

51 www.sufismus.de/lesergedichte.htm (10.08.2011).

52 Lao-tse, Tao-Te-King, Reclam Ditzingen, 2009, Seite 59.

53 Huang-Po, Der Geist des Zen, John Blofeld (Hrsg), Bern u.a: Scherz, 1987, S.48).

54 Yogananda, Paramahansa, Im Zauber des Göttlichen, Bd. 2, Self-Realization Fellowship Publishers, Taschenbuch, 2006, Seite 507-509.

55 Die Bhagavad Gita oder Das Hohe Lied, Schatzkammer-Verlag Hans Fändrich, München, Kapitel 2, Vers 39,40.

56 Yogananda, Paramahansa, Die Bhagavad Gita, Self Realization Fellowship Publishers, USA, 2005, Seite 328.

Schlusswort

1 Yogananda, Paramahansa, Lieder der Seele, Self-Realization Fellowship, USA 1997, Seite 120.
2 Roberts, Bernadette, Jenseits von Ego und Selbst, Arbor Verlag, Freiamt im Schwarzwald, 1997, Seite 172.
3 Ebd., Seite 25.